U0200402

"十三五"国家重点出版物出版规划项目

中国生态环境演变与评估

海河流域生态系统评估

郑 华 徐华山 李云开 等 著

科学出版社
北京

内 容 简 介

本书以海河流域生态系统现状、变化及其驱动力为核心，研究了海河流域生态系统类型、格局及变化，评估了生态系统服务功能及其变化，分析了地表径流变化特征与原因、地表水环境及农田氮素平衡变化特征，探讨了下水演变特征及调控策略。

本书适合生态学、环境科学、水文学等专业的科研和教学人员及高等院校相关专业学生阅读，也可为流域生态系统管理和水文水资源管理人员提供参考。

图书在版编目（CIP）数据

海河流域生态系统评估／郑华等著 . —北京：科学出版社，2016.10
（中国生态环境演变与评估）
"十三五"国家重点出版物出版规划项目
ISBN 978-7-03-049905-9

Ⅰ. 海… Ⅱ. 郑… Ⅲ. 海河–流域–区域生态环境–评估 Ⅳ. X321.221

中国版本图书馆 CIP 数据核字（2016）第 218061 号

责任编辑：李 敏 张 菊 吕彩霞／责任校对：张凤琴
责任印制：肖 兴／封面设计：黄华斌

科 学 出 版 社 出版
北京东黄城根北街 16 号
邮政编码：100717
http://www.sciencep.com
中国科学院印刷厂 印刷
科学出版社发行 各地新华书店经销
*
2016 年 10 月第 一 版 开本：787×1092 1/16
2016 年 10 月第一次印刷 印张：17 1/4
字数：410 000
定价：160.00 元
（如有印装质量问题，我社负责调换）

《中国生态环境演变与评估》编委会

主　编　欧阳志云　王　桥

成　员　（按汉语拼音排序）

邓红兵　董家华　傅伯杰　　戈　峰

何国金　焦伟利　李　远　　李伟峰

李叙勇　欧阳芳　欧阳志云　王　桥

王　维　王文杰　卫　伟　　吴炳方

肖荣波　谢高地　严　岩　　杨大勇

张全发　郑　华　周伟奇

《海河流域生态系统评估》编委会

主　　笔　郑　华

副 主 笔　徐华山　李云开

成　　员　（按汉语拼音排序）

陈晓舒　江　芳　郎　琪　李屹峰

逯　非　王春秋　王大尚　吴迎霞

肖楚楚　张　凯　郑萌萌

总　序

　　我国国土辽阔，地形复杂，生物多样性丰富，拥有森林、草地、湿地、荒漠、海洋、农田和城市等各类生态系统，为中华民族繁衍、华夏文明昌盛与传承提供了支撑。但长期的开发历史、巨大的人口压力和脆弱的生态环境条件，导致我国生态系统退化严重，生态服务功能下降，生态安全受到严重威胁。尤其 2000 年以来，我国经济与城镇化快速的发展、高强度的资源开发、严重的自然灾害等给生态环境带来前所未有的冲击：2010 年提前 10 年实现 GDP 比 2000 年翻两番的目标；实施了三峡工程、青藏铁路、南水北调等一大批大型建设工程；发生了南方冰雪冻害、汶川大地震、西南大旱、玉树地震、南方洪涝、松花江洪水、舟曲特大山洪泥石流等一系列重大自然灾害事件，对我国生态系统造成巨大的影响。同时，2000 年以来，我国生态保护与建设力度加大，规模巨大，先后启动了天然林保护、退耕还林还草、退田还湖等一系列生态保护与建设工程。进入 21 世纪以来，我国生态环境状况与趋势如何以及生态安全面临怎样的挑战，是建设生态文明与经济社会发展所迫切需要明确的重要科学问题。经国务院批准，环境保护部、中国科学院于 2012 年 1 月联合启动了"全国生态环境十年变化（2000—2010 年）调查评估"工作，旨在全面认识我国生态环境状况，揭示我国生态系统格局、生态系统质量、生态系统服务功能、生态环境问题及其变化趋势和原因，研究提出新时期我国生态环境保护的对策，为我国生态文明建设与生态保护工作提供系统、可靠的科学依据。简言之，就是"摸清家底，发现问题，找出原因，提出对策"。

　　"全国生态环境十年变化（2000—2010 年）调查评估"工作历时 3 年，经过 139 个单位、3000 余名专业科技人员的共同努力，取得了丰硕成果：建立了"天地一体化"生态系统调查技术体系，获取了高精度的全国生态系统类型数据；建立了基于遥感数据的生态系统分类体系，为全国和区域生态系统评估奠定了基础；构建了生态系统"格局-质量-功能-问题-胁迫"评估框架与技术体系，推动了我国区域生态系统评估工作；揭示了全国生态环境十年变化时空特征，为我国生态保护与建设提供了科学支撑。项目成果已应用于国家与地方生态文明建设规划、全国生态功能区划修编、重点生态功能区调整、国家生态保护红线框架规划，以及国家与地方生态保护、城市与区域发展规划和生态保护政策的制定，并为国家与各地区社会经济发展"十三五"规划、京津冀交通一体化发展生态保护规划、京津冀协同发展生态环境保护规划等重要区域发展规划提供了重要技术支撑。此外，项目建立的多尺度大规模生态环境遥感调查技术体系等成果，直接推动了国家级和省级自然保护区人类活动监管、生物多样性保护优先区监管、全国生态资产核算、矿产资源开发监管、海岸带变化遥感监测等十余项新型遥感监测业务的发展，显著提升了我国生态环境保护管理决策的能力和水平。

《中国生态环境演变与评估》丛书系统地展示了"全国生态环境十年变化（2000—2010年）调查评估"的主要成果，包括：全国生态系统格局、生态系统服务功能、生态环境问题特征及其变化，以及长江、黄河、海河、辽河、珠江等重点流域，国家生态屏障区，典型城市群，五大经济区等主要区域的生态环境状况及变化评估。丛书的出版，将为全面认识国家和典型区域的生态环境现状及其变化趋势、推动我国生态文明建设提供科学支撑。

因丛书覆盖面广、涉及学科领域多，加上作者水平有限等原因，丛书中可能存在许多不足和谬误，敬请读者批评指正。

《中国生态环境演变与评估》丛书编委会

2016 年 9 月

前　言

　　人类活动和气候变化是影响流域生态系统发生演变的重要驱动力。人类活动对流域生态系统的影响主要体现在以下几个方面：修建和构筑大坝，重新分配河川径流量，改变河流径流过程，导致河川基流量发生改变；通过改变土地利用类型（如大尺度长时间生态工程实施、快速城镇化等引起土地利用的变化），改变流域的产汇流规律，导致流域产流系数发生变化；为满足工业、农业和生活用水需求，过量抽取地下水，造成地下水位下降，形成巨大的地下漏斗；等等。人类活动的这些影响直接驱动流域生态系统发生变化。

　　海河流域地处半湿润、半干旱区，是中国人口密集、城市化水平较高的区域之一，也是中国重要的工业基地和高新技术产业基地，华北平原是我国三大粮食生产基地之一，其中环渤海经济带已经成为继长江三角洲、珠江三角洲后国家经济发展的"第三极"，海河流域在国民经济发展中具有重要战略地位。海河流域是中国水资源供需矛盾最为突出，水环境恶化、水生态退化最为严重的流域之一，区域内生态环境脆弱，过度的水资源开发造成河流断流、地下水漏斗扩大、湿地面积萎缩。水资源短缺及由此引发的环境问题严重影响着流域的社会经济发展和生态环境改善，成为这一地区社会和经济发展的关键问题，直接威胁海河流域社会经济的可持续发展。

　　针对海河流域人类活动强度大、水资源短缺、生态退化严重、水环境污染、地下水超采等问题，本书系统评估海河流域生态系统类型、格局及其变化，流域生态系统服务功能及其变化，流域水资源、水环境变化，阐明流域农田生态系统氮平衡时空变化特征，明确流域陆地生态系统辩护与水的关系，分析海河流域地下水演变特征并提出调控策略。

　　全书共 8 章。第 1 章主要介绍海河流域自然与社会经济概况。第 2 章阐述海河流域水资源短缺、水环境污染、河道干涸、湿地退化等突出生态环境问题，总结了海河流域主要生态建设进展。第 3 章全面分析了海河流域生态系统类型、格局及其变化。第 4 章系统评估了海河流域生态系统服务功能及其变化。第 5 章系统分析了海河流域地表径流变化趋势，揭示了海河流域径流变化的原因。第 6 章分区域系统分析了海河流域地表水环境变化趋势，量化揭示了流域地表水质与土地利用及社会经济发展之间的关系。第 7 章系统分析了海河流域地下水埋深、水质演变特征及驱动机制，提出了面向地下水超采控制的海河流域农业调整灌溉策略和面向海河流域地下水安全的综合调控管理策略。第 8 章总结了本书主要结论，并提出海河流域生态系统管理建议。

本书写作分工如下：第 1 章，郑华、徐华山、陈晓舒、逯非、肖楚楚、江芳；第 2 章，郑华、徐华山、吴迎霞；第 3 章、第 4 章，吴迎霞、郑华、陈晓舒、逯非、李屹峰、王大尚、张凯；第 5 章，徐华山、郑华；第 6 章，徐华山、郑萌萌；第 7 章，李云开、王春秋、郎琪；第 8 章，郑华。全书由郑华、徐华山统稿并校稿。

由于作者研究领域和学识的限制，书中难免有不足之处，敬请读者不吝批评、赐教。

作　者

2016 年 6 月

目　　录

总序

前言

第1章　海河流域自然与社会经济概况 ·· 1

1.1　自然地理概况 ·· 1

1.2　社会经济概况 ·· 5

第2章　海河流域主要生态环境问题与生态建设 ·· 8

2.1　主要生态环境问题 ·· 8

2.2　主要生态建设工程 ··· 14

第3章　海河流域生态系统类型、格局及其变化 ··· 16

3.1　生态系统构成及其变化特征 ·· 16

3.2　自然植被覆盖度及变化特征 ·· 19

3.3　岸边带生态系统构成及其变化特征 ·· 22

3.4　岸边带自然植被覆盖度及其变化特征 ··· 31

第4章　海河流域生态系统服务功能及其变化 ··· 39

4.1　生态系统服务功能评估与管理 ··· 40

4.2　生态系统服务功能评估方法 ·· 44

4.3　生态系统服务功能空间特征 ·· 52

4.4　生态系统服务功能变化特征 ·· 59

第5章　海河流域地表径流变化特征及原因 ··· 85

5.1　地表径流变化趋势分析方法 ·· 86

5.2　地表径流变化特征 ··· 92

5.3　地表径流变化原因及影响 ··· 103

第6章　海河流域地表水环境及农田生态系统氮素平衡变化特征 ······················ 166

6.1　地表水环境变化特征及驱动力 ··· 166

6.2　农田生态系统氮平衡时空变化特征 ··· 179

第7章　海河流域地下水演变特征及调控策略 ··· 196

7.1　海河流域水文地质特征及地下水系统 ·· 196

7.2 海河流域地下水埋深、水质的演变特征及驱动机制 …………………… 198

7.3 面向地下水超采控制的海河流域农业调整灌溉策略 …………………… 225

7.4 面向海河流域地下水安全的综合调控管理策略 …………………… 240

第8章 结论及对策建议 ……………………………………………… 247

8.1 主要结论 ……………………………………………………… 247

8.2 主要对策建议 ………………………………………………… 248

参考文献 ………………………………………………………………… 250

索引 ……………………………………………………………………… 262

第1章 海河流域自然与社会经济概况

海河流域位于我国华北地区，主要由海河、滦河、徒骇马颊河三大水系组成，流域面积约 32 万 km²。海河流域地跨 8 省（自治区、直辖市），人口密集、大中城市众多，是我国重要的工业基地和高新技术产业基地，所处的华北平原也是我国三大粮食生产基地之一，素有"粮仓、棉乡"之称。海河流域是我国经济较为发达的地区，在我国社会经济发展格局中占有十分重要的战略地位。

1.1 自然地理概况

1.1.1 地理位置

海河流域位于我国华北地区，位于 112°E~120°E、35°N~43°N，西以山西高原与黄河流域接界，北以蒙古高原与内陆河流域接界，东北与辽河流域接界，南界黄河，东临渤海。流域面积约 32 万 km²，为全国面积的 3.3%，其中山区面积 18.69 万 km²，占流域总面积的 58.7%；平原面积 13.14 万 km²，占流域总面积的 41.3%。海河流域地跨 8 省（自治区、直辖市），包括北京、天津两个直辖市，河北省大部分，山西省东部、北部，山东、河南两省北部，以及内蒙古自治区、辽宁省的一小部分（图 1-1）。

1.1.2 地形地貌及气候特征

海河流域地势总体呈西北高、东南低的趋势，太行山、燕山山脉由西南至东北环抱海河平原，西部和北部为华北山区和内蒙古高原，东南部隶属于华北平原，山地与平原区近于直接交接，丘陵过渡区甚短。山脊海拔多为 1000~2000m，平原区海拔多为 100m 以下，海拔 3061m 的五台山为流域最高点。流域内植被划分为内蒙古高原温带草原区、华北山地暖温带落叶阔叶林区、平原暖温带落叶阔叶林栽培作物区，属于温带半湿润、半干旱大陆性季风气候区。冬季寒冷少雪；春季干燥风大；夏季较为湿润，降水量变差较大；秋季雨量较少。气温由南往北、由平原向山区递减，年平均气温为 1.5~14℃，1991~2010 年年平均气温总体呈现上升趋势（图 1-2）。海河流域是我国东部沿海降水最少的地区，1980~2010 年年平均降水量为 505mm，逐年降水量大致呈略微下降趋势（图 1-3），燕山、太行山迎风坡存在年降水量 600mm 以上的弧形多雨带，而背风坡由于山脉阻隔，降水量只有 400mm 左右，植被稀疏，生态系统脆弱。

图 1-1　海河流域地理位置及行政区划

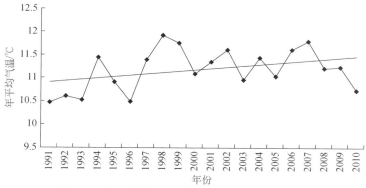

图 1-2　海河流域 20 年年平均气温变化曲线图

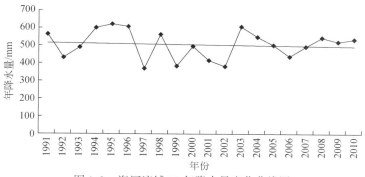

图 1-3　海河流域 20 年降水量变化曲线图

1.1.3　河流水系

海河流域主要由海河、滦河、徒骇马颊河三大水系组成。海河水系又分为海河北系和海河南系，海河北系包括蓟运河、潮白河、北运河、永定河；海河南系由大清河、子牙河、漳卫南运河、黑龙港运东水系和海河干流组成。海河水系发源于内蒙古高原、黄土高原、燕山太行山迎风坡，于天津市入海，流域面积 23.51km^2；滦河水系发源于内蒙古高原，在河北省乐亭县注入渤海，流域面积 4.59 万 km^2；徒骇马颊河水系包括徒骇河和马颊河，均单独入海，流域面积 3.3 万 km^2。三大水系又由 7 大河系和 10 条骨干河流组成。其中，由北部的蓟运河、潮白河、北运河和永定河，南部的大清河、子牙河和漳卫河组成的海河水系是主要水系；滦河水系主要含有滦河和冀东沿海诸河；徒骇马颊河水系居于海河流域的最南部，是单独入海的平原河道。海河流域水系总体表现为河流众多、水系分散、水量季节性变化显著，流域面积在 500km^2 以上的河流有 113 条，总长度 1.61 万 km；流域面积在 1000km^2 以上的河流有 81 条，总长度 1.31 万 km（图 1-4）。

1.1.3.1　北运河

北运河是海河的北支，来源于北京昌平区的北部山区，源于北京市昌平北部的军都山东麓，流入十三陵水库，出库后始称为温榆河，于通州区北关闸注入北运河；通州区以下始称为北运河，向东南流，其水经过青龙湾河、筐儿港减河等汇入潮白新河或永定新河后，最终注入渤海。北运河的河身狭窄，洪水不能顺利宣泄，总长 180km，流域总面积 2.96 万 km^2。

1.1.3.2　永定河

永定河为海河西北支，是海河水系中最大的一个支流，全长约 650km，流域面积 5.08 万 km^2。上源有桑干河和洋河，分别源于山西高原北部管涔山和内蒙古高原南缘兴和县，两河均流经官厅水库，出库后始称永定河，于屈家店与北运河汇合，经永定新河直接入海。永定河含沙量仅次于黄河，大部分在下游淤积而使河道无法变迁，清朝以前称"无定河"，后因筑坝改称为"永定河"。

1.1.3.3　大清河

大清河为海河西支，又名上西河，是上游五大支流中最短的干流，流经华北平原中部。全长约 450km，流域面积 3.96 万 km^2。上游支流较多，主要分为北支拒马河系、南支赵王河系两大支系。

拒马河源于涞源县的涞山，于山谷中向东北流，至涞水县转向东流，在张坊镇分南北两支：北支东流接纳琉璃河、小清河等至东茨村，此段称为北拒马河，于东茨村转向南流，至白沟镇称为白沟河；南支又称为南拒马河，流经定兴并于北河店接纳易水，继续向东南流，到达白沟镇与白沟河汇合后称为大清河，于新镇西南与南支赵王河汇合。

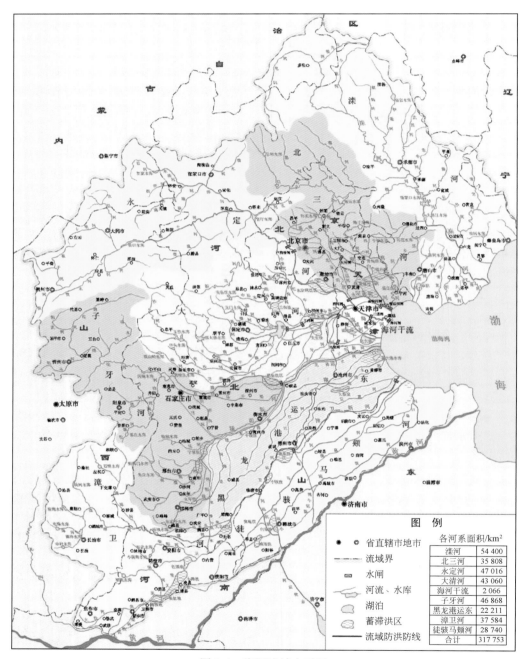

图1-4　海河流域水系图

　　赵王河是白洋淀东出的水道，入淀的河流主要有唐河与潴龙河，唐河源于山西浑源县恒山东南麓，流经灵丘入河北，于定县转向东北，注入白洋淀；潴龙河的上源称为大沙河，发源于灵丘太白山南麓，向东南流至白洋淀。

大清河中下游有一系列洼淀，主要是由于永定河和滹沱河含沙量大，进入平原后泥沙堆积比大清河厉害，使大清河中下游形成低洼，积水成淀。

1.1.3.4 子牙河

子牙河为海河西南支，全长约 730km，流域面积 7.87 万 km²，由滏阳河和滹沱河组成，于献县汇合后，始称子牙河。滹沱河源于山西省五台山，向东穿越太行山，至黄壁庄进入平原，滹沱河源头水量并不大，主要靠接纳沿途的 20 条支流供给；滏阳河源于太行山东麓，由 10 余条源短流急的河流组成，几乎同时于宁晋艾辛庄以上汇入滏阳河。

1.1.3.5 南运河

南运河为海河南支，位于河北省南部，包括漳卫河和南运河两个分支。南运河源自黄河，经聊城、清平至临清接纳卫河，继续向北，最后注入海河；漳河源于山西高原，全长 412km，由清漳河和浊漳河组成。清漳河流经太行山区，泥沙少，水色清；浊漳河流经山西高原区，泥沙多，水色浑，于河北省西南边境汇合称为漳河。卫河源于山西高平县朱丹岭，接纳漳河后，至山东临清注入南运河，称为卫运河。

1.1.3.6 滦河

滦河源于河北丰宁县巴延屯图古尔山麓，全长 885km，总流域面积 4.46 万 km²，其上源是闪电河，流经内蒙古后折回河北省，经承德市到潘家口，穿过长城到达滦县进入冀东平原，在乐亭县南入海，正蓝旗境内，称为上都河；流经多伦，与黑风河汇合后称为滦河。主要的支流有小滦河、伊逊河、洒河、青龙河、武烈河等。近年来修建的潘家口和大黑汀等大型水库，开展的引滦入津、引滦入唐和引青济秦等工程，导致水资源利用程度大为提高。

1.1.3.7 徒骇马颊河

徒骇马颊河水系介于漳卫南运河水系与黄河水系之间，自西南流向东北，均属独流入海，实际不属海河流域，因其与南运河有关而归入海河水系。马颊河源于河南濮阳县，全长 440km，于泊头镇注入渤海；徒骇河源于河南省清丰县，全长 420km，与黄河平行，向东北注入渤海。

上述七大支流构成扇形水系，注入干流时，各汇流点相距很近，洪水季节，各个支流同时涨水，干流不易排泄，极易威胁天津市及其附近地区。

1.2 社会经济概况

1.2.1 人口

海河流域人口密集，大中城市众多，地级以上城市 26 个，环渤海地区已经形成中国第三大城市群。1980 年流域人口 0.98 亿，其中城镇人口 2289 万，城镇化率 24%；2010

年流域人口已经增加至 1.52 亿，较 1980 年增加了 55%（图 1-5），其中城镇人口有 7387 万，城镇化率达到 48.6%（图 1-6）。

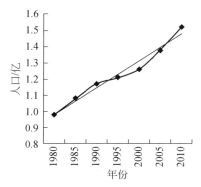 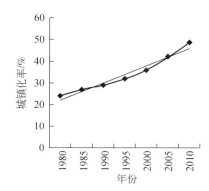

图 1-5 海河流域人口变化曲线图   图 1-6 海河流域城镇化率变化曲线图

1.2.2 经济发展

海河流域是我国重要的工业基地和高新技术产业基地，也是我国经济较为发达的地区，在我国经济发展中占有重要战略地位。1980 年流域国民生产总值仅为 984 亿元，2010 年增长至 5 万亿元，30 年间增加了近 51 倍。第三产业所占比例越来越大，而第一产业农业所占比例不断下降，2010 年第一产业、第二产业、第三产业总产值分别为 3651 亿元、22 723 亿元、23 179 亿元（图 1-7）。分别比 2005 年增加了 41%、82.8%、100.1%。

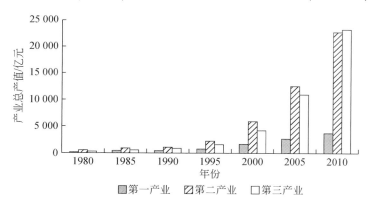

图 1-7 海河流域多年第一产业、第二产业和第三产业变化示意图

华北平原是我国三大粮食生产基地之一，主要粮食作物有小麦、玉米、豆类、水稻等。2010 年，流域内耕地面积 11.6 万 km^2，其中有效灌溉面积 7.7 万 km^2，占总耕地面积的 66.4%；农业总产值近 7010 亿元，种植业总产值约 4099.6 亿元，林业总产值 132.6 亿元，畜牧业总产值近 2491.9 亿元，渔业总产值 195.3 亿元；粮食作物合计总产量 7174.1 万 t，人均粮食占有量 512.0kg，稻谷产量 138.5 万 t，小麦产量 2753.1 万 t，豆类合计总产量 77.6 万 t，油料作物总产量 234.7 万 t，蔬菜（含菜用瓜）总产量 10 979.1 万 t。

2000～2010 年海河流域水资源三级区第一产业总产值密度、第二产业总产值密度、第三产业总产值密度 Mann-Kendall（M-K）趋势分析表明（图 1-8），海河流域水资源三级区内第一产业总产值密度、第二产业总产值密度、第三产业总产值密度 3 个指标绝大部分都在 0.001 水平上显著上升，仅北三河山区第一产业总产值密度和黑龙港及运东平原第三产业总产值密度是在 0.01 水平上显著增加，海河流域在过去 10 年内经济高速发展。

(a) 2000~2010年第一产业国内总产值密度变化趋势

(b) 2000~2010年第二产业国内总产值密度变化趋势

(c) 2000~2010年第三产业国内总产值密度变化趋势

图 1-8　2000～2010 年海河流域水资源三级区第一产业、第二产业和第三产业的变化趋势

第2章 海河流域主要生态环境问题与生态建设

由于经济跨越式发展和高强度的人类活动，海河流域面临水资源短缺、水环境污染、河道干涸、湿地退化、水土流失、地面沉降等一系列生态环境问题。与此同时，海河流域内实施了三北防护林工程、京津风沙源治理工程等一系列生态建设工程，以提升流域内生态系统服务，并取得了显著成效。

2.1 主要生态环境问题

2.1.1 水资源短缺

海河流域是全国水资源量最为紧缺的流域。表现为水资源总量少、经常出现连续枯水年、水资源逐年减少。海河流域属于严重缺水区，以其占全国 1.3% 的有限水资源，承担着 11% 耕地和 10% 人口的供水任务，水资源承载力已远远不能满足工农业生产和人民生活用水的需求，处于供需严重失衡状态。按 1956～1998 年水文系列统计，海河流域多年平均总水资源量为 372 亿 m³，占全国平均总水资源量的 1.3%；人均水资源占有量 305m³，仅为全国平均水资源占有水平的 1/7、世界平均水资源占有水平的 1/27。1956～1979 年第一次水资源评价期间，流域水资源总量为 421.1 亿 m³，2010 年仅为 307.2 亿 m³；2010 年水资源总量与第一次水资源评价（1956～1979 年）相比下降 27%，其中地表水资源量下降 48.2%，由 287.8 亿 m³ 减少为 149 亿 m³，地下水资源量下降 15.4%（图 2-1）。海河流

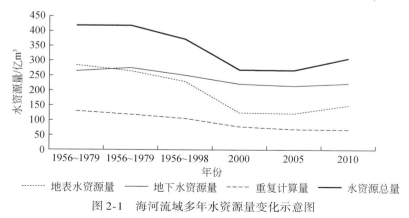

图 2-1 海河流域多年水资源量变化示意图

域 2010 年总供水量为 369.93 亿 m³，其中地表水 122.66 亿 m³，比 1980 年减少 17.7%；地下水 236.96 亿 m³，比 1980 年减少 15.5%。

2005 年全流域地表水资源量为 121.9 亿 m³，地下水资源量为 215.5 亿 m³，水资源总量为 267.5m³。全流域各类供水工程总供水量为 380.46 亿 m³，其中当地地表水占 22.6%、地下水占 66.5%、引黄水占 9.8%、其他水源占 1.1%。全流域总用水量为 379.79 亿 m³，其中农业用水占 69.5%、工业用水占 14.9%、生活用水占 14.6%、生态环境用水占 1.0%。全流域用水消耗量为 266.31 亿 m³，占总用水量的 70.1%。

1980 ~ 2010 年，海河流域总供水量总体呈现先增长后略有下降的趋势，而地下水供水量却整体呈现上升趋势。1980 ~ 2010 年平均供水量中地下水供水源占 62%，地表水占 28%。其中，2010 年海河流域总供水量 369.93 亿 m³，水资源开发率达 120%。海河流域用水量随供水量的变化而变化，呈先增长后下降的趋势，其中绝大部分用水为农田灌溉，占 1980 ~ 2010 年平均用水比例的 73%；其次分别为工业用水占 15% 和生活用水占 11%。其中生活用水量在逐年上升，工业用水量则呈稳中有降。此外，随着人类活动的剧增，流域水资源开发利用程度不断提高，主干河流的水量不断减少，原来长年有水的河流出现了断流甚至干涸，断流的天数、河道干涸的长度在不断增加。流域内河流干涸长度由 20 世纪 60 年代的 683km 增加到 2000 年的 2026km，干涸长度占总河流长度的 60%。

极度紧缺的水资源状况使海河流域地下水因常年过度开采而引发地下水位下降、地面沉降、地裂、塌陷及土壤沙化等一系列自然环境问题，这给流域生态环境造成极大的威胁，同时也制约着流域内的经济发展和农业生产。

2.1.2 水环境污染严重

2010 年流域重点水功能区水质监测数据显示，参加评价的 86 个水功能区中，Ⅰ类水质的 2 个、Ⅱ类水质的 28 个、Ⅲ类水质的 20 个、Ⅳ类水质的 9 个、Ⅴ类水质的 5 个、劣Ⅴ类水质的 22 个。经分析，达到或优于Ⅲ类水质标准的水功能区占评价总数的 58.1%，水质污染总体仍比较严重。劣于Ⅲ类水质标准主要超标项目为溶解氧、氨氮、高锰酸盐指数、化学需氧量、五日生化需氧量和挥发酚等。2010 年海河流域内 34 个主要湖泊湿地中，Ⅰ类水质的 0 个、Ⅱ类水质的 17 个、Ⅲ类水质的 11 个、Ⅳ类水质的 2 个、Ⅴ类水质的 0 个、劣Ⅴ类水质的 4 个。由于 1980 ~ 2010 年受评价河长的影响，整个流域污染河长整体呈现先下降后增加再下降的趋势，但污染河长占评价河长的比例却整体呈上升趋势，1980 年污染河长占评价河长的比例仅为 28%，1985 年以后污染河长占评价河长的比例均大于 50%，在 2000 年更高达 71.6%（图 2-2）。海河污染比例位居七大江河首位，污染严重，不容忽视。

污水排放方面，1980 ~ 2010 年海河流域污水排放量先增加后减少，1980 ~ 1998 年明显上涨，2000 ~ 2005 污水排放治理初步取得成效，污染物排放量明显下降，但 2005 年以后又出现上涨（图 2-3）。其中 1995 年以后工业用水整体呈下降水平，但一直为主要污染物排放源（图 2-3）。2005 年全流域废污水排放总量 44.85 亿 t，其中工业和建筑业废污水

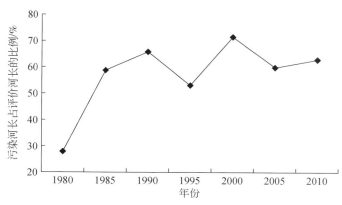

图 2-2　海河流域多年污染河长变化示意图

排放量 26.44 亿 t，占 59.0%；城镇居民生活污水排放量 10.80 亿 t，占 24.1%；第三产业污水排放量 7.60 亿 t，占 16.9%。

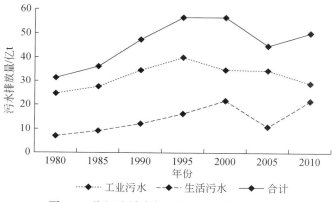

······ 工业污水　---- 生活污水　—— 合计

图 2-3　海河流域多年污水排放量变化示意图

　　总体而言，海河流域的污水排放量仍然很大，水污染问题仍然严峻。污染物排放加剧，水质不断恶化，造成水体富营养化、赤潮及大批鱼虾等水生生物死亡，甚至导致部分动植物的灭绝。海河流域的水环境恶化、水生态退化严重影响着流域内人类及其他生物的生命安全，并影响着流域内生态系统的平衡及生物链的循环。

　　地下水污染主要发生在城市及其周围、排污河道两侧，污染超标项目主要为总硬度、矿化度、锰、铁、氟化物、硫酸盐、发挥酚、铅、硝酸盐、氟、汞等。污染较严重的主要为北京、天津两市，其中北京市重污染区面积为 528km²，天津市重污染区面积为 32km²。此外，天津市滨海区由于地下水超采而发生海水入侵，对地下水造成一定的污染。

　　由于水资源短缺，海河流域排放的废污水很大一部分被用于农业灌溉，绝大部分灌溉污水未经任何处理，给周边环境和人体健康带来危害。

2.1.3 河道干涸，湿地退化

50 年来流域内河流干枯断流现象从无到有，并且越来越严重（表 2-1）。由于水资源过度开发和水污染，海河流域水生态环境已严重恶化。中下游河道有 4000 多米断流，其中断流 300 天以上的占 65.3%，有的河道甚至全年断流。一些河道虽然有水，但主要由城市废污水和灌溉退水组成，基本没有天然径流，"有河皆干，有水皆污"已成为海河流域的一个突出问题。河道干涸还引发河道内杂草丛生、土地沙化、土壤盐分累积。山前平原与河道两岸附近浅层地下水位持续下降的地区，河流冲击沙地，以及砂质褐土、砂质潮土、砂质草甸土等耕地沙化趋势严重，沙土随风迁移造成覆盖沙地。近 30 年来，流域内"沙化"土壤面积不断扩大。由于缺少入海水量，山区进入平原的径流、引黄水量和降水中带来的盐分不能排出，引起区域性积盐。

表 2-1 海河水系河流平均断流天数

河流	测站	1960～1969 年	1970～1979 年	1980～1989 年	1990～1999 年
潮白河	永坝闸上	—	41	195	110
永定河	三家店	86	282	299	全年
大清河	新盖房	75	—	283	189
滹沱河	献县	115	256	350	全年
滏阳河	衡水	94	200	216	—

20 世纪 50 年代海河流域有万亩以上的洼淀 190 多个，洼淀面积超过 10 000km²。现今，除白洋淀和部分洼淀修建成水库外，大部分洼淀都已消失或退化，即使加上 31 座大型水库和 100 多座中型水库，湿地面积仅剩 2000 多平方千米。12 个主要湿地的水面面积由 50 年代的 3801km² 下降至 2000 年的 538km²。现存湿地白洋淀、北大港、南大港、团泊洼、千顷洼、草泊、七里海等均面临着水源匮乏、水污染加剧的困境。

在区域湖泊洼地演变过程中，人类活动是其中最重要的驱动因素。以白洋淀为例，20 世纪 50 年代以后，白洋淀上游兴建了总库容达 36 亿 m³ 的水库群，大大减少了入淀水量，1964～1981 年，白洋淀因围垦造田减少了 90% 的湖面面积，导致 1966～1995 年出现 5 次干淀，1990～2000 年又多次面临干淀的威胁，依靠定期补水才得以维持。随着湿地面积急剧减少，大量生物丧失了其生存环境，湿地内生物资源退化严重，具体表现为植物群落、野生鱼蟹和鸟类等生物量的锐减。

地表径流减少也导致入海水量锐减，河口生态环境退化。统计表明，20 世纪 90 年代与50 年代相比，流域年平均入海水量减少了 72%。90 年代年平均入海水量只有 68.15 亿 m³，只相当于总水资源量的 18%，而且 40% 集中在滦河及冀东沿海地区。由于入海径流减少，各河河口相继建闸拒咸蓄淡，引起闸下大量海相泥沙淤积。据统计，闸下泥沙总淤积量达 9500 万 m³，致使海河流域骨干行洪河道泄洪能力衰减 40%。另外，陆源污染也给河口近海地区造成很大影响。渤海湾收纳天津、北京两大城市污水，无机氮、无机磷、化学耗氧量等指标严重超标。由于入海径流减少和严重的污染，河口地区具有经济价值的鱼类基本绝迹，渤海湾著名大黄鱼等优良鱼种基本消失。近 10 年来，渤海赤潮频频发生，造成了严重的经济损失。

2.1.4 水土流失严重

水土流失是海河流域主要自然灾害之一，仍未得到有效遏制。海河流域一方面年降水量虽然不大，但降水集中，多以暴雨形式出现；而另一方面流域内山区地面坡度较大、土层浅薄，森林覆盖率仅有 10%，导致流域内存在严重的水土流失。据全国第二次遥感调查结果，海河流域目前水土流失面积 10.55 万 km²，约占全流域总面积的 1/3，占山区面积近 2/3。其中，水蚀面积 9.87 万 km²、风蚀面积 0.65 万 km²、工程侵蚀面积 0.03 万 km²。截止 2007 年海河流域水土流失面积仍有 8.1 万 km²。其中，中度以上侵蚀区主要位于滦河、永定河、子牙河、漳卫河及大清河水系，永定河官厅水库以上及滹沱河上游水系部分地区由于存在大量黄土层，植被稀疏，受短时暴雨的冲刷极易导致水土大量流失，存在极重度侵蚀（图 2-4）。

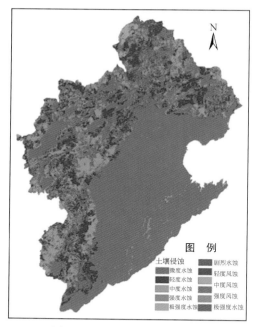

图 2-4 海河流域土壤侵蚀图

海河流域的土壤侵蚀，按其成因分析，以水力侵蚀为主，其次是风力侵蚀、重力侵蚀和混合侵蚀。水土流失强度和分布如下所述。

轻度侵蚀。全流域轻度侵蚀区面积 5.10 万 km²（其中，水蚀面积 4.84 万 km²、风蚀面积 0.26 万 km²），主要分布在滦河、永定河、子牙河和漳河水系。

中度侵蚀。全流域中度侵蚀区面积 4.91 万 km²（其中，水蚀面积 4.60 万 km²、风蚀面积 0.31 万 km²），主要分布在滦河、子牙河、永定河、大清河水系。

强度侵蚀。全流域强度侵蚀区面积 0.48 万 km²（其中，水蚀面积 0.40 万 km²、风蚀面积 0.08 万 km²），主要分布在永定河、子牙河和漳河水系。

极强度侵蚀。全流域极强度侵蚀区面积 0.025 万 km²（其中，水蚀面积 0.022 万 km²、风蚀面积 0.003 万 km²），主要分布在永定河水系。

2010 年累计水土流失治理面积 1003.66 万 hm²，其中小流域治理面积 462.17 万 hm²，水土流失治理新增面积 31.91 万 hm²。建设基本农田面积 135.41km²、水保林面积 1273.11km²、经济林面积 379.1km²、种草面积 19.85km²、封禁治理面积 1808.24km²、其他措施面积 89.29km²。虽然海河流域水土流失重点治理初见成效，但是水土流失面积仍然较大。水土流失加剧导致土壤沙化面积不断扩大，而北京、天津等大中型城市频现的沙尘天气，更是给人类敲响了警钟。

由于大量开采地下水，地下水位持续大幅度下降，地表植被生长困难，从而加剧了土地沙化。同时，因地下水位大幅度下降，河水大量补给地下水，加速了河流的干涸，造成河床及其两岸的土地沙化。流域山区山荒漠化、沙漠化加剧引发的沙尘暴危害了北京等大中城市的环境。在北京西面洋河、桑干河两岸形成了百里风沙线，在正北方向丰宁县一带有流动沙丘 100 多处，在东北方向围场一带形成了 4 条沙带。这些沙丘、沙带还在发展、蔓延，向北京逼近。可以说，北京处于沙的包围之中。

2.1.5　地面沉降加剧

海河流域地下水大规模开采始于 20 世纪 70 年代。到 1998 年，扣除补量后，全流域已累积消耗地下水储量 896 亿 m³，其中浅层地下水 471 亿 m³、深层水 425 亿 m³。1958～1998 年全流域地下水平均年超采量约 22.39 亿 m³，其中浅层地下水超采 11.78 亿 m³、深层水 10.61 亿 m³。随着地下水超采，地下水位持续下降，形成大面积降落漏斗区。其中，平原浅层地下水超采区，以北京、石家庄、保定、邢台、邯郸、唐山等城市为中心的漏斗区达 4.1 万 km²，地下水埋深 20～26m，某些地区的含水层已疏干，疏干面积达 10 500 km²；以天津、衡水，沧州、廊坊等城市为中心的深层地下水超采区，降落漏斗区面积达 5.6 万 km²，漏斗中心水位降至 32～95m。而且，深层地下水漏斗区水位降落速率逐步加快，如天津、沧州、黑龙岗地区年降幅达 2.0～2.6m。

地下水过度开采造成了地面沉降、地裂和塌陷等一系列环境地质问题。据测绘部门观测，河北省主要地面沉降区已发展到 8 个，全部分布在京津以南平原区。截止 1998 年，沉降量大于 300mm 的面积达 15 253km²，大于 500mm 的面积达 4000km²，大于 1000mm 的面积达 421km²。另据河北省测绘局 1998～2000 年对沧州、保定、邯郸 3 个城市的连续监测，市区地面沉降有加速趋势。地面沉降的主要危害为：城市地面低洼排水困难，铁路、公路、桥梁等地面建筑物基础下沉、开裂，地下管道等断裂，机井报废，河道排洪、排泄能力降低，等等。据统计，平原区已发现地裂缝约 200 条，涉及 35 个县（市）65 个乡，其长度由数米到数百米不等，少数达千米，最宽 2m 左右，可见深度 10m 左右。白洋淀千里堤、滹沱河北大堤曾发现大的横穿裂缝，严重影响防洪安全。截止 1995 年，平原还发生地面塌陷 17 处，保定市徐水县地面塌陷引发 50 户 200 余间房屋裂缝。

海河流域地下水资源系统在支撑流域社会经济发展的同时，承受着巨大的压力。长期超量开采地下水，导致地下水资源系统状态发生了一系列的变化。变化之一就是平原区大面积地下水位持续下降，1965～1998 年不同区域下降幅度为 4～20m。变化之二是流域的山前平原至滨海平原形成了常年性大面积的、以城市为中心的浅层、深层地下水水位降落漏斗。5 个典型漏斗，即石家庄漏斗（浅水层）、唐山漏斗（浅水层）、冀枣衡漏斗（深层水）、沧州漏斗（深层水）和天津漏斗（深层水）的中心水位多年下降率分别为 1.03m/a、1.92m/a、1.95m/a、2.38m/a 和 2.54m/a。

2.2 主要生态建设工程

改革开放后，我国启动了三北防护林建设，位于海河流域的燕山山地防护林体系建设是三北防护林建设的八大示范工程之一，重点治理项目区位于河北省东北部，包括承德市坝下部分、张家口市的潮白河流域部分，以及唐山和秦皇岛两市的山区，总面积 5.22 万 km²，占全省山区面积的 45.98%。多条河流在此发源汇流，其中滦河流域 3.09 万 km²，潮白河流域 1.17 万 km²，辽河、大凌河等流域面积 0.96 万 km²。区域内水资源较丰富，地表水年总量 62.7 亿 m³，地下水 28.6 亿 m³，是北京、天津两市及河北东部地区重要的水源地。燕山山地沟壑密度达到 3.47km/km²，水土流失面积达 2.87 万 km²，占全区总面积的 54.9%，占全省水土流失的 45.5%；年土壤侵蚀量达 1.02 亿 t，占全省山区土壤侵蚀总量的 43.2%。耕地面积 83.33 万 hm²，农业人口 706 万人，人均耕地仅 0.12hm²，尽快恢复森林植被，增强山地水土保持和水源涵养能力，提高山地资源利用率，拓展群众生存空间，促进农民增收，是该地区对农业的主导功能需求。

30 年来，项目建设以保持水土、涵养水源为重点，坚持治山、治水、治污同步，绿化、美化、致富结合，累计完成造林面积 139.7 万 hm²，其中人工林 87 万 hm²、飞播造林 11.4 万 hm²、封山育林 41.3 万 hm²。项目区现有林地面积 221.4 万 hm²，森林覆盖率 42.3%，较工程实施前提高了 15.5 个百分点，森林排名前十位的县全部在燕山山区，全省森林覆盖率超过 50% 的 7 个县全部在燕山山区（国家林业局，2008）。

2000 年实施的京津风沙源治理工程，位于海河流域的北京、天津、河北、山西和内蒙古均位于工程实施区域。工程启动以来，通过采取退耕还林、营造林、草地治理、修建水利配套措施、小流域综合治理、生态移民等措施，10 年来（2000～2009 年），工程累计完成营造林 757.32 万 hm²（其中退耕还林 262.91 万 hm²），工程区森林覆盖率从 2000 年的 12.4% 提高到 2009 年的 18.2%，相当于新增森林面积 215.3 万 hm²；草地治理 388.70 万 hm²，修建水利配套设施 117 526 处，小流域综合 111.5 万 hm²，生态移民 17.4 万人。目前，工程区农牧业生产条件得到明显改善，抵御自然灾害的能力显著增强，土地生产力得到恢复和提高，产业结构不断优化，农牧民收入稳步增加。京津及周边地区沙化趋势得到有效遏制，扬沙、沙尘暴天气发生天数明显减少，首都及周边地区生态环境得到明显改善

（刘拓和李忠平，2010）。

　　位于海河流域的燕山丘陵山地水源保护区是京津风沙源治理工程的四大工程区之一。该区域主要是指河北张家口坝下及其以东的山地丘陵区，具体包括北京、天津、张家口地区南部和承德地区共 27 个县（区），是官厅、密云和潘家口三大水库的水源地。该区域以丘陵山地为主，总人口 863.9 万人，人口密度 117.0 人/km²。土地总面积 73 820km²（738.20 万 hm²），沙化土地面积 117.45 万 hm²，其中可治理面积 111.43 万 hm²，占沙化土地面积的 94.9%。区域内因人工樵采、陡坡耕种等破坏植被行为，水土流失和土地沙化严重，可通过保护和建设丘陵山地防护林体系，提高保持水土、涵养水源、防风固沙的功能。

　　燕山丘陵山地水源保护区建设以来，燕山丘陵区森林覆盖率由 2000 年的 34.8% 提高到 2009 年的 39.1%，土壤侵蚀模数下降了 20.5%，土壤侵蚀面积减小了 20.1%，林地单位蓄积量增幅达 46.6%，单位草地产草量增幅达 83.8%，单位面积森林固碳量达 0.84t/hm²。

第3章 | 海河流域生态系统类型、格局及其变化

海河流域生态系统主要为农田、森林、草地、城镇和湿地。2000～2010年，海河流域城镇面积持续扩张，下游增加尤为剧烈。海河流域农田面积逐渐减少，森林面积有所增加。流域内自然植被覆盖度总体增加，局部降低；岸边带生态系统和自然植被覆盖度变化剧烈。

3.1 生态系统构成及其变化特征

3.1.1 生态系统构成

海河流域2000年生态系统构成比例为林地28%、草地14%、湿地2%、耕地47%、人工表面8%、其他类型1%，耕地面积将近占流域总面积的一半。2005年生态系统类型构成中，耕地面积最大，占流域生态系统总面积的46%；其次为林地，占流域生态系统总面积的28%。2010年海河流域生态系统构成中，面积所占比例最大的为耕地，占流域总生态系统类型面积的45%；林地面积次之，占29%；其他类型面积所占比例从高到低依次为人工表面10%、草地13%、湿地2%、其他类型1%（图3-1）。

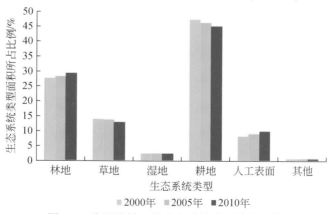

图3-1 海河流域三期生态系统类型构成比例

3.1.2 生态系统变化

2000～2010年，生态系统类型变化比例变化不大，但各类生态系统去向都较多样化；

总面积减少较多的为耕地，去向主要是人工表面和林地。

海河流域 2000～2010 年共有占总面积 6% 的生态系统发生了变化，其中人工表面和林地变化较少，分别为 1.8% 和 3%。变化较为剧烈的是草地、湿地和其他类型生态系统，其中，草地共转出 15.6% 的面积，14.3% 的草地变为林地、0.9% 的草地变为人工表面；湿地共转出 12.3% 的面积，其中 4.6% 转变为耕地、4.2% 变为人工表面、1.7% 变为草地、1.1% 变为其他类型、0.7% 变为林地；其他类型转出 10.2% 的面积，其中 2.5% 转为湿地、2.2% 转为人工表面、2% 转为耕地、1.9% 转为草地、1.6% 转为林地；另外，耕地转出 5.7% 的面积，其中 3.3% 转为人工表面、1% 转为林地、0.9% 转为草地。变化矩阵见表 3-1。

表 3-1　海河流域 2000～2010 年生态系统类型变化去向矩阵　（单位:%）

类型	林地	草地	湿地	耕地	人工表面	其他
林地	97.0	2.4	0.0	0.3	0.3	0.0
草地	14.3	84.4	0.1	0.2	0.9	0.1
湿地	0.7	1.7	87.7	4.6	4.2	1.1
耕地	1.0	0.9	0.3	94.3	3.3	0.0
人工表面	0.2	0.2	0.1	1.3	98.2	0.0
其他	1.6	1.9	2.5	2.0	2.2	89.8

海河流域 2000～2005 年共有总面积为 3.3% 的生态系统类型发生了变化，其中人工表面、林地面积转出较少，分别为 1.6% 和 1.8%。湿地、其他类型和草地面积变化较大，湿地共转出 8.1% 的面积，其中 3.6% 变为耕地、2% 变为人工表面、1.3% 变为草地、0.8% 变为其他、0.5% 变为林地；其他类型共转出 6% 的面积，其中 2% 变为草地、2% 变为湿地、2% 变为耕地、2% 变为人工表面；草地共转出 6.2% 的面积，其中 5.2% 变为林地、0.5% 变为人工表面；另外有 3.3% 的耕地面积转出，其中 1.6% 变为人工表面、0.7% 变为草地、0.7% 变为林地。详细变化矩阵见表 3-2。

表 3-2　海河流域 2000～2005 年生态系统类型变化去向矩阵　（单位:%）

类型	林地	草地	湿地	耕地	人工表面	其他
林地	98.2	1.4	0.0	0.4	0.1	0.0
草地	5.2	93.8	0.1	0.3	0.5	0.0
湿地	0.5	1.3	91.9	3.6	2.0	0.8
耕地	0.7	0.7	0.2	96.7	1.6	0.1
人工表面	0.3	0.5	0.0	0.8	98.4	0.0
其他	0.2	1.7	1.7	1.6	1.6	93.3

海河流域 2005～2010 年共有 4.3% 的生态系统类型发生了变化，其中人工表面、林地、耕地面积转出较少，分别为 1.6%、2.6%、3%；草地和其他类型面积变化最为剧烈，草地共转出 12.7% 的面积，其中 11.5% 变为林地、0.6% 变为人工表面；其他类型共转出 8.5% 的面积，其中 2.6% 变为耕地、2.4% 变为湿地、1.4% 变为林地、1.2% 变为草地、0.8% 变为人工表面；另外有 7.3% 的湿地面积转出，其中 3% 转为耕地、2.2% 转为人工

表面、1%转为草地、0.8%转为其他。详细变化矩阵见表3-3。

表3-3 海河流域2005~2010年生态系统类型变化去向矩阵 （单位:%）

类型	林地	草地	湿地	耕地	人工表面	其他
林地	97.4	2.1	0.0	0.3	0.2	0.0
草地	11.5	87.3	0.1	0.4	0.6	0.1
湿地	0.3	1.0	92.7	3.0	2.2	0.8
耕地	0.4	0.3	0.2	97.0	2.1	0.0
人工表面	0.1	0.2	0.1	1.2	98.4	0.0
其他	1.4	1.2	2.4	2.6	0.8	91.5

3.1.3 生态系统类型变化分布

海河流域2000~2005年生态系统类型变化的空间格局主要分布在北京市周边区县、天津市城区周边及沿海地区、河北省石家庄市周边地区，以及山西省忻州市、晋中市、长治市等部分地区。海河流域2005~2010年生态系统类型变化的空间格局主要分布在北京市四周，山西省大同市、忻州市、晋中市、长治市、阳泉市、朔州市等部分地区。海河流域2000~2010年总体生态系统类型变化的空间格局主要分布在北京市周边、天津市城区周边及沿海地区、河北省石家庄市周边，以及山西省大同市、忻州市、晋中市及长治市等地区。三期变化的空间格局见图3-2~图3-4。

图3-2 2000~2005年海河流域生态系统
类型变化图

图3-3 2005~2010年海河流域生态系统
类型变化图

图 3-4 2000~2010 年海河流域生态系统类型变化图

3.2 自然植被覆盖度及变化特征

3.2.1 自然植被覆盖度状况

2000 年海河流域平均自然植被覆盖度为 35.8% ，其中滦河及冀东沿海诸河平均自然植被覆盖度最高， 为 52.26% ， 其他依次为海河北系平均自然植被覆盖度 38.57% 、海河南系平均自然植被覆盖度 32.48% 、徒骇马颊河流域平均自然植被覆盖度 16.1% 。2005 年海河流域平均自然植被覆盖度为 45.08% ，滦河及冀东沿海诸河平均自然植被覆盖度最高，为 62.94% ， 其他依次为海河北系平均自然植被覆盖度 46.77% 、海河南系平均自然植被覆盖度 40.89% 、徒骇马颊河流域平均自然植被覆盖度 29.8% 。2010 年海河流域平均自然植被覆盖度为 40.04% ，滦河及冀东沿海诸河平均自然植被覆盖度最高，为 57.21% ，其他依次为海河北系平均自然植被覆盖度 43.74% 、海河南系平均自然植被覆盖度 35.66% 、徒骇马颊河流域平均自然植被覆盖度 21.59% ，如表 3-4 所示。

表 3-4 海河流域及一级子流域平均自然植被覆盖度   （单位:%）

子流域	2000 年	2005 年	2010 年
海河流域	35.81	45.08	40.04
滦河及冀东沿海诸河	52.26	62.94	57.21

续表

子流域	2000 年	2005 年	2010 年
海河北系	38. 57	46. 77	43. 74
海河南系	32. 48	40. 89	35. 66
徒骇马颊河流域	16. 1	29. 8	21. 59

3.2.2 自然植被覆盖度变化

海河流域 2000～2005 年自然植被覆盖面积增加面积为 152 092.9km²，约为海河流域总面积的 47.8%；自然植被覆盖面积减少 39 378.94km²，占海河流域总面积的 12.4%。2005～2010 年自然植被覆盖面积增加 93 404.88km²，约为海河流域总面积的 29.4%；自然植被覆盖面积减少 98 626.81km²，占海河流域总面积的 39.6%。2000～2010 年自然植被覆盖面积增加 128 216.9km²，约为海河流域总面积的 40.3%；自然植被覆盖面积减少 38 780.88km²，占海河流域总面积的 12.2%，如表 3-5 所示。

表 3-5　海河流域自然植被覆盖度面积变化汇总表

年份	增加面积 /km²	减少面积 /km²	不变面积 /km²	增加比例 /%	减少比例 /%	不变比例 /%	合计面积 /km²
2000～2005	152 092.9	39 378.94	126 685.8	47.8	12.4	39.8	318 157.7
2010～2005	93 404.88	98 626.81	126 126	29.4	31.0	39.6	318 157.7
2000～2010	128 216.9	38 780.88	151 159.9	40.3	12.2	47.5	318 157.7

3.2.3 自然植被覆盖度变化分布

海河流域 2000～2005 年自然植被覆盖度以增加为主，其中以滦河山区、徒骇马颊河平原、北三河山区、漳卫河山区等增加最多，自然植被覆盖度减少的地区则主要分布在子牙河山区西北部及中部局部地区、滦河山区西北部等。2005～2010 年自然植被覆盖度是以减少为主，尤其是滦河山区，而徒骇马颊河平原、子牙河山区、漳卫河山区、永定河册田水库至三家店区间等地自然植被覆盖度减少分布最为广泛。2000～2010 年自然植被覆盖度整体以增加为主，尤其是滦河山区、北三河山区、徒骇马颊河平原、子牙河山区、北四河册田水库以上、漳卫河山区等地增加分布最广；自然植被覆盖度减少的地区分布在滦河山区西北部、子牙河山区、徒骇马颊河平原、大清河山区等，详见图 3-5～图 3-7。

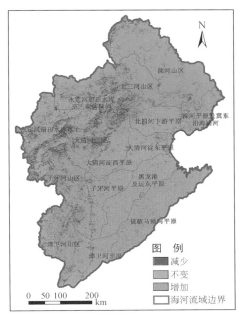

图 3-5 2000～2005 年海河流域自然植被
覆盖度变化图

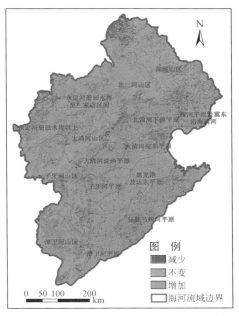

图 3-6 2005～2010 年海河流域自然植被
覆盖度变化图

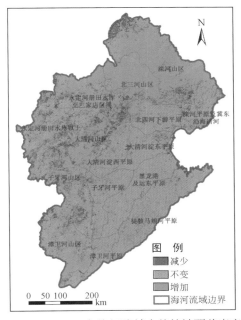

图 3-7 2000～2010 年海河流域自然植被覆盖度变化图

3.3 岸边带生态系统构成及其变化特征

3.3.1 500m 岸边带

3.3.1.1 500m 岸边带生态系统构成

海河流域 2000 年 500m 河流岸边带生态系统耕地占一半以上。海河流域 2000 年 500m 河流岸边带生态系统构成比例为林地 14%、草地 9%、湿地 8%、耕地 58%、人工表面 10%、其他类型 1%。2005 年生态系统类型构成中,林地、湿地及人工表面所占比例各增加 1%,耕地降为 57%,草地与 2000 年相当。2010 年海河流域生态系统构成与 2005 年生态系统构成相比变化不大,人工表面及湿地所占比例各增加 1%,耕地所占比例降为 55%,其余类型所占比例与 2005 年比未发生变化(图 3-8)。

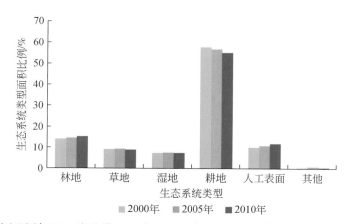

图 3-8 海河流域 500m 岸边带 2000 年、2005 年、2010 年三期生态系统类型构成比例

3.3.1.2 500m 岸边带生态系统类型变化

2000~2010 年,海河流域 500m 岸边带生态系统类型去向多样化,从总面积变化中可以看出,面积损失最多的为耕地,其次为草地,去向多为人工表面和林地。

2000~2005 年,海河流域 500m 岸边带各生态系统去向都较为多样化,但变化面积较少。人工表面、林地、耕地转化为其他生态系统类型的比例较少。其他类型用地变化最大(9.3%),大部分转变为草地及湿地。湿地向其他用地类型转化也相对较多(8.7%),大部分转为耕地及草地。草地的去向(6.0%)多为林地,详见表 3-6。

2005~2010 年,海河流域 500m 岸边带各生态系统类型变化都比较多样化,人工表面、林地、耕地只有很少面积转化为其他类型的生态系统。草地转化最多(14.2%),且多转化为林地;其次为湿地(11.8%),多转化为耕地和草地;其他类型(11.8%)多转化为湿地和林地,详见表3-7。

表 3-6　2000～2005 年海河流域 500m 河流岸边带生态系统类型面积变化去向矩阵

（单位:%）

类型	林地	草地	湿地	耕地	人工表面	其他
林地	97.7	0.8	0.2	1.2	0.1	0.0
草地	3.7	94.0	0.6	1.1	0.6	0.1
湿地	0.5	2.4	91.3	4.0	0.9	0.9
耕地	0.7	0.4	0.6	96.8	1.5	0.1
人工表面	0.2	0.4	0.1	0.8	98.5	0.0
其他	0.1	3.6	3.3	1.7	0.7	90.7

表 3-7　2005～2010 年海河流域 500m 河流岸边带生态系统类型面积变化去向矩阵

（单位:%）

类型	林地	草地	湿地	耕地	人工表面	其他
林地	95.9	2.2	0.3	0.9	0.6	0.0
草地	11.5	85.8	0.8	0.5	1.2	0.1
湿地	0.8	3.2	88.2	5.3	1.7	0.8
耕地	1.2	0.5	1.1	94.1	3.0	0.1
人工表面	0.1	0.2	0.2	1.1	98.3	0.0
其他	2.7	2.0	4.4	1.1	1.5	88.2

　　2000～2010 年,海河流域 500m 岸边带各生态系统类型变化都较为多样,人工表面、林地、耕地只有很少面积转化为其他类型生态系统的用地。草地转化最多（12.1%）,多转为林地;其次为其他类型（7.3%）,向湿地和草地转化,详见表3-8。

表 3-8　2000～2010 年海河流域 500m 河流岸边带生态系统类型面积变化去向矩阵

（单位:%）

类型	林地	草地	湿地	耕地	人工表面	其他
林地	96.6	2.2	0.2	0.7	0.3	0.0
草地	9.4	87.9	0.8	0.9	0.8	0.1
湿地	0.3	1.6	93.9	3.3	0.7	0.1
耕地	0.7	0.3	0.8	96.4	1.9	0.0
人工表面	0.1	0.2	0.1	1.0	98.5	0.0
其他	1.0	1.3	2.9	1.1	1.1	92.7

3.3.1.3　500m 岸边带生态系统类型变化分布

　　2000～2005 年海河流域 500m 河流岸边带生态系统类型发生变化的区域主要分布于北四河下游平原西北部和东南部、子牙河山区、漳卫河山区、徒骇马颊河平原、北三河山区南部、子牙河平原北部等地区。2005～2010 年,徒骇马颊河发生变化的区域增多。总之

2000～2010 年，从整个海河流域范围来看，500m 岸边带生态系统类型变化主要分布于海河流域的中部、东部及东南部，详见图 3-9～图 3-11。

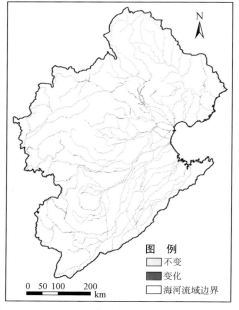

图 3-9　2000～2005 年海河流域 500m 岸边带生态系统类型变化图

图 3-10　2005～2010 年海河流域 500m 岸边带生态系统类型变化图

图 3-11　2000～2010 年海河流域 500m 岸边带生态系统类型变化图

3.3.2 1000m 岸边带

3.3.2.1 1000m 岸边带生态系统构成

海河流域 2000 年 1000m 河流岸边带生态系统构成比例为林地 16%、草地 9%、湿地 6%、耕地 57%、人工表面 11%、其他类型 1%，耕地面积占 1000m 河流岸边带生态系统总面积的一半多。2005 年生态系统类型构成中，耕地降为 56%，人工表面增加 1%，变化很小，其余四类生态系统所占比例与 2000 年相当。2010 年生态系统构成中，耕地所占比例降为 54%，人工表面与林地与 2005 年相比均增加 1%，但总体变化比例较小，其余三类生态系统所占比例与 2005 年相比没有变化，详见图 3-12。

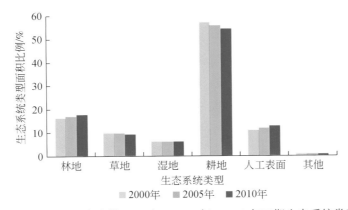

图 3-12 海河流域 1000m 岸边带 2000 年、2005 年、2010 年三期生态系统类型构成比例

3.3.2.2 1000m 岸边带生态系统类型变化

2000 ~ 2010 年，海河流域 1000m 岸边带主要向人工表面和林地转化。2000 ~ 2005 年，海河流域 1000m 岸边带其他类型和湿地的去向最为多样化，林地、人工表面、耕地、草地只有很小面积转化为其他类型的生态系统用地。其他类型用地转移最多（9.3%）去向主要为湿地和草地；其次为湿地（9.1%），主要去向为耕地，详见表 3-9。

表 3-9 2000 ~ 2005 年海河流域 1000m 岸边带生态系统类型面积变化去向矩阵

（单位：%）

类型	林地	草地	湿地	耕地	人工表面	其他
林地	98.0	0.8	0.1	1.0	0.1	0.0
草地	3.6	94.2	0.5	1.0	0.6	0.1
湿地	0.6	2.4	90.9	4.2	1.0	1.0
耕地	0.7	0.4	0.4	96.8	1.6	0.0
人工表面	0.2	0.4	0.1	0.7	98.6	0.0
其他	0.1	3.0	3.1	2.2	0.9	90.7

2005～2010 年，海河流域 1000m 岸边带各生态系统类型的变化都具有多样性特征，人工表面、林地、耕地只有很小面积转化为其他类型的生态系统用地。草地转移最多（11.7%），去向多为林地；其次为其他类型（7.5%），去向多为湿地；再次为湿地（6.4%），去向多为耕地，详见表 3-10。

表 3-10　2005～2010 年海河流域 1000m 岸边带生态系统类型面积变化去向矩阵

（单位:%）

类型	林地	草地	湿地	耕地	人工表面	其他
林地	97.0	1.9	0.1	0.6	0.3	0.0
草地	9.3	88.3	0.6	0.8	0.9	0.1
湿地	0.4	1.6	93.6	3.3	1.0	0.2
耕地	0.6	0.3	0.6	96.5	2.0	0.0
人工表面	0.1	0.2	0.1	1.0	98.6	0.0
其他	1.0	1.3	2.7	1.3	1.2	92.5

2000～2010 年，海河流域 1000m 岸边带各生态系统类型变化具有多样性，人工表面、林地、耕地只有很小面积转化为其他类型的生态系统用地。草地转移最多（14.1%），去向多为林地；其次为湿地（12.6%），去向多为耕地和草地；再次为其他类型（11.8%），去向主要为湿地和草地，详见表 3-11。

表 3-11　2000～2010 年海河流域 1000m 岸边带生态系统类型面积变化去向矩阵

（单位:%）

类型	林地	草地	湿地	耕地	人工表面	其他
林地	96.4	2.0	0.2	0.8	0.6	0.0
草地	11.4	85.9	0.6	0.6	1.3	0.1
湿地	0.9	3.2	87.4	5.5	2.0	0.9
耕地	1.2	0.5	0.8	94.2	3.2	0.0
人工表面	0.1	0.2	0.1	1.1	98.4	0.0
其他	1.9	2.0	4.4	1.9	1.6	88.2

3.3.2.3　1000m 岸边带生态系统类型变化分布

2000～2005 年海河流域 1000m 岸边带生态系统类型发生变化的区域主要分布于北四河下游平原西北部和东南部、子牙河山区、徒骇马颊河平原、漳卫河山区北部地区、大清河淀东平原东北部、北三河山区南部等地区。2005～2010 年，徒骇马颊河发生变化的区域增多。总之 2000～2010 年，从整个海河流域范围来看，1000m 岸边带生态系统类型变化主要分布于海河流域的中部、东部及东南部，详见图 3-13～图 3-15。

图 3-13　2000～2005 年海河流域 1000m 岸
边带生态系统类型变化图

图 3-14　2005～2010 年海河流域 1000m 岸
边带生态系统类型变化图

图 3-15　2000～2010 年海河流域 1000m 岸边带生态系统类型变化图

3.3.3 2000m岸边带

3.3.3.1 2000m岸边带生态系统构成

海河流域2000年2000m岸边带生态系统构成比例为林地18%、草地10%、湿地4%、耕地56%、人工表面11%、其他类型1%，耕地面积占2000m河流岸边带生态系统总面积的一半多。2005年生态系统类型构成中，林地和人工表面所占比例各增加1%，耕地和草地所占比例减少1%，其他生态系统类型所占比例与2000年相当。2010年海河流域生态系统构成中，耕地所占比例降为53%，林地和人工表面所占比例各增加1%，其他类型所占比例与2005年相同，详见图3-16。

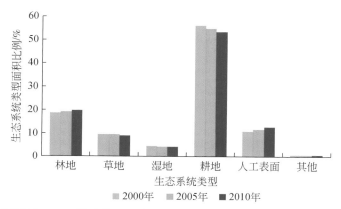

图3-16　海河流域2000m岸边带2000年、2005年、2010年三期生态系统类型构成比例

3.3.3.2 2000m岸边带生态系统变化

2000～2010年，海河流域2000m岸边带从面积上看，耕地和草地损失较为严重，主要向人工表面和林地转化。

2000～2005年，海河流域2000m岸边带生态系统类型变化多样，人工表面、林地、耕地只有很小面积转化为其他类型的生态系统用地。湿地转化最多（9.6%），去向多为耕地；其次为其他类型（8.6%），去向主要为湿地和耕地；再次为草地（5.8%），去向多为林地，详见表3-12。

表3-12　2000～2005年海河流域2000m河流岸边带生态系统类型面积变化去向矩阵

（单位：%）

类型	林地	草地	湿地	耕地	人工表面	其他
林地	98.2	0.8	0.0	0.8	0.1	0.0
草地	3.8	94.2	0.4	0.9	0.7	0.1
湿地	0.6	2.3	90.4	4.6	1.2	0.8

续表

类型	林地	草地	湿地	耕地	人工表面	其他
耕地	0.7	0.4	0.4	96.8	1.7	0.0
人工表面	0.2	0.4	0.0	0.7	98.6	0.0
其他	0.1	2.2	2.8	2.7	0.9	91.4

2005～2010 年，海河流域 2000m 岸边带生态系统变化中，人工表面、林地、耕地只有很小面积转化为其他类型的生态系统用地。草地转移最多（11.7%），去向多为林地；其次为其他类型（7.5%），去向多为耕地；再次为湿地（7%），去向多为耕地，详细变化见表 3-13。

表 3-13　2005～2010 年海河流域 2000m 河流岸边带生态系统类型面积变化去向矩阵

（单位：%）

类型	林地	草地	湿地	耕地	人工表面	其他
林地	97.5	1.7	0.1	0.5	0.3	0.0
草地	9.6	88.3	0.4	0.8	0.9	0.1
湿地	0.3	1.5	93.0	3.3	1.5	0.4
耕地	0.5	0.3	0.4	96.6	2.1	0.0
人工表面	0.1	0.2	0.1	1.0	98.6	0.0
其他	1.1	1.2	1.9	2.0	1.2	92.5

2000～2010 年，海河流域 2000m 岸边带生态系统类型变化中，人工表面、林地、耕地只有很小面积转化为其他用地。草地转移最多（14.2%），去向多为林地；其次为湿地（13.4%），去向主要为耕地和人工表面；再次为其他类型（11%），去向主要是湿地和耕地，详见表 3-14。

表 3-14　2000～2010 年海河流域 2000m 河流岸边带生态系统类型面积变化去向矩阵

（单位：%）

类型	林地	草地	湿地	耕地	人工表面	其他
林地	96.9	1.9	0.1	0.6	0.5	0.0
草地	11.8	85.8	0.4	0.6	1.4	0.1
湿地	1.0	3.0	86.6	5.7	2.7	1.0
耕地	1.1	0.6	0.6	94.2	3.5	0.0
人工表面	0.1	0.2	0.1	1.1	98.4	0.0
其他	1.5	2.0	3.6	2.4	1.5	89.0

3.3.3.3　2000m 岸边带生态系统类型变化分布

2000～2005 年海河流域 2000m 河流岸边带生态系统类型发生变化的区域主要分布于北四河下游平原西北部和东南部、子牙河山区、漳卫河山区、徒骇马颊河平原、大清河淀东平原东北部、北三河山区南部等地区。2005～2010年，徒骇马颊河发生变化的区域增多。总之，2000～2010年，从整个海河流域范围来看，2000m岸边带生态系统类型变化主要分布于海河流域的中部、东部及东南部，详见图3-17～图3-19。

图3-17　2000～2005年海河流域2000m岸
边带生态系统类型变化图

图3-18　2005～2010年海河流域2000m岸
边带生态系统类型变化图

图3-19　2000～2010年海河流域2000m岸边带生态系统类型变化图

3.4 岸边带自然植被覆盖度及其变化特征

3.4.1 500m 岸边带

3.4.1.1 500m 岸边带自然植被覆盖度状况

2000 年海河流域 500m 岸边带自然植被平均覆盖度为 26.79%，其中滦河及冀东沿海诸河平均自然植被覆盖度最高，为 40.2%；其次为海河北系，平均自然植被覆盖度为 27.3%；海河南系平均自然植被覆盖度为 23.6%；徒骇马颊河平均自然植被覆盖度为 21.65%。2005 年海河流域 500m 岸边带自然植被平均覆盖度为 38.82%，滦河及冀东沿海诸河平均自然植被覆盖度最高，达到 53.24%；其次为海河北系平均自然植被覆盖度为 38.6%；徒骇马颊河平均自然植被覆盖度为 38.02%；海河南系平均自然植被覆盖度为 34.64%。2010 年海河流域 500m 岸边带自然植被平均覆盖度为 30.73%，其中滦河及冀东沿海诸河平均自然植被覆盖度最高达到 44.17%；其次为海河北系平均自然植被覆盖度为 32.37%；徒骇马颊河流域平均自然植被覆盖度为 27.4%；海河南系平均自然植被覆盖度为 26.6%，详见表 3-15。

表 3-15　海河流域及一级子流域 500m 岸边带平均自然植被覆盖度　　（单位：%）

流域	2000 年	2005 年	2010 年
海河流域	26.79	38.82	30.73
滦河及冀东沿海诸河	40.17	53.24	44.17
海河北系	27.3	38.56	32.37
海河南系	23.6	34.64	26.56
徒骇马颊河	21.65	38.02	27.38

3.4.1.2 500m 岸边带自然植被覆盖度变化

2000～2005 年海河流域 500m 岸边带自然植被覆盖度减少、不变、增加所占面积比例分别为 11.51%、44.93%、43.57%；2005～2010 年海河流域 500m 岸边带自然植被覆盖度减少、不变、增加所占面积比例分别为 33.84%、44.32%、21.84%；2000～2010 年海河流域 500m 河流岸边带自然植被覆盖度减少、不变、增加所占面积比例分别为 12.55%、56.90%、30.55%，详见表 3-16。

表 3-16　海河流域 500m 岸边带自然植被覆盖度变化信息表　　（单位:%）

年限	自然植被覆盖度减少面积比例	自然植被覆盖度不变面积比例	自然植被覆盖度增加面积比例
2000～2005	11.51	44.93	43.57
2005～2010	33.84	44.32	21.84
2000～2010	12.55	56.90	30.55

3.4.1.3　500m 岸边带自然植被覆盖度变化分布

海河流域 500m 岸边带内各部分地区自然植被覆盖度都是有增有减，2000～2005 年以增加为主，而 2005～2010 年自然植被覆盖度减少趋势较为明显。2000～2010 年，总体自然植被覆盖度以增加趋势为主。

2000～2005 年，海河流域各部分地区 500m 岸边带自然植被覆盖度变化都以增加为主，尤其是滦河山区、徒骇马颊河平原、北三河山区、子牙河山区、北四河册田水库以上、北四河下游平原等地增加优势最为明显；减少地区主要分布在子牙河山区等地。2005～2010 年，海河流域 500m 岸边带自然植被覆盖度变化除北漳卫河山区及漳卫河平原是以增加趋势为主外，其余地区都是以减少趋势为主，其中以滦河山区、徒骇马颊河平原等地减少最为明显。2000～2010 年自然植被覆盖度的变化趋势与 2000～2005 年的相近，以自然植被覆盖度总体增加为主，其中滦河山区、北三河山区、子牙河山区等地增长较为明显；而减少地区主要分布在滦河山区西北部、子牙河山区、徒骇马颊河平原西南部等，详见图 3-20～图 3-22。

图 3-20　2000～2005 年 500m 岸边带自然植被
覆盖度变化图

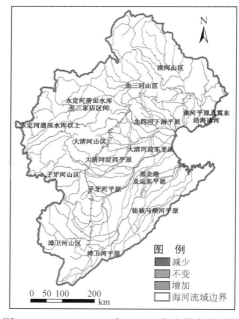

图 3-21　2005～2010 年 500m 岸边带自然植被
覆盖度变化图

图 3-22 2000~2010 年 500m 岸边带自然植被覆盖度变化图

3.4.2 1000m 岸边带

3.4.2.1 1000m 岸边带自然植被覆盖度状况

2000 年海河流域 1000m 岸边带平均自然植被覆盖度为 27.63%，其中滦河及冀东沿海诸河平均自然植被覆盖度最高，为 43.48%；其次为海河北系，平均自然植被覆盖度最低为 28.89%；海河南系平均自然植被覆盖度为 23.78%；徒骇马颊河平均自然植被覆盖度为 20.45%。2005 年海河流域 1000m 岸边带平均自然植被覆盖度为 38.82%，滦河及冀东沿海诸河平均自然植被覆盖度最高，达 55.8%；其次为海河北系，平均自然植被覆盖度最低为 39.27%；徒骇马颊河平均自然植被覆盖度为 36.5%；海河南系平均自然植被覆盖度达到 33.85%。2010 年海河流域 1000m 岸边带平均自然植被覆盖度为 31.57%，滦河及冀东沿海诸河平均自然植被覆盖度最高，达 47.71%；其次为海河北系，平均自然植被覆盖度最低为 34.04%；海河南系平均自然植被覆盖度为 26.59%；徒骇马颊河平均自然植被覆盖度为 26.3%，详见表 3-17。

表 3-17　海河流域及一级子流域 1000m 岸边带平均植被覆盖度　　　　（单位：%）

流域	2000 年	2005 年	2010 年
海河流域	27.63	38.82	31.57
滦河及冀东沿海诸河	43.48	55.8	47.71
海河北系	28.89	39.27	34.04
海河南系	23.78	33.85	26.59
徒骇马颊河	20.45	36.54	26.3

3.4.2.2　1000m 岸边带自然植被覆盖度变化

2000～2005 年海河流域 1000m 河流岸边带自然植被覆盖度减少、不变、增加所占面积比例分别为 11.43%、45.33%、43.23%；2005～2010 年海河流域 1000m 河流岸边带自然植被覆盖度减少、不变、增加所占面积比例分别为 32.72%、44.84%、22.45%；2000～2010 年海河流域 1000m 河流岸边带自然植被覆盖度减少、不变、增加所占面积比例分别为 12.47%、56.08%、31.45%，详见表 3-18。

表 3-18　海河流域 1000m 岸边带自然植被覆盖度变化信息表　　　　（单位：%）

年限	自然植被覆盖度减少面积比例	自然植被覆盖度不变面积比例	自然植被覆盖度增加面积比例
2000～2005	11.43	45.33	43.23
2005～2010	32.72	44.84	22.45
2000～2010	12.47	56.08	31.45

3.4.2.3　1000m 岸边带自然植被覆盖度变化分布

海河流域 1000m 岸边带内各部分地区自然植被覆盖度都是有增有减，2000～2005 年变化趋势以增加为主，而 2005～2010 年自然植被覆盖度减少趋势较为明显，2000～2010 年总体自然植被覆盖度以增加为主。

2000～2005 年，海河流域各部分地区 1000m 岸边带各部分地区自然植被覆盖度都以增加为主，其中滦河山区、徒骇马颊河平原、北三河山区、子牙河山区、漳卫河山区等地增加优势明显；减少区域主要分布于子牙河山区西北部、大清河山区、永定河册田水库至三家店区间等地区。2005～2010 年，海河流域 1000m 岸边带自然植被覆盖度除北三河山区、永定河册田水库至三家店区间以增加趋势为主外，其他地区都以减少趋势为主，其中以滦河山区、徒骇马颊河平原等地减少最为明显。2000～2010 年自然植被覆盖度的变化趋势与 2000～2005 年的相近，以植被覆盖度总体增加为主，其中滦河山区、北三河山区、徒骇马颊河平原及子牙河山区等地增加较为明显；减少区则主要分布于滦河山区西北部、子牙河山区北部等地，详见图 3-23～图 3-25。

图 3-23 2000～2005 年海河流域 1000m 岸边带
自然植被覆盖度变化图

图 3-24 2005～2010 年海河流域 1000m 岸边带
自然植被覆盖度变化图

图 3-25 2000～2010 年海河流域 1000m 岸边带自然植被覆盖度变化图

3.4.3 2000m 岸边带

3.4.3.1 2000m 岸边带自然植被覆盖度状况

2000 年海河流域 2000m 岸边带平均自然植被覆盖度为 28.72%，其中滦河及冀东沿海诸河的平均自然植被覆盖度最高，为 46.84%；其次为海河北系，平均自然植被覆盖度为 30.34%；海河南系平均自然植被覆盖度为 24.6%；徒骇马颊河平均自然植被覆盖度为 18.57%。2005 年海河流域 2000m 岸边带平均自然植被覆盖度为 38.97%，滦河及冀东沿海诸河的平均自然植被覆盖度为 58.28%；其次为海河北系，平均自然植被覆盖度为 39.77%；海河南系的平均自然植被覆盖度为 33.77%；徒骇马颊河的平均自然植被覆盖度最高达到 33.47%。2010 年海河流域 2000m 岸边带平均自然植被覆盖度为 32.68%，滦河及冀东沿海诸河的平均自然植被覆盖度最高，达 51.42%；其次为海河北系，平均自然植被覆盖度为 35.58%；海河南系的平均自然植被覆盖度为 27.32%；徒骇马颊河流域的平均自然植被覆盖度为 24.3%，详见表 3-19。

表 3-19　海河流域及一级子流域 2000m 岸边带平均自然植被覆盖度　（单位：%）

流域	2000 年	2005 年	2010 年
海河流域	28.72	38.97	32.68
滦河及冀东沿海诸河	46.84	58.28	51.42
海河北系	30.34	39.77	35.58
海河南系	24.6	33.77	27.32
徒骇马颊河	18.51	33.47	24.3

3.4.3.2 2000m 岸边带自然植被覆盖度变化

2000~2005 年海河流域 2000m 河流岸边带自然植被覆盖度减少、不变、增加所占面积比例分别为 11.32%、45.84%、42.84%；2005~2010 年海河流域 2000m 河流岸边带自然植被覆盖度减少、不变、增加所占面积比例分别为 31.23%、45.41%、23.36%；2000~2010 年海河流域 2000m 河流岸边带自然植被覆盖度减少、不变、增加所占面积比例分别为 12.15%、55.18%、32.66%，详见表 3-20。

表 3-20　海河流域 2000m 岸边带自然植被覆盖度变化信息表　（单位：%）

年份	自然植被覆盖度减少面积比例	自然植被覆盖度不变面积比例	自然植被覆盖度增加面积比例
2000~2005	11.32	45.84	42.84
2005~2010	31.23	45.41	23.36
2000~2010	12.15	55.18	32.66

3.4.3.3 海河流域 2000m 岸边带自然植被覆盖度变化分布

海河流域 2000m 岸边带内各部分地区自然植被覆盖度都是有增有减，2000～2005 年变化趋势以增加为主，而 2005～2010 年自然植被覆盖度减少趋势较为明显，2000～2010 年的总体自然植被覆盖度以增加为主。

2000～2005 年，海河流域 2000m 岸边带各部分地区自然植被覆盖度都以增加为主，其中滦河山区、徒骇马颊河平原、北三河山区、子牙河山区、漳卫河山区等增加趋势明显；而减少地区主要分布于子牙河山区西北部、大清河山区、滦河山区西北部等。2005～2010 年，海河流域 2000m 岸边带自然植被覆盖度除北三河山区、永定河册田水库至三家店区间是以增加趋势为主外，其他地区都是以减少为主，其中以滦河山区、徒骇马颊河平原等地减少最为明显。2000～2010 年自然植被覆盖度的变化趋势与 2000～2005 年的相近，以自然植被覆盖度总体增加为主，其中滦河山区、北三河山区、子牙河山区等地区增加最为明显；自然植被覆盖度减少的地区主要分布在子牙河山区北部及中部部分地区、滦河山区西北部、大清河山区东部等，详见图 3-26～图 3-28。

图 3-26　2000～2010 年海河流域 2000m 岸边带
自然植被覆盖度变化图

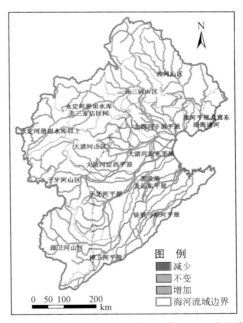

图 3-27　2000～2010 年海河流域 2000m 岸边带
自然植被覆盖度变化图

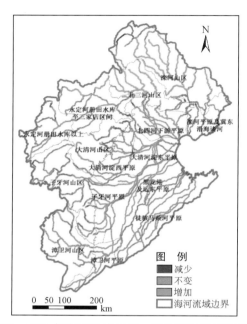

图 3-28　2000～2010 年海河流域 2000m 岸边带自然植被覆盖度变化图

第4章 海河流域生态系统服务功能及其变化

　　生态系统服务功能是指生态系统与生态过程所形成及所维持的人类赖以生存的自然环境条件与效用。本章评估了海河流域生态系统产品提供、产水、水质净化、土壤保持和固碳等生态系统服务功能及其变化。海河流域产品提供功能主要集中在流域东南方向海拔小于300m的平原地带，调节功能（水质净化、土壤保持、固碳功能）主要分布在流域西北方向海拔大于300m的丘陵和山区地带。海河流域生态系统产品提供与调节功能存在权衡关系，人口密度、经济发展、农业技术和农业生产是影响海河流域生态系统服务功能空间格局的重要因素。

　　生态系统服务功能是指生态系统与生态过程所形成及所维持的人类赖以生存的自然环境条件与效用（Daily，1997；欧阳志云等，1999）。它包括维持人类生命的水、空气、食物、木材等产品的供给，气候调节、洪水调蓄、水质净化等调节功能，养分循环、土壤形成、生境等支持功能，美学、休闲旅游、教育等文化功能。

　　伴随社会经济的飞速发展，人类活动的不断加剧，全球生态系统服务功能的60%已经出现退化（Millennium Ecosystem Assessment，2005），生态环境也随之加速恶化，人类也逐渐意识到生态系统服务功能可持续性对自身长远发展所具有的重要意义，国内外许多学者及组织机构从对生态系统服务功能的科学定义、分类体系到评价方法、评价尺度再到空间制图、生态补偿等方面开展了大量研究，生态系统服务功能成为全球变化研究的重要组成部分。GIS、RS技术的出现和快速发展，为生态系统服务功能的研究提供了全新的思路和良好的技术支持，使生态系统服务功能实现了从数理统计定量研究到空间动态定量研究的飞跃。生态系统服务功能不再只是数字形式的表达，地图展示让人类对生态系统服务功能有了更直观的认识。伴随GIS在生态系统服务功能研究中的应用，如何更加准确、更为精细、多尺度地展现生态系统服务功能的空间分布成为当前面临的新挑战。分析生态系统服务功能的空间格局状况有助于理解各类生态系统服务功能在空间上的分布特征，认识不同服务功能在空间分布上的差异。探索挖掘影响生态系统服务功能空间格局的驱动因素，有助于掌握造成不同服务功能空间分布差异的原因，以及针对这些原因如何采取相应的措施方案，以调控并管理生态系统服务功能，进而促进生态系服务功能的可持续性。

　　海河流域是我国水资源最为短缺、污染极为严重的流域。我国的政治、文化、教育和国际交流中心——北京，以及中国经济发展的"第三极"——环渤海地区均位于海河流域。流域生态系统服务功能的好坏直接影响并制约着流域乃至全国经济社会的可持续发展。分析海河流域生态系统服务功能的空间格局可以更加明确海河流域生态系统服务功能的强弱分布及其退化趋势，从而辅助分区规划管理决策的制定，探究影响海河流域生态系统服务功能空间分布的驱动机制，可以加深对生态系统服务功能的认识，改进生态系统服务功能管理的模式方法，更好地增进生态系统服务功能的多样化和弹性提供，从而促进海河流域生态环境的改善和流域整体的可持续发展。本章对海河流域生态系统服务功能的空间格局及其驱动机制展开研究，为明确海河流域生态系统服务功能空间分布特点，平衡取舍流域生态系服务功能、合理开展分区管理及推动海河流域的可持续发展提供科学依据。

4.1 生态系统服务功能评估与管理

生态系统服务起源于 20 世纪 70 年代，最初是为了提高人们对保护生物多样性的关注，而将生态系统功能制定为功利性的服务（Gomez-Baggethun et al.，2010），随后逐步推进为记录人类认识生态系统价值并可以评估从天然资源中获得利益的一种手段（Wallace，2007）。90 年代，生态系统服务逐渐成为生态领域研究的热点。其中，生态系统服务概念在 60 年代第一次使用 study of critical environmental problems（SCEP）（1970年）；70 年代提出了生态系统具备的服务功能，明确指出了生态系统为人类生存及发展所提供的大气、水土、物质循环等各种服务功能（生态补偿：国际经验与中国实践，2007）。Ehrlich 于 1981 年首次用到了"生态系统服务功能"一词，由此生态系统服务功能这一术语逐步被采用和推广（Ehrlich and Ehrlich，1981）。1997 年，Dairy 对生态系统服务功能进行了科学定义。在我国，欧阳志云等学者于 1999 年系统归纳了生态系统服务功能的研究进展和定量评价方法，并在国内相继开展了实例研究，成为国内开展生态系统服务功能研究的先驱（欧阳志云等，1999，2004；赵景柱等，2004）。

不同研究角度对生态系统服务功能的定义不尽相同，较为广泛采用的定义是 Daily 于 1997 年提出的"生态系统服务功能是指生态系统与生态过程所形成及所维持的人类赖以生存的自然环境条件与效用"（Daily，1997）。这一概念更多是将生态系统服务功能看成是一种过程及功能。Millenium Ecosytem Assessment（2005）认为，生态系统服务是指人类从生态系统中获取的各种效益。Boyd（2007）从福祉核算的角度认为，生态系统服务是可以直接享受、消耗或者用于造福人类的自然组成部分。不同于 Boyd 认为的生态系统服务功能必须是直接可消耗的最终部分，Fisher 等（2009）提出生态系统服务功能是可以利用生态系统（主动或被动）造福人类的各个方面，他强调生态系统服务功能包括由人类直接或间接使用的生态系统的组织或结构，以及过程和/或功能。国内生态系统服务功能研究开展较晚，广泛采用的是欧阳志云对 Daily 的认同定义（欧阳志云等，1999）。此外，周亚萍等（2001）认为，生态系统服务功能是自然生态过程对人类的贡献。谢高地（2001）认为，生态系统服务功能是通过生态系统的功能直接或间接得到的产品和服务。

随着研究不断深入，生态系统服务功能从基础理论到方法手段得到了逐步完善，有关其含义、特性、分类框架及评估手段等方面的研究层出不穷。关于生态系统服务功能分类方法，De Groot 等（2002）对 23 个提供产品和服务的生态系统功能进行了明确、详细的分类和评估，并将生态系统服务功能主要划分为调节功能、栖息地功能、产品功能、信息功能四大类。2001 年，联合国启动的千年生态系统评估（Millenium Ecosystem Assessment，

MA）中对生态系统服务功能给出了权威性的归纳意见，其中将生态系统服务分为支撑服务、供给服务、调节服务、文化服务四类，成为最具代表性的分类方法（MA，2005）。而后 Wallace 等针对这一生态系统服务分类中同一分类层次中的手段和目的存在混杂，并且不利于决策这一弊端，提出了适用于自然资源管理决策的分类法（Wallace，2007；Fisher et al.，2009）。

生态系统提供的空气、水、木材、栖息地等产品与气候调节、水质净化、生物多样性等服务是支持生命和健康的基础，是不可取代的、无价的。但是由于人类活动加剧，经济快速发展，世界生态系统的结构和功能在 20 世纪下半时期比人类历史上的任何时期改变的都要快，全球生态系统服务功能的 60% 出现了退化（MA，2005）。而生态系统服务功能的退化严重影响甚至威胁着人类福祉及生存发展（Chivian，2001；Díaz et al.，2006；Foley et al.，2007）。针对这种现象，人类需要深刻认识生态系统服务的重要价值及其生态学机制，以调控人类活动、实施生态系统服务功能管理。科学度量和表征生态系统服务功能、明确生态系统服务功能对人类福祉和生计需要的贡献是进行生态系统服务功能管理的前提（郑华等，2013）。因此，证明生态系统服务功能对人类福祉及生存发展具有多大价值，并能够制订类似于基于函数的机制以实际计算这些价值，显得尤为重要（Turner et al.，1998）。

4.1.1　生态系统服务功能物质量与价值量评估

随着生态系统服务的重要意义逐步被认识并得到重视，各界学者也逐步注重生态系统服务功能的定量化研究，量化生态系统给人类社会带来的价值和利益对于人类更好认识、保护及改善生态系统具有重要意义。其中，计算生态系统服务的价值能够洞察隐含在经济增长过程中的市场活动和环境质量之间的平衡关系，有助于促进对实现可持续发展的认知（Howarth and Farber，2002）。为了能够直观地描述生态系统功能为人类提供的服务具有多大价值，运用经济学手段定量估算生态系统服务功能的货币价值的方法随之被提出，Costanza 等（1997）在全球 16 种生态类型、17 种生态系统服务功能划分的基础上，通过对前人相关研究成果及方法的总结，提出了基于实例研究的生态系统服务功能价值核算体系。得出全球生态系统平均每年提供价值约为 33 万亿美元的服务功能，从而拉开了生态系统服务功能评估的序幕。此后，Costanza 等（2006）又采用价值转移、非市场评估技术及 GIS 制图方法对新泽西州的生态系统服务功能进行了估算。Wilson 和 Troy（2003）对前人的研究进行了二次分析，创建了生态系统服务价值空间明确的模型，并结合生态系统类型对结果进行了制图。肖寒等（2000）以海南岛尖峰岭热带森林为例对森林生态系统服务功能的经济价值进行了估算。随后赵同谦等（2004）、赵景柱等（2004）对全国尺度上的森林、草地生态系统服务功能价值开展了一系列评价。在流域尺度上，白杨等（2011）、江波等（2011）和方瑜等（2011）分别运用指标体系法等对海河流域森林、湿地、草地生态系统服务功能进行了定量评价。吴玲玲等（2003）利用市场价值法、专家评估法等方法对长江口湿地生态系统服务功能价值进行了评估。张志强等（2001）通过引用

Constanza 等对全球生态系统服务单位公顷价值的平均估算结果，结合黑河流域土地利用与植被覆盖数据，对黑河流域生态系统服务的价值予以估算。

生态系统服务功能价值的货币化研究越来越多，部分学者也指出了这种做法的不足并提出了自己的一些担忧。Gomez-Baggethun 等（2010）对生态系统服务功能在经济原理和实践的发展历史方面进行了详细回顾，指出过度注重生态系统服务功能的经济价值，可能会逐步偏离保护的初衷。Heal（2000）认为经济学更关心的是价格而不是价值，因此它无法估算生态系统服务功能对社会的重要性，只有生物学才能做到。面对市场价值法存在的种种缺陷和问题，Howard and Eugene（2000）倡导采用能值分析的方法评估生态系统服务功能。针对生态系统服务功能经济价值评估的诸多弊端，定量化评估生态系统服务功能更应该注重与生态过程的结合、基于土地利用变化情景开展定量评估（郑华等，2013）。

过去几年中，学术界、非政府组织和公共部门的研究机构已经相继开发出各种工具，使公共、私人和非营利部门的关键决策者将生态系统服务的概念整合到日常规划和管理中。例如，由佛蒙特大学的生态信息学"合作实验室"、国际自然保护组织、地球经济及荷兰瓦赫宁根大学的专家开发的人工智能生态系统服务工具 ARIES，由世界资源研究所（WRI）、经络研究所和世界可持续发展工商理事会（WBCSD）开发的生态系统服务评估工具 ESR，自然资本项目支持下由斯坦福大学伍兹环境研究所、大自然保护协会和世界野生动物基金会（WWF）联合开发的综合生态系统服务功能价值评估及权衡模型（integrated valuation of environment services and tradeoffs，InVEST），等等。InVEST 与 ArcGIS 的整合使 InVEST 在地理空间制图输出方面更具优势，目前该评估模型已在拉丁美洲（Balvanera et al.，2012）、明尼苏达（Johnson et al.，2012）、坦桑尼亚（Swetnam et al.，2010）、苏门答腊岛（Barano et al.，2010）等地得到广泛应用。InVEST 除了对生态系统服务功能的供给与利用进行量化和地图制图外，还具有估算生态系统服务价值的能力，此外它在生物物理和货币方面均能提供输出。

4.1.2 生态系统服务功能空间制图

GIS、RS 和 GPS 等空间信息技术的迅猛发展，为生态系统服务功能制图及空间可视化研究提供了强大的技术支撑，生态系统服务制图已被列为在机构和决策中提高生态系统服务的认可和执行力的一个关键因素（Burkhard et al.，2009）。生态系统服务制图，特别是这些制图背后的定量信息，对推动生态系统服务在科学及实践中的应用具有重要意义（Burkhard et al.，2012）。Naidoo 等（2008）成功在全球尺度上对固碳、碳储量、用于畜牧业的草地生产力、淡水供给四类生态系统服务功能进行了制图。欧盟委员会在 2010 年绘制了一组在欧盟层面上极为重要的生态系统服务功能的生物物理地图，包括供给、调节、文化多个方面的生态系统服务功能（Maes et al.，2011）。威尔士乡村委员会自 2010 年起开始探讨国家生态系统评估的生态系统服务在区域和国家尺度上的制图工作，该项目使用环境信息和开发相结合的手段，描绘了威尔士生态系统服务功能的分布，实现了地方、区域和国家层面的生态系统服务功能制图［Countryside Council for Wales（CCW），2011］。

Egoh 等（2008）对南非地区地表水供水、水流量调节、土壤积累、土壤保持和碳储存 5 个主要生态服务功能进行了空间制图，用于辅助规划与管理。Sherrouse 等（2011）开发了 GIS 应用程序 SolVES，该程序提供了一个根据对公众态度和偏好的调查，计算生态系统服务在不同人群中的社会价值非货币性价值指数，并用于生成价值地图的工具。Raymond 等（2009）指出，目前较少研究尝试理解地区物理和社会动态对自然资本和生态系统服务的空间分布及胁迫强度的影响，由此他提出了社区价值制图法。

环境保护部和中国科学院开展了全国生态功能区划，划分了全国生物多样性保护、水源涵养、土壤保持、防风固沙、农产品与林产品提供等 216 个生态功能区划，为生态系统服务功能的空间分区奠定了基础（环境保护部和中国科学院，2008）。此外，有学者分别以广西贵港市、内蒙古伊金霍洛旗、辽河三角洲等区域为例对生态系统服务功能进行了一系列空间制图工作（白晓飞等，2006；阮红群等，2011；徐聪等，2011）。这些研究大体根据计算好的各地类生态系统服务功能价值结合土地覆被类型，表达生态系统服务功能的空间特征，对生态服务功能空间制图的发展起到了一定推动作用。但是由于生态系统服务功能本身具有的空间异质性，即使不同空间位置的相同地类也同样存在差异。生态系统服务功能未来的发展必须包含描述及追踪以储量和流出为特征的方法，而地理空间的角度可以为现有基于位置的生态系统评估方法提供全新的、重要的见解（Potschin and Haines-Young，2011）。如何考虑生态系统的输入、输出过程，同时结合空间区域不同位置上的气候、地形等各种差异，从空间格局上估算生态系统服务功能，并直观、动态地展示服务功能空间格局是当前生态系统服务功能面临的挑战之一。

4.1.3　生态系统服务功能权衡

人类进行的管理选择会改变生态系统所提供的服务的类型、大小及各类型相互间的搭配程度，于是就出现了生态系统服务功能的权衡。一个生态系统服务功能的减少导致另一个生态系统服务功能的增加，就会引起生态系统服务功能的权衡（Rodríguez et al.，2006）。

生态系统服务功能的权衡可以划分为三个轴：空间尺度、时间尺度和可逆性。空间尺度是指权衡的影响范围是在局部还是在更为广阔的区域。时间尺度是指权衡产生的效应是快速的还是缓慢的。可逆性表示经过扰动的生态系统服务功能，在扰动停止时可能会恢复到原来的状态。在某些特定情况下，生态系统服务功能的权衡可能是一个明确选择而造成的后果；但在另外一些情况下，生态系统服务功能的权衡是偶然出现的，甚至无法意识到它正在发生。这些意外的生态系统服务功能的权衡出现时，我们不知道生态系统服务之间的相互作用，或者即使我们了解生态系统服务之间的相互作用，但对它们是如何工作的认知仍然是不正确或不完整的。但是随着人类社会通过改变生态系统获取某种特定服务更多的提供，我们需要通过减少一些生态系统服务功能来增加其他生态系服务功能。

虽然生态系统服务功能的权衡在生态调查中逐步引起重视和关注，但很少有研究从跨学科到全球范围内给出足够的案例，生态系统服务功能权衡的研究仍然处于起步阶段。对生态系服务功能权衡的更好认知有助于简化环境管理决策，因此对生态系统服务功能关系及权衡急需更深入的探索和研究。从不同生态系统服务之间的关系入手来对生态系统服务功能的权衡进行研究无疑是一种非常好的方式。Bennett 等（2009）将存在权衡的生态系统服务之间的关系分为共同驱动力和直接相互作用两种。对于共同驱动力，可以针对驱动力制定相对应的管理措施；对于直接相互作用关系，则必须针对生态系统服务本身来进行规划。如果两个生态系统服务功能之间的权衡是由于一个共同的驱动力所造成的，并且它们之间没有真正的交互作用，那么管理只需考虑调控驱动力及其对一种或两种生态系统服务的影响。另外，如果生态系统服务功能之间的权衡是由于一个共同的驱动力引起的，但生态系统服务功能之间存在互动，那么仅仅靠提高驱动力的管理是不可能的，必须要最大限度地减少长期生态系统服务功能权衡。基于此概念框架能加深对权衡产生机制的理解，从而可以通过合理的政策设计和制度建立来消除某些权衡。当前的管理决策往往集中在一个生态系统服务功能的立即提供上，而以未来时间中相同的生态系统服务功能或其他生态系统服务功能为牺牲，政策制定中应该在多个空间尺度和时间尺度中充分考虑生态系统服务功能的权衡。成功的策略应该认识到生态系统管理的内在复杂性，致力于发展能够最大限度地减少生态系统服务功能权衡带来影响的政策。

综上所述，国内外生态系统服务功能主要围绕生态系统服务功能的分类、价值评估、空间制图及生态服务功能权衡等的研究开展方面，这些研究推动了生态系统服务功能的发展，同时为全球气候变化的研究作出了贡献。但是以下几个方面的研究有待进一步加强。

1）如何更加直观地、准确地展现生态系统服务功能的空间格局？

2）生态系统产品提供功能与调节功能间存在怎样的关系？

3）针对生态系统服务功能的空间格局特征，应怎样加强管理，以改善生态系统服务功能，促进人类社会的可持续发展？

4.2 生态系统服务功能评估方法

传统生态系统服务功能评价方法，往往针对某一区域生态系统类型，计算各类生态系统的服务功能，然后通过与生态系统类型图进行关联实现生态系统服务功能的空间化。这种方法虽然推动了生态系统服务功能空间评估的发展，但仍然存在诸多弊端，由于生态系统服务功能除与生态系统类型有关外，还受到地形、气候、温度及土壤等多种因素的影响，即使同一生态系统其生态系统服务功能也不尽相同，其本身极具复杂性和空间异质性。本部分采用的 InVEST 模型与 GIS 技术能实现更好的集成，这使得 InVEST 模型不仅在地理空间制图输出方面更具优势，而且其评价过程充分考虑了生态系统服务功能的空间异质性，并综合考虑了地形、气候、温度、降水等多种因素，评价结果更贴近实际，更具科学性。

本章以海河流域为研究区域，结合 GIS、RS 等空间信息技术，采用 InVEST 模型评估计算了海河流域生态系统服务功能，并采用 GIS 分区统计方式对海河流域生态系统服务功能的空间分布模式开展不同尺度的空间制图，运用 Pearson 相关系数及排序分析，揭示海河流域生态系统服务功能之间的相互关系，以及影响海河流域生态系统服务功能空间格局的驱动因素，为海河流域的生态系统服务功能权衡及分区管理提出参考意见。

首先对研究所需的基础地理、社会经济、气象水文及土壤数据进行搜集整理，需要用到主要数据有土地利用类型、数字高程模型、降雨及温度等气象数据，以及大量的社会经济数据，这些数据分别来源于中国科学院遥感所、国家气象局、中国农业科学院等机构，数据的格式、内容及来源见表4-1。在此基础上采用 InVEST 模型、食物热量供给及固碳模型对海河流域生态系统服务功能进行计算评估；然后利用评价结果结合不同地理区划数据分别从子流域、县域、省域及水资源分区四种尺度展示海河流域生态系统服务功能的空间格局，并分析其格局特征；最后对各类生态系统服务功能间的相互关系进行分析，并结合社会经济数据探究影响海河流域生态系统服务功能的主要因素。

表 4-1　数据格式及来源信息表

数据名称	比例尺/分辨率	数据格式	数据内容	数据来源
土地利用数据	90m 分辨率	img	海河流域 2010 年生态系统分类数据	中国科学院遥感所
DEM 数据	90m 分辨率	Shp	数字高程数据	SRTM Data
土壤类型数据	1：100 万	Grid	全国土壤类型数据	全国第二次土壤普查
气象数据	—	Excel	海河流域范围内 104 个气象站点 1990～2010 年 20 年的逐年气象数据	国家气象局
社会经济数据	—	Excel	2010 年流域范围内 300 多各区县的人口、农业总产值等统计数据	中国农业科学院

InVEST 模型是在自然资本项目支持下，由美国斯坦福大学、世界自然基金会（World Wide Fund For Nature，WWF）和大自然保护协会（The Nature Conservancy，TNC）联合开发的一个能够定量评估生态系统服务功能的软件工具。该软件评估的服务功能涉及生物多样性，以及生态系统产品供给、调节、文化及支持，同时管理者还可以根据自己的管理需求设定情景方案，模型输出结果分为地图、权衡曲线、平衡表等多种结果。InVEST 模型不仅解决了生态系统服务功能定量评估空间化的问题，也可以实现对生态系统服务功能的动态评估，还可以对设定的情景进行模拟（Kareiva et al.，2011）。其对自然生态过程的设计模拟、空间异质性的充分考虑使评估结果更具科学性，极大方便了管理者将生态系统服务功能变化信息用于生态保护决策。

4.2.1　产品提供

产品提供功能是指人类可以从自然界中提取的任何类型的物质或产品，如食物、饮用水、木材、木材燃料、天然气、石油、可以制成衣服和其他材料的植物及药材等。本部分产品提供服务采用海河流域内 300 多个县区 2010 年八大类产品的产量数据，分别为水果类、粮食作物、豆类、薯类、油料作物、蔬菜类、淡水产品、肉类。每一大类又分别选择若干种海河流域地区常见的作物分别计算并求取平均值，水果类选取苹果、梨、枣、柿、葡萄、桃、杏、西瓜等,粮食作物选择小麦、水稻、玉米;豆类包括蚕豆、黄豆、绿豆、豌豆、杂豆;薯类包括山芋、红薯、马铃薯;油料作物选取花生、胡麻籽、油菜籽、葵花籽、芝麻。海河流域栽培的作物品种中蔬菜类选取白菜、萝卜、芹菜、生菜、蒜苗、小白菜、油菜、圆白菜、芫荽、冬瓜、黄瓜、青椒、豆角、茄子等;肉类选择牛肉、羊肉、鸡肉、猪肉、驴肉等;淡水产品选择草鱼、带鱼、鲤、鲢、鲫等。为了能更公平、一致地反映各类产品的供给服务,采用食物供给热量的计算方法,将产品产量(t)统一转换为热量值(kcal),计算公式如下。

$$E_s = \sum_{i=1}^{n} E_i = \sum_{i=1}^{n} (100 \times M_i \times EP_i \times A_i)$$ (4-1)

式中,E_s 为区县食物总供给热量(kcal);E_i 为第 i 类产品所提供的热量(kcal);M_i 为区县第 i 类产品的产量(t);EP_i 为第 i 类产品可食部分的比例(%);A_i 为第 i 类产品每100g可食部分中所含热量(kcal),$i = 1,2,3,\cdots,n$,n 为区县产品种类。其中各类产品每100g可食部分中所含热量数据来源于中国食物成分表(杨月欣等,2009)。

4.2.2 产水

产水量是指完整的或部分流域通过表面的通道及地下含水层在一定时间内(如一年)流出的总水量,产水量服务功能是指生态系统对产水量多少的调控功能。本部分产水量服务功能通过 InVEST 模型的产水模块进行评估,产水量模型的主要思想是简化的生态系统的水循环与水平衡模型(Heather et al.,2011)。模型主要基于 Budyko 曲线和年平均降水量精细计算,第 j 种($j=1,2,3,\cdots,n$)生态系统类型每个栅格的产水量(Y_{xj})的计算方式如下。

$$\begin{cases} Y_{xj} = \left(1 - \dfrac{AET_{xj}}{P_x}\right) \times P_x \\[2mm] \dfrac{AET_{xj}}{P_x} = \dfrac{1 + w_x R_{xj}}{1 + w_x R_{xj} + \dfrac{1}{R_{xj}}} \\[2mm] w_x = Z \dfrac{AWC_x}{P_x} \\[2mm] R_{xj} = \dfrac{k_{xj} ET_{0x}}{P_x} \end{cases}$$ (4-2)

式中,AET_{xj} 为第 j 种生态系统类型第 x 个栅格的年平均实际蒸散量;P_x 为第 x 个栅格的年平均降水量;R_{xj} 为第 j 种生态系统类型第 x 个栅格无量纲的 Budyko 干燥指数,定义为潜在蒸散量与降水量的比值;w_x 为修正的无量纲的植物可利用含水量(AWC$_x$)与年降水量的比值,为由 Zhang 等(2001)定义的一个表征自然气候土壤性质的非物理参数;Z 为季节性因素,表现季节性降水分布和降水深度,冬季降水多的地区 Z 为10,一年四季降水都比较多的地区或夏季降水多的地区 Z 为1;ET_{0x} 为第 x 个栅格的参考蒸散量;k_{xj} 为第 j 种生态系统类型第 x 个栅格的植物蒸散系数。

模型输入参数涉及子流域、年平均降水量、土地分类数据、土壤厚度、参考蒸散量 ET_0、土壤可利用水含量 pAWC、根系长度、植物蒸散系数及 Zhang 系数，各参数计算方法分别如下。

1）流域是指分水线包围的集水区，流域可以按照其内部自然分水线划分成若干个互不嵌套的子流域，研究中流域和子流域的划分使用 DEM 数据，采用 ArcHydro 工具划分得出，结果见图 4-1。

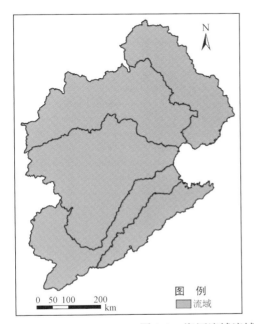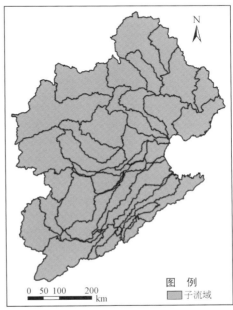

图 4-1　海河流域流域及子流域划分示意图

2）年平均降水量数据采用海河流域 104 个气象站点 1991～2010 年 20 年降水量平均值，通过克里格插值方法得到。

3）土地分类数据采用 2010 年 90m 分辨率的遥感影像解译数据，具体分类如表 4-2 所示。

表 4-2　海河流域生物物理参数表

LULC_desc	etk	root_depth	usle_c	usle_p	sedret_eff	load_n	eff_n
落叶阔叶林	1 200	7 000	3	1 000	80	5 000	75
常绿针叶林	1 000	7 000	3	1 000	80	5 000	75
落叶针叶林	1 000	7 000	3	1 000	80	5 000	75
针阔混交林	1 100	7 000	3	1 000	80	5 000	75
落叶灌木林	800	5 100	3	1 000	80	6 000	75
草甸	650	2 600	40	1 000	70	8 000	50

续表

LULC_desc	etk	root_depth	usle_c	usle_p	sedret_eff	load_n	eff_n
草原	650	2 600	40	1 000	70	8 000	50
草丛	650	2 600	40	1 000	70	8 000	50
灌丛沼泽	1 000	5 000	50	1 000	80	7 000	75
草本沼泽	1 000	3 000	50	1 000	80	7 000	75
湖泊	1 000	1	0	1 000	80	12 000	5
水库/坑塘	1 000	1	0	1 000	80	12 000	5
河流	1 000	1	0	1 000	5	12 000	5
运河/水渠	1 000	1	0	1 000	5	12 000	5
水田	1 000	200	40	150	70	40 000	45
旱地	800	2 100	80	1 000	40	20 000	40
园地	700	3 000	80	1 000	70	20 000	65
居住地	1	1	1	1 000	1	13 000	1
工业用地	1	1	1	1 000	1	13 000	1
交通用地	1	1	1	1 000	1	13 000	1
荒漠	1	1	1 000	1 000	1	800	1
裸岩	1	1	1 000	1 000	1	50	1
裸土	500	1	1 000	1 000	1	800	1
沙漠/沙地	1	1	1 000	1 000	1	500	1
盐碱地	1	1	1 000	1 000	1	800	1

注：LULC_desc 为土地利用类型；etk 为蒸散发；root_depth 为根系深度；usle_c 为植被覆盖因子；usle_p 为管理因子；sedret_eff 为土壤保持效率系数；load_n 为氮素负荷系数；eff_n 为氮素保持效率系数。下同。

4）土壤厚度泛指图层中植物可以生长的厚度，即土壤母质层以上到土壤表面的垂直深度，是鉴别土壤肥力的一项重要指标。该数据来源于全国第二次土壤调查数据库，该数据库包括土壤类型数据、土壤组成结构数据及土壤厚度数据详，见表4-2。

5）蒸散发是指水分从陆地表面转化为水蒸气进入大气的所有过程，是降水的主要消耗形式，也是水文循环中关系到水量平衡与转化的关键部分，更直接关系到全球气候变化。参考蒸散量 ET_0 的计算对于理解水文循环规律具有重要意义。常用的蒸散量计算方法主要有 Penman-Monteith 和 Hargreaves 两种，Penman-Monteith 方法需要相对湿度、风速、日照时数等一系列很多情况下难以全部获取的实测数据；Hargreaves 方法虽然所需数据较少但仍然能以较高精度计算出结果，因而在数据获取困难的大尺度区域有更多应用。本部分利用 104 个气象站点 1991～2010 年 20 年的日平均最高气温、日平均最低气温、月平均降水量数据采用修正的 Hargreaves 方法计算得到，单位为 mm，计算方法如下。

$$ET_0 = 0.003 \times 0.408 \times RA \times (T_{avg} + 17) \times (TD - 0.0123P)^{0.76} \qquad (4-3)$$

式中，RA 为地球顶层太阳辐射［MJ/(m² · d)］，不同纬度地区的辐射量参见联合国粮食与农业组织（Food and Agriculture Organization of United Nations，FAO）提供的数据（http：//

www. fao. org/docrep/X0490E/x0490e0j. htm#TopOf Page）；T_{avg} 为日最高气温与日最低气温的均值（℃）；TD 为多年日平均最高气温与多年日平均最低气温的差值；P 为多年月平均降水量（mm）。

6）植物可利用水含量 pAWC 即土壤有效含水量，泛指土壤中可以储存并被植物根系吸收的水量，它与土壤的质地组成、有机质含量、土壤结构、土壤容重等因子相关。研究中结合全国第二次土壤调查数据采用 Zhou 等（2005）的计算方法得出，公式如下。

$$
\begin{aligned}
pAWC = 54.509 &- 0.132sand\% - 0.003\,(sand\%)^2 - 0.055silt\% \\
&- 0.006\,(silt\%)^2 - 0.738clay\% + 0.007\,(clay\%)^2 \\
&- 2.688OM\% + 0.501\,(OM\%)^2
\end{aligned}
\tag{4-4}
$$

式中，sand%、silt%、clay%、OM% 分别为土壤质地的砂粒（0.05~2.0mm）、粉砂粒（0.02~0.05mm）、黏粒（<0.02mm）、土壤有机质的百分含量。

7）根系长度（root-depth）是指某一植被类型的最大根系长度（mm），没有植被的地区赋值应较低。研究中主要参考 Canadell 等（1996）的文献并参照 InVEST 模型自带数据汇总整理得出，详见表 4-2。

8）植物蒸散系数 ETK 也称为作物系数 Kc，用于反映作物本身的生物学性状与栽培等条件对需水量和耗水量的影响，是实际蒸散发与潜在蒸散发的比值。本书主要参考 FAO 提供的灌溉和园艺手册中的作物蒸散数据（Allen et al.，1998a；1998b）并咨询相关学者，详见表 4-2。

9）海河流域属于温带半湿润半干旱大陆性季风气候区，降水多集中在夏季，冬季相对干旱少雪，故 Zhang 系数采用数值 8。

4.2.3 水质净化

水质净化服务功能是指湿地、森林和河岸带等生态类型能够吸收、处理、过滤污水中含有的重金属、病毒、油、盈余养分、泥沙等污染物，通过生态系统的这种净化过程能够为人类及其他生物提供干净的饮用水，以及适合用作工业、娱乐、野生动物栖息地等用途的干净水源。本部分水质净化服务功能通过 InVEST 模型的水质净化模块进行评估，该模块通过估算植被和土壤对径流中氮、磷等污染物质的滤除量及子流域的最终输出量来反映其在水质净化中的贡献，氮、磷等输出量越大，水质净化服务功能越差；相反氮、磷等输出量越小，水质净化服务功能越好。其评估方法如下。

$$
\begin{cases}
ALV_x = HSS_x \times pol_x \\
HSS_x = \dfrac{\lambda_x}{\lambda_{\bar{w}}} \\
\lambda_\alpha = \log\left(\sum_U Y_u\right)
\end{cases}
\tag{4-5}
$$

式中，ALV_x 为栅格 x 的污染负荷值；pol_x 为栅格 x 的输出系数；HSS_x 为水文敏感分值；λ_x 为栅格 x 的径流系数；$\lambda_{\bar{w}}$ 为研究流域内的平均径流系数；$\sum_U Y_u$ 为栅格 x 及最后汇入该栅格的所有上游栅格的总产水量。

模型所需的参数有数字高程模型（DEM）、产水量、土地分类数据、氮输出负荷系数 load_n、植物滤除效率 eff_n、流量累积阈值。

1）DEM 数据采用 90m 分辨率的 SRTM DEM 数据，SRTM DEM 数据由美国太空总署（NASA）和国防部国家测绘局（NIMA）联合测量，涵盖全球近 80% 的陆地区域，该数据 90m 分辨率的产品可以公开下载。

2）产水量数据由 2.4.4 版本的 InVEST 产水模型获取，单位为 mm。

3）土地分类数据采用 2010 年 90m 分辨率的遥感影像解译数据。

4）氮输出负荷系数 load_n 参考温海广等（2011）、高吉喜等（2010）的文献及 InVEST 帮助手册整理得出，单位为 g/(hm² · a)，表示不同土地利用类型由于土地利用方式及土壤结构的差异，在降水及径流的作用下最终输出不同的污染物负荷量，详见表 4-2。

5）植物滤除效率 eff_n 的取值范围为 0～100，表示不同土地类型对污染物过滤的能力大小。一般而言，有植被（如森林、灌木、草地等）覆盖的像元赋值应较高，少量或没有植被覆盖的像元赋值较低，研究中主要参考李怀恩等（2010）的文献并咨询相关学者结合 InVEST 帮助手册得出，详见表 4-2。

6）流量累积阈值表示根据 DEM 数据确定水系流向，在水流终止及保持功能停止的地方，余下的养分就会被输出到河流中，默认取 1000。

7）此外该模型还需要一个水质净化阈值表，表中包含流域的 ID 编号和 thresh_n／thresh_p 字段，thresh_n／thresh_p 表示各流域全年允许的总 N、总 P 营养负荷的临界值，单位为 kg/a。

4.2.4　土壤保持

土壤保持服务功能是指森林、草地等生态系统对土壤起到的覆盖保护，以及对养分、水分调节的过程，以防止地球表面的土壤被侵蚀，或因过度使用而发生盐碱化等化学变化及其他土壤化学污染的作用。本部分土壤保持服务功能通过 InVEST 模型的土壤保持模块进行评估，该模块主要基于通用土壤流失方程（universal soil loss equation，USLE），采用地貌、气候、植被和管理实践的能力等数据来计算每个地类栅格的年平均土壤流失量和土壤保持量。通用土壤流失方程由 W. Wischmeier 和 D. Smith 通过对美国洛矶山脉以东地区 30 多个州大量径流小区的观测数据进行大量分析后于 1956 年提出，评价方法如下。

$$USLE = R \times K \times LS \times C \times P \tag{4-6}$$

式中，R 为降雨侵蚀力；K 为土壤可蚀性因子；LS 为坡长因子；C 为植被覆盖因子与管理因子；P 为管理实践因子。模型所需参数有 DEM、降雨侵蚀力、土壤可蚀性因子、土地分类数据、植被覆盖与管理因子指数 C、管理因子指数 P、泥沙去除效率 sedret_eff、流量累积阈值、坡度阈值、泥沙阈值。

1）研究中采用 90m 分辨率的 DEM 数据。

2）土地分类数据采用 90m 分辨率的 2010 年遥感影像解译数据。

3）降雨侵蚀力 R 是降水因素对土壤侵蚀所具备的潜在作用能力，它与降雨强度、降雨历时、降雨能动等有关，单位为 $MJ \cdot mm/(hm^2 \cdot h \cdot a)$，本部分根据式（4-7）（章文波和付金生，2003）结合降水量计算得出。

$$R = 0.0668P^{1.6266} \tag{4-7}$$

式中，R 为降雨侵蚀力；P 为多年平均降水量（mm）。

4）土壤可蚀性因子 K 是评价土壤受降水冲刷侵蚀时发生分离、搬运的难易程度，主要表征不同土壤质地受侵蚀的程度，本研究采用张科利等（2007）的中国土壤可蚀性计算方法得到，计算方法见式（4-8）。

$$\begin{cases} K_{epic} = \{0.2 + 0.3\exp[0.0256 \times Sand(1 - Silt \div 100)]\} \\ \left(\dfrac{Silt}{Clay + Silt}\right)^{0.3}\left[1.0 - \dfrac{0.25C}{C + \exp(3.72 - 2.95C)}\right] \\ \left[1.0 - \dfrac{0.7SN1}{SN1 + \exp(-5.51 + 22.9SN1)}\right] \\ K = -0.01383 + 0.51575K_{epic} \end{cases} \tag{4-8}$$

式中，K 为土壤可蚀性因子；Sand、Silt、Clay、C 分别为土壤质地的砂粒（0.05～2.0mm）、粉砂粒（0.02～0.05mm）、黏粒（<0.02mm）、土壤有机质的百分含量。

5）C 是植被覆盖与管理因子，表征不同空间位置的地表保护程度，它是影响土壤侵蚀的重要因素之一。保护程度高的地区由于土壤表层受植被覆盖及种植顺序方式等的保护发生土壤侵蚀的概率较小；而地表裸露、植被覆盖度低的地区受侵蚀的概率则比较大。C 乘以 1000 以保证其均为整数，详见表 4-2。

6）P 是管理实践因子，也称为水土保持措施因子，反映有水土保持措施和没有水土保持措施时土壤侵蚀量的比值，值为 0～1，C、P 文中结合高江波等的研究成果（王晓燕等，2004；高江波等，2009；李军玲和邹春辉，2010；许旭等，2011；江青龙等，2011），同样乘以 1000 以保证其均为整数，详见表 4-2。

7）泥沙去除效率 sedret_eff 是 0～100 的百分数，表示不同土地覆被类型保持土壤及泥沙的能力，相对来说林地、灌丛、草地等泥沙滤除效率值较高，而裸地、建设用地等泥沙滤除效率较低，本研究参考吴楠等（2011）的文献和 InVEST 帮助文档整理得出，详见表 4-2。

8）流量累积阈值表示根据 DEM 数据确定水系流向，在水流终止及保持功能停止的地方，余下的泥沙就会被输出到河流中，默认取 1000。

9）坡度阈值取中止普通农业耕作或开始实施如边坡防护和梯田种植等管理措施的坡度值，由于我国北方在坡度大于 45°以上的区域往往都不开展农业耕作，故研究中取值 45。

10）泥沙阈值表中包含流域的 ID 编号；dr_deadvol 表示水库的死库容，单位为 m^3；dr_time 表示水库的剩余寿命，如水库建造于 1960 年，建设寿命为 100 年，评估年份为 2010 年，那么其 dr_time 为 50 年；wq_annload 字段用于表示允许的年输沙负荷量，用于评估水质方向的土壤保持，单位为 t。

4.2.5 固碳

固碳功能是指自然生态系统通过物理或生物过程，如光合作用从大气中去除碳的作用，通常表示为每年每单位面积的固碳量。固碳服务功能通过不同土地利用类型的固碳速率计算得到，研究中只评估海河流域 2010 年的生态系统服务功能，因此海河流域 2010 年的固碳量 T 由以下公式计算得出。

$$T = \sum_{i}^{n} T_i = \sum_{i}^{n} (V_i \times S_i)，i = 1，2，3，\cdots，n \tag{4-9}$$

式中，T_i 为第 i 种生态系统类型 2010 年的固碳量；V_i 为第 i 种生态系统类型的固碳速率；S_i 为第 i 种生态系统类型的面积；n 为生态系统的种类数。各种生态系统类型的固碳速率参见李屹峰（2012）、江波等（2011）、叶浩和濮励杰（2010）的文献汇总得出，见表 4-3。

表 4-3 各生态系统类型的固碳速率表

LULC	固碳速率/[t/(hm²·a)]	LULC	固碳速率/[t/(hm²·a)]
落叶阔叶林	4.57	沼泽	0.412
常绿针叶林	3.9	水体	0
落叶针叶林	3.7	水田	0.072
针阔混交林	4.219	旱地	0.047
落叶灌木丛	2.465	园地	0.15
草甸	0.332	建设用地	0
草原	0.332	沙漠/沙地/裸土/盐碱地	0
草丛	0.36		

4.3 生态系统服务功能空间特征

4.3.1 2000 年生态系统服务功能空间特征

2000 年海河流域产品提供功能主要位于东南方向海拔小于 300m 的平原地带，该地带占据海河流域面积的 41.3%，却提供了整个流域 86.7% 的产品。海河流域调节功能（水质净化、土壤保持、固碳功能）主要分布在流域西北方向海拔大于 300m 的丘陵和山区地带，该区域单位面积水质净化、土壤保持和固碳功能分别是平原地区的 1.9 倍、16.1 倍和 7.7 倍（图 4-2）。

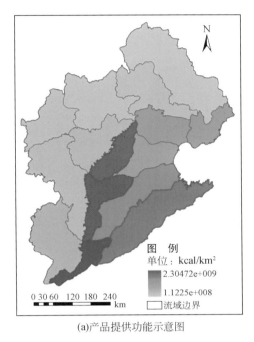

(a)产品提供功能示意图

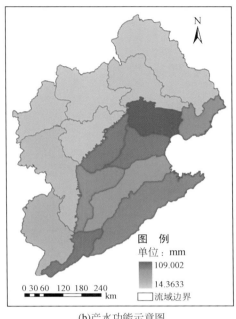

(b)产水功能示意图

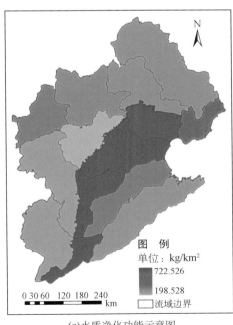

(c)水质净化功能示意图

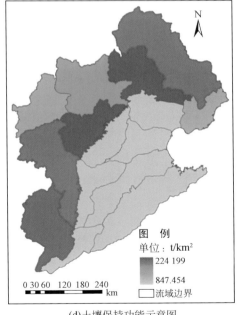

(d)土壤保持功能示意图

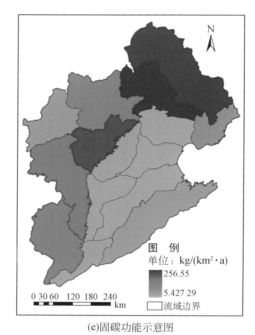

(e)固碳功能示意图

图 4-2　2000 年海河流域产品提供、产水、水质净化、

土壤保持和固碳功能示意图

　　海河流域产品提供功能整体表现为平原地区的产品提供功能比山区更好，漳卫河平原产品提供功能最好，约为各子流域产品提供功能平均值的 2.68 倍；滦河山区产品提供功能最低，仅为流域产品提供功能平均值的 0.13 倍。产水服务功能主要表现为沿海地区及太行山和燕山山区迎风坡产水量较多，北四河下游平原产水功能最好，约为各子流域产水功能平均值的 2.00 倍；永定河册田水库至三家店区间产水功能最低，仅为流域产水功能平均值的 0.26 倍。水质净化功能主要表现为平原地区输出较多的氮素，即山区水质净化功能好于平原区，大清河山区水质净化功能最高，约为流域水质净化功能平均值的 1.86 倍；北四河下游平原水质净化功能最差，仅为各子流域水质净化功能平均值的 0.51 倍。土壤保持功能主要表现为山区地带的土壤保持功能比平原地区更好，大清河山区土壤保持功能最好，约为各子流域土壤保持功能平均值的 2.68 倍；大清河淀东平原土壤保持功能最低，仅为流域土壤保持功能平均值的 0.01 倍。固碳功能主要表现为山区地带比平原地区更好，北三河山区固碳功能最好，约为各子流域固碳功能平均值的 3.14 倍；大清河淀东平原固碳功能最低，仅为流域固碳功能平均值的 0.07 倍。

4.3.2　2005 年生态系统服务功能空间特征

　　2005 年海河流域产品提供功能主要位于东南方向海拔小于 300m 的平原地带，该地带占据海河流域面积的 41.3%，却提供了整个流域 85.5% 的产品。海河流域调节功能（水

质净化、土壤保持、固碳功能）主要分布在流域西北方向海拔大于 300m 的丘陵和山区地
带，该区域单位面积水质净化、土壤保持和固碳功能分别是平原地区的 1.9 倍、16.1 倍和
7.9 倍（图 4-3）。

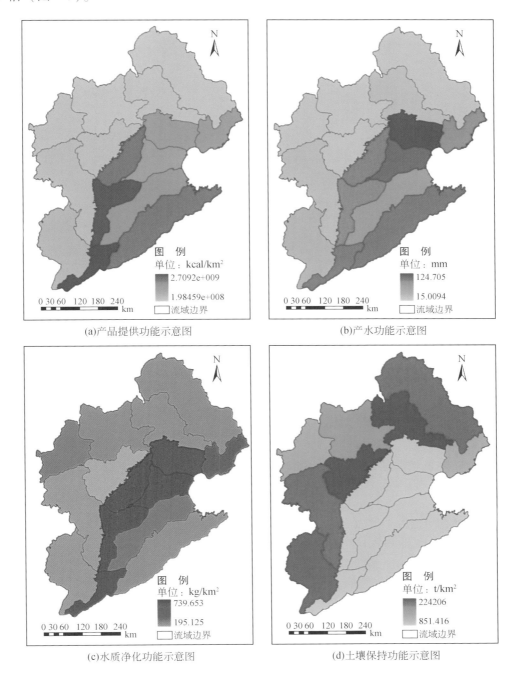

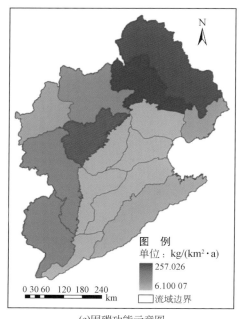

(e)固碳功能示意图

图 4-3　2005 年海河流域产品提供、产水、水质净化、
土壤保持和固碳功能示意图

　　海河流域产品提供功能整体表现为平原地区的产品提供功能比山区更好，漳卫河平原产品提供功能最好，约为各子流域产品提供功能平均值的 2.76 倍；永定河册田水库至三家店区间产品提供功能最低，仅为流域产品提供功能平均值的 0.20 倍。产水服务功能主要表现为沿海地区及太行山和燕山山区迎风坡产水量较多，北四河下游平原产水功能最好，约为各子流域产水功能平均值的 2.10 倍；永定河册田水库至三家店区间产水功能最低，仅为流域产水功能平均值的 0.25 倍。水质净化功能主要表现为平原地区输出较多的氮素，即山区水质净化功能好于平原区，大清河山区水质净化功能最高，约为流域水质净化功能平均值的 1.91 倍；北四河下游平原水质净化功能最差，仅为各子流域水质净化功能平均值的 0.5 倍。土壤保持功能主要表现为山区地带比平原地区更好，大清河山区土壤保持功能最好，约为各子流域土壤保持功能平均值的 2.68 倍；大清河淀东平原土壤保持功能最低，仅为流域土壤保持功能平均值的 0.01 倍。固碳功能主要表现为山区地带比平原地区更好，北三河山区固碳功能最好，约为各子流域固碳功能平均值的 3.05 倍；黑龙港及运东平原固碳功能最低，仅为流域固碳功能平均值的 0.07 倍。

4.3.3　2010 年生态系统服务功能空间特征

　　2010 年海河流域产品提供功能主要位于东南方向海拔小于 300m 的平原地带，该地带占据海河流域面积的 41.3%，却提供了整个流域 86.1% 的产品。海河流域调节功能（水质净化、土壤保持、固碳功能）主要分布在流域西北方向海拔大于 300m 的丘陵和山区地带，该区域单位面积水质净化、土壤保持和固碳功能分别是平原地区的 2.0 倍、16.1 倍和 8.1 倍（图 4-4）。

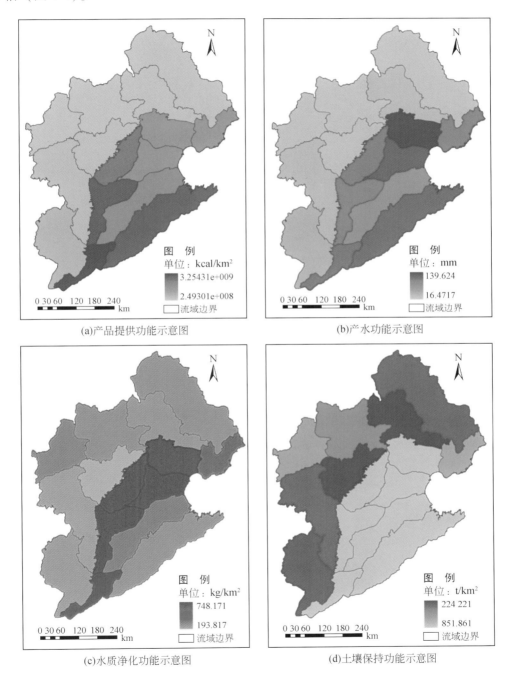

(a)产品提供功能示意图

(b)产水功能示意图

(c)水质净化功能示意图

(d)土壤保持功能示意图

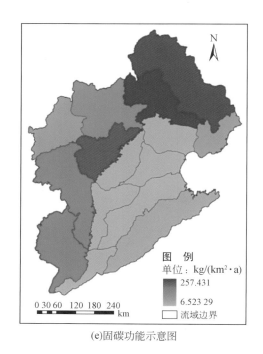

(e)固碳功能示意图

图 4-4　海河流域 2010 年产品提供、产水、水质净化、
土壤保持和固碳功能示意图

　　2010 年海河流域产品提供功能整体表现为平原地区的产品提供功能比山区更好，漳卫河平原产品提供功能最好，约为各子流域产品提供功能平均值的 2.84 倍；永定河册田水库至三家店区间产品提供功能最低，仅为流域产品提供功能平均值的 0.22 倍。产水服务功能主要表现为沿海地区及太行山和燕山山区迎风坡产水量较多，北四河下游平原产水功能最好，约为各子流域产水功能平均值的 2.14 倍；永定河册田水库至三家店区间产水功能最低，仅为流域产水功能平均值的 0.25 倍。水质净化功能主要表现为平原地区输出较多的氮素，即山区水质净化功能好于平原区，大清河山区水质净化功能最高，约为流域水质净化功能平均值的 1.94 倍；北四河下游平原水质净化功能最差，仅为各子流域水质净化功能平均值的 0.5 倍。土壤保持功能主要表现为山区地带比平原地区更好，大清河山区土壤保持功能最好，约为各子流域土壤保持功能平均值的 2.68 倍；大清河淀东平原土壤保持功能最低，仅为流域土壤保持功能平均值的 0.01 倍。固碳功能主要表现为山区地带比平原地区更好，北三河山区固碳功能最好，约为各子流域固碳功能平均值的 2.92 倍；黑龙港及运东平原固碳功能最低，仅为流域固碳功能平均值的 0.07 倍。

4.4 生态系统服务功能变化特征

4.4.1 流域尺度变化

2000～2010 年滦河及冀东沿海诸河产品提供功能变化最大，约增加了 67.9%；海河南系产品提供功能变化最小，约增加了 26.7%。徒骇马颊河产水功能变化最大，约增加了 32.7%；滦河及冀东沿海诸河产水功能变化最小，约增加了 14%。徒骇马颊河水质净化功能变化最大，氮素输出约增加了 4.5%；滦河及冀东沿海诸河水质净化功能变化最小，氮素输出约增加了 1%。徒骇马颊河土壤保持功能变化最大，约增加了 0.27%；滦河及冀东沿海诸河土壤保持功能变化最小，约增加了 0.01%。海河南系固碳功能变化最大，约增加了 14.9%；滦河及冀东沿海诸河固碳功能变化最小，约增加了 0.16%。详细变化情况见表 4-4。

表 4-4　海河流域生态系统服务功能 2000～2010 年变化情况表

生态系统服务功能	年份	海河南系	海河北系	徒骇马颊河	滦河及冀东沿海诸河
产品提供功能/(kcal/km²)	2000	891 174 464	312 243 296	1 564 353 664	271 479 776
	2005	981 224 640	381 915 584	1 779 375 232	403 871 136
	2010	1 128 912 512	432 727 712	2 326 537 728	455 695 104
产水功能/mm	2000	51. 34	34. 30	82. 91	29. 49
	2005	54. 26	38. 09	96. 68	31. 31
	2010	59. 02	42. 19	109. 99	33. 61
水质净化功能/(kg/km²)	2000	334. 86	386. 52	281. 74	312. 03
	2005	336. 85	382. 60	287. 03	314. 26
	2010	340. 16	381. 30	294. 35	315. 03
土壤保持功能/(t/km²)	2000	100 690. 21	112 330. 14	1 069. 86	158 287. 48
	2005	100 706. 17	112 340. 13	1 069. 61	158 293. 34
	2010	100 711. 64	112 352. 88	1 072. 77	158 299. 33
固碳功能/(kg/km²)	2000	75. 99	113. 79	31. 05	199. 35
	2005	80. 73	116. 65	30. 52	199. 54
	2010	87. 30	121. 72	30. 84	199. 67

4.4.1.1 产品提供功能

海河流域 2000～2010 年产品提供功能表现为北京市周边区县，内蒙古的丰镇、兴和等区县，以及太行山迎风坡部分区域产品提供功能下降，其余地方产品提供基本呈现增加趋势。2005～2010 年太行山背风坡，河北省丰宁满族自治区、赤城县，以及京津城市群周边区县产品提供功能下降；2000～2005 年北京市周边区县，河北省涞水县、易县等区县，以及山西省怀仁县等，产品提供功能下降（图4-5）。

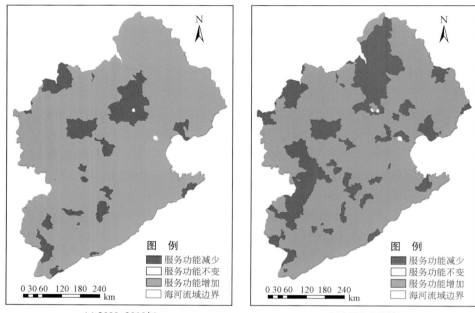

(a) 2000~2010年   (b) 2005~2010年

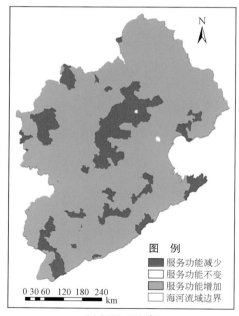

(c) 2000~2005年

图 4-5　2000～2010 年海河流域产品提供功能变化示意图

4.4.1.2　产水功能

2000～2010 年海河流域产水功能表现为太行山背风坡产水功能下降，城市群四周及沿海地区产水功能增加。2005～2010 年太行山、燕山背风坡产水功能下降明显，沿海平原区产水功能增加较为显著；2000～2005 年城市群四周及沿海地区产水功能增加明显（图 4-6）。

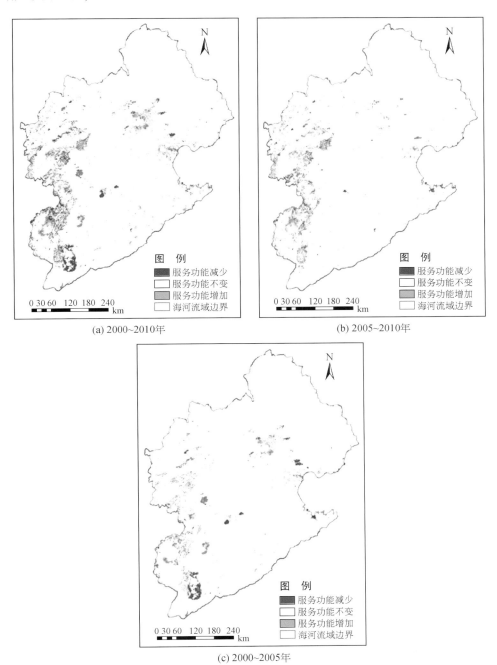

(a) 2000~2010年

(b) 2005~2010年

(c) 2000~2005年

图 4-6　海河流域 2000～2010 年产水功能变化示意图

4.4.1.3 水质净化功能

海河流域 2000~2010 年、2005~2010 年、2000~2005 年水质净化功能均表现为城市周边水质净化功能下降显著，其中京津城市群水质净化功能变化最为显著；山区地带水质净化功能整体呈增加趋势，而海河平原地区水质净化功能则出现衰减（图 4-7）。

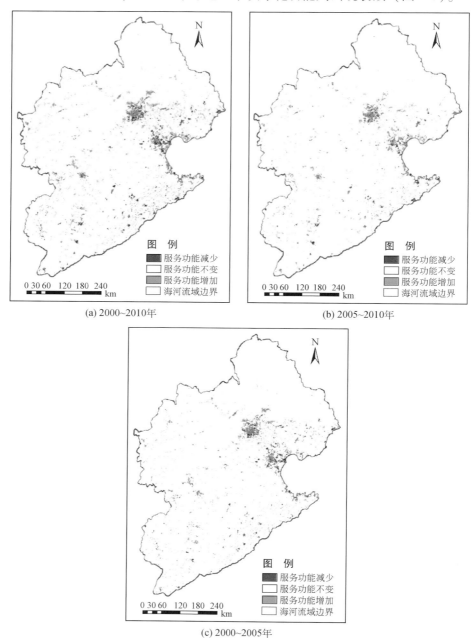

(a) 2000~2010年

(b) 2005~2010年

(c) 2000~2005年

图 4-7 2000~2010 年海河流域水质净化功能变化示意图

4.4.1.4 土壤保持功能

2000 ~ 2010 年海河流域土壤保持功能变化表现为太行山背风坡、沿海平原地区及城市周边土壤保持功能变化显著，总体呈下降趋势。2005 ~ 2010 年太行山背风坡、沿海平原区土壤保持功能变化显著，总体呈下降趋势；2000 ~ 2005 年太行山迎风坡有较大面积范围的土壤保持功能增加区域，而城市群周边土壤保持功能则整体表现为下降（图 4-8）。

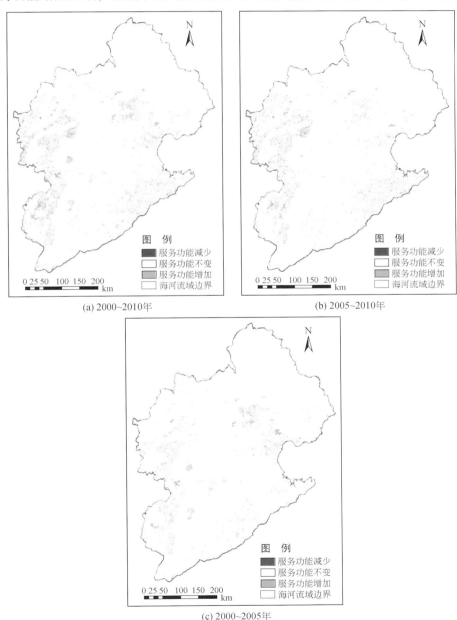

(a) 2000~2010年　　　　　(b) 2005~2010年

(c) 2000~2005年

图 4-8　2000 ~ 2010 年海河流域土壤保持功能变化示意图

4.4.1.5 固碳功能

2000～2010 年海河流域固碳功能表现为太行山背风坡固碳功能增加，太行山迎风坡、城市周边及沿海平原区固碳功能下降。2005～2010 年太行山背风坡固碳功能增加显著，沿海地区固碳功能下降明显；2000～2005 年太行山迎风坡及京津城市群四周固碳功能下降明显（图4-9）。

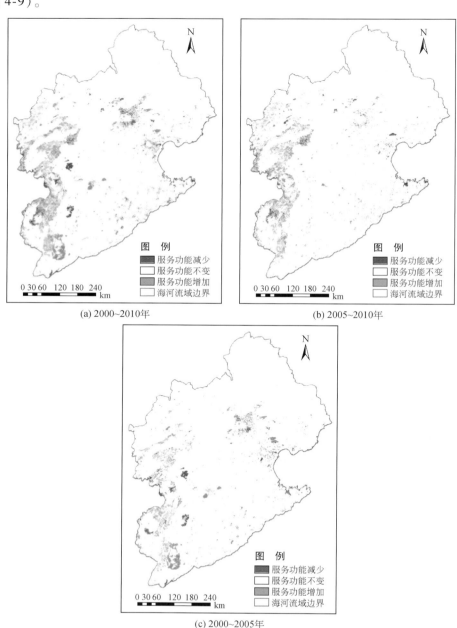

(a) 2000~2010年

(b) 2005~2010年

(c) 2000~2005年

图 4-9　2000～2010 年海河流域固碳功能变化示意图

4.4.2　子流域尺度变化

2000～2010 年滦河山区产品提供功能变化最大，约增加了 1.36 倍；大清河山区产品提供功能变化最小，约增加了 5.8%。北四河下游平原土壤保持功能变化最大，约增加了 0.28%；滦河山区土壤保持功能变化最小，约增加了 0.005%。大清河淀东平原水质净化功能变化最大，氮素输出约增加了 8%；大清河淀西平原水质净化功能变化最小，氮素输出约减少了 0.11%。徒骇马颊河平原产水功能变化最大，约增加了 32.7%；滦河山区产水功能变化最小，约增加了 7.5%。永定河册田水库以上固碳功能变化最大，约增加了 65.4%；滦河山区固碳功能变化最小，约增加了 0.09%（表 4-5）。

4.4.2.1　产品提供功能

海河流域子流域产品提供服务功能表现为 2000～2010 年均增加，子牙河平原产品提供功能增加最多，其次为徒骇马颊河平原。2005～2010 年子流域产品提供功能均表现为增加，徒骇马颊河平原产品提供功能增加最多；2000～2005 年子流域产品提供功能均增加，其中子牙河平原产品提供功能增加最多（图 4-10）。

4.4.2.2　产水功能

海河流域子流域产水服务功能 2000～2010 年均表现为增加，北四河下游平原产水功能增加最多，其次为徒骇马颊河平原。2005～2010 年子流域产水功能均表现为增加，北四河下游平原产水功能增加最多；2000～2005 年子牙河山区产水功能降低，其他子流域产水功能均增加，北四河下游平原产水功能增加最多（图 4-11）。

4.4.2.3　水质净化功能

海河流域水质净化服务功能表现为 2000～2010 年漳卫河平原、徒骇马颊河平原、黑龙港及运东平原、子牙河平原、大清河淀东平原、北四河下游平原、漳卫河山区、滦河平原及冀东沿海诸河水质净化服务功能下降，滦河山区、北三河山区、永定河册田水库至三家店区间、永定河册田水库以上、大清河山区、大清河淀西平原、子牙河山区水质净化服务功能增加。2005～2010 年漳卫河平原、徒骇马颊河平原、黑龙港及运东平原、子牙河平原、大清河淀东平原、北四河下游平原、漳卫河山区、滦河平原及冀东沿海诸河、大清河淀西平原、子牙河山区子流域水质净化服务功能下降，滦河山区、北三河山区、永定河册田水库至三家店区间、永定河册田水库以上、大清河山区子流域水质净化服务功能增加；2000～2005 年漳卫河平原、徒骇马颊河平原、黑龙港及运东平原、子牙河平原、大清河淀东平原、北四河下游平原、漳卫河山区、滦河平原及冀东沿海诸河、滦河山区子流域水质净化服务功能下降，北三河山区、永定河册田水库至三家店区间、永定河册田水库以上、大清河山区、大清河淀西平原、子牙河山区子流域水质净化服务功能增加（图 4-12）。

表 4-5　海河流域子流域生态系统服务功能 2000～2010 年变化情况表

生态系统服务功能	年份	滦河及冀东沿海诸河		海河北系					海河南系							徒骇马颊河
		滦河山区	滦河平原及冀东沿海诸河	北三河山区	永定河册田水库至三家店区间	永定河册田水库以上	北四河下游平原	大清河山区	大清河淀西平原	大清河淀东平原	子牙河山区	黑龙港及运东平原	子牙河平原	漳卫河山区	漳卫河平原	徒骇马颊河平原
产品提供功能/(kcal/km²)	2000	112 250 000	911 201 000	219 007 000	154 053 000	208 927 000	875 429 000	313 240 000	742 530 000	780 981 000	269 865 000	230 550 000	1 823 150 000	431 610 000	2 304 720 000	1 502 450 000
	2005	224 875 000	1 129 690 000	253 356 000	198 459 000	279 889 000	1 068 520 000	311 323 000	687 430 000	1 020 240 000	353 028 000	229 470 000	2 052 400 000	508 838 000	2 709 200 000	1 684 950 000
	2010	265 195 000	1 231 220 000	267 262 000	249 301 000	289 529 000	1 214 590 000	331 395 000	910 820 000	1 241 990 000	397 000 000	420 810 000	2 270 090 000	580 593 000	3 254 310 000	2 238 930 000
土壤保持功能/(t/km²)	2000	183 167.26	59 492.11	221 920.40	110 802.67	66 911.94	3 605.43	224 198.91	4 339.03	847.45	181 396.14	1 270.94	1 390.80	194 390.65	1 566.13	1 069.86
	2005	183 171.53	59 498.90	221 930.89	110 813.43	66 925.32	3 614.22	224 206.06	4 340.07	851.42	181 451.20	1 271.24	1 392.21	194 408.12	1 565.45	1 069.61
	2010	183 177.17	59 509.04	221 940.38	110 841.88	66 927.74	3 615.42	224 220.83	4 345.66	851.86	181 460.34	1 271.81	1 393.31	194 412.86	1 567.28	1 072.77
水质净化功能/(kg/km²)	2000	292.73	388.27	295.11	302.88	332.63	722.53	198.53	487.03	460.87	254.33	341.59	477.29	258.96	448.09	281.74
	2005	293.12	397.78	283.20	295.37	325.77	739.65	195.12	485.72	488.81	246.64	343.05	480.34	263.16	452.71	287.03
	2010	291.99	406.09	278.66	292.20	322.76	748.17	193.82	486.47	497.58	247.15	344.18	490.67	264.82	469.08	294.35
产水功能 mm	2000	17.67	76.45	20.88	14.36	16.54	109.00	15.82	88.00	89.73	24.07	61.38	78.32	32.90	90.81	82.91
	2005	18.34	82.84	23.14	15.01	16.62	124.71	16.26	90.73	104.22	23.91	63.84	84.56	33.74	94.35	96.68
	2010	19.00	91.62	25.07	16.47	18.03	139.62	17.60	96.28	115.98	26.57	69.18	92.38	35.79	103.01	109.99
固碳功能/(kg/km²)	2000	234.58	57.56	256.55	103.96	38.75	10.20	210.97	11.16	5.43	125.97	5.81	5.59	112.00	14.60	31.10
	2005	234.72	57.95	257.03	105.64	47.40	10.77	212.05	11.46	6.30	129.40	6.10	6.68	134.01	11.92	30.61
	2010	234.80	58.30	257.43	109.02	64.08	11.86	217.01	11.80	6.95	145.47	6.52	6.76	147.84	12.09	30.97

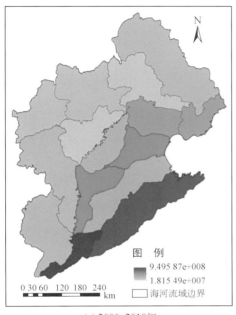
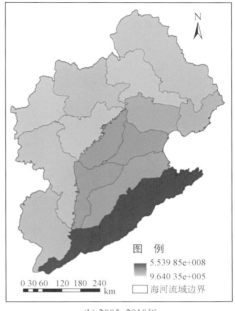

(a) 2000~2010年　　　　　　　　　　(b) 2005~2010年

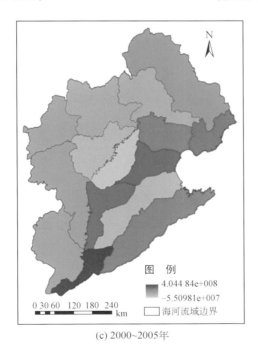

(c) 2000~2005年

图 4-10　2000~2010 年海河流域产品提供功能变化示意图（单位：kcal/km²）

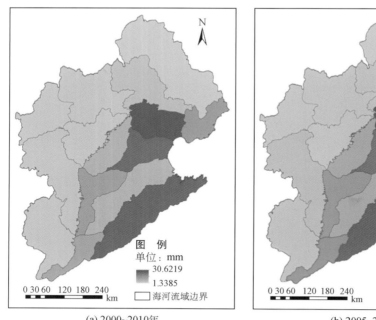

(a) 2000~2010年

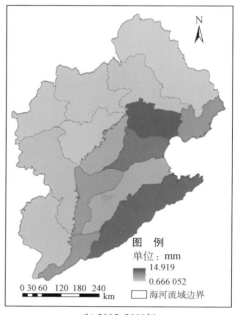

(b) 2005~2010年

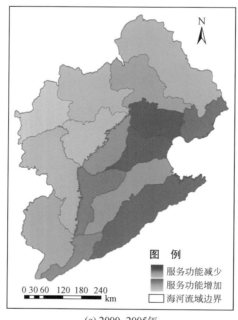

(c) 2000~2005年

图 4-11　2000~2010 年海河流域产水功能变化示意图

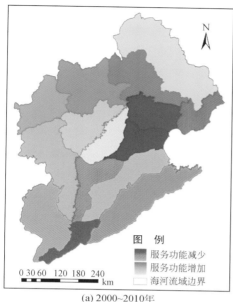

(a) 2000~2010年

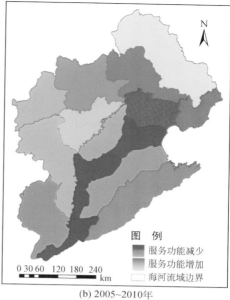

(b) 2005~2010年

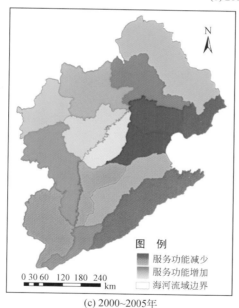

(c) 2000~2005年

图 4-12　2000～2010 年海河流域水质净化功能变化示意图

4.4.2.4　土壤保持功能

海河流域子流域土壤保持服务功能表现为 2000～2010 年均增加，子牙河山区土壤保持功能增加最多，其次为永定河册田水库至三家店区间。2010～2005 年子流域土壤保持功能均表现为增加，永定河册田水库至三家店区间土壤保持功能增加最多；2005～2000 年漳卫河平原、徒骇马颊河平原土壤保持功能降低，其他子流域土壤保持功能均增加，子牙河山区土壤保持功能增加最多（图4-13）。

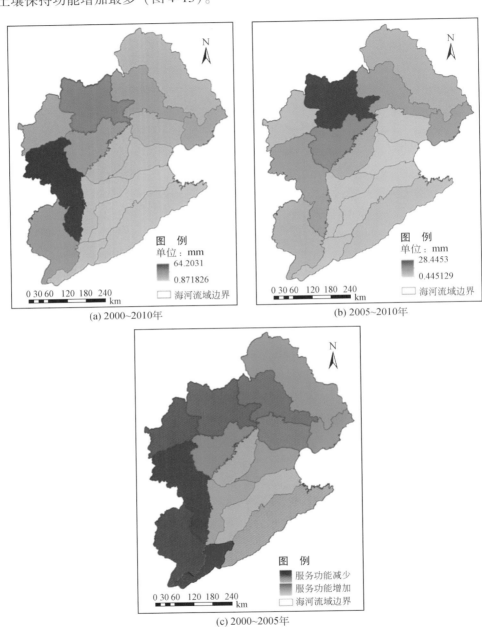

图 4-13　海河流域 2000～2010 年土壤保持功能变化示意图

4.4.2.5　固碳功能

海河流域子流域固碳功能表现为 2000～2010 年漳卫河平原、徒骇马颊河平原固碳功能降低，其他子流域固碳功能均增加，永定河册田水库以上和漳卫河山区固碳功能增加较多。
2005～2010年子流域固碳服务功能均表现为增加，永定河册田水库以上及子牙河山区固碳功能增加较多；2000～2005年漳卫河平原、徒骇马颊河平原固碳功能降低，其他子流域固碳功能均增加，其中漳卫河山区和永定河册田水库以上固碳功能增加较多（图4-14）。

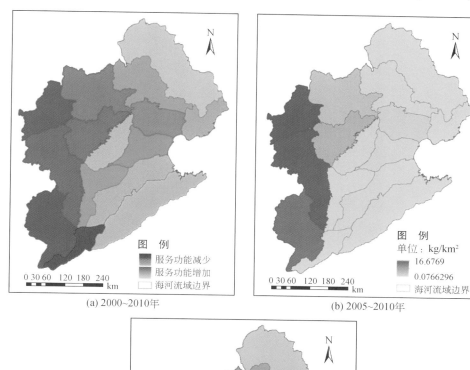

(a) 2000～2010年 (b) 2005～2010年

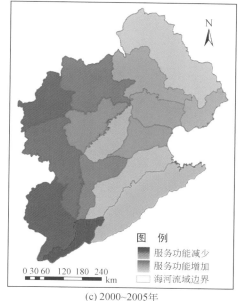

(c) 2000～2005年

图4-14 2000～2010年海河流域固碳功能变化示意图

4.4.3　生态系统服务功能之间的相互关系

4.4.3.1　产品提供功能与生态调节功能的相关性

（1）产品提供功能与水质净化功能

通过 Pearson 相关系数判定，产品提供功能与水质净化功能呈显著负相关（$P<0.01$）（图4-15）。水质净化（氮素输出）功能取氮输出值的相反数即负值表示，输出到水源中的氮素越多（氮素输出值越大），表明水质净化功能（氮素输出值的相反数）越差；反之，输出到水源中的氮素越少（绝对值越小），水质净化功能（氮素输出值的相反数）越好。当人类向生态系统获取越来越多的产品功能时，也会向生态系统中排放越来越多的污染物质（如氮等），危害水质。

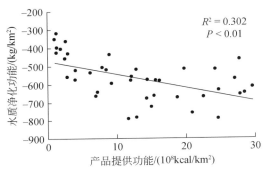

图4-15　海河流域产品提供功能与水质净化功能之间的关系

海河流域产品提供功能主要分布在平原地区，水质净化功能主要分布在丘陵和山区，森林草原主要分布在海拔300m以上的丘陵和山区，广泛分布的林地及草原调节地表径流，对水质中氮、磷等污染物的过滤、吸收、滞留、沉积等物理、化学和生物效应对减轻水污染具有较强作用。而平原区农田面积广大，反复耕作收割、打药施肥等农业活动对水质均有较大破坏。Tong 和 Chen（2002）对不同土地利用类型对水质的影响作用进行了研究，结果表明，农田、不透水城市地面单位面积上的氮、磷及粪便大肠杆菌群的输出均大于森林类型。大面积毁林造田，一味追求产品提供功能导致生态系统自身净化能力削弱，进而导致生态系统本身具备的水质净化功能衰竭。

（2）产品提供功能与土壤保持功能

产品提供功能与土壤保持功能呈显著负相关（$P<0.01$）（图4-16）。在人类向生态系统获取越来越多的产品功能时，无形中也会对生态系统的土壤造成破坏，导致水土流失的加剧。

森林、草地可以调节地表径流，保持水土和改良土壤。森林、草地可预防、控制土壤侵蚀的原因主要是它们能够缓解降雨强度对土壤的冲刷作用，植被的根系对土壤还能起到保持稳固和抗侵蚀作用，而人类一味追求产品提供功能的提高，往往会导致生态系统良好

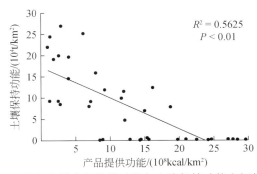

图 4-16　海河流域产品提供功能与土壤保持功能之间的关系

的森林、草地植被体系被破坏；单一作物的长期种植，极不利于土壤结构的改良；休耕季节对作物的大面积收割，致使土壤大面积裸露在外，极易受冲刷侵蚀；产品提供功能的不断增加同样会导致土壤保持功能的衰减。

（3）产品提供功能与固碳功能

产品提供功能与固碳功能呈显著的负相关（$P<0.01$）（图 4-17）。产品提供功能还会降低固碳量。在陆地生态系统中，森林是碳循环的主体，森林面积占全球陆地面积的 27.6%，森林植被的碳储量约占全球植被碳储量的 77%，森林土壤的碳储量约占全球土壤碳储量的 39%。森林生态系统碳储量占陆地生态系统碳储量的 46.6% 左右（李顺龙，2005），草原生态系统的碳储量仅次于森林生态系统的碳储量。产品提供功能提升所导致的森林破坏、草原退化等生态系统类型发生变化，以及秸秆等生物质的大量焚烧，导致大量的碳排放到大气中。产品提供功能的过度增加影响了生态系统的碳循环，削减了生态系统的固碳功能。

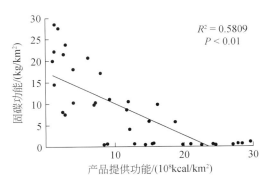

图 4-17　海河流域产品提供功能与固碳功能之间的关系

综上所述，产品提供功能与调节功能（水质净化功能、土壤保持功能、固碳功能）之间表现的显著负相关表明，生态系服务功能之间存在权衡。生态系服务功能权衡是指当一个生态系统服务功能的供应增加时，会出现另外一个或几个生态系统服务功能的供应降低。这反映出人类在向生态系统索取更多物质产品时同时也在不断损害着自身赖以生存的生态调节功能。而调节功能被认为是生态系统产品提供、文化服务功能可持续发展的基础，对生态系统服务功能的复原力起着至关重要的作用，在这种情况下生态系统服务功能的权衡似乎不可避免，并且在环境决策中是至关重要的。因此，如何平衡产品提供功能与生态系统调节功能，以实现人与自然和谐相处的可持续发展值得人类重视。同时，国外有研究表明，过度重视农业生产导致了美国整个密西西比地区大规模的土壤流失（Malakoff，1998）。因此，实现人与自然和谐相处的可持续发展必须要重视权衡生态系统的各类服务功能，在保护并改善生态系统自身调节功能的状态下实现高效生产和合理开发利用，保障多种生态系统服务的弹性提供。在海河流域管理中，一方面要保持维护山区地带良好的生态调节功能和平原区的产品供给功能，另一方面要重视修复平原区退化的生态调节功能。

4.4.3.2 生态调节功能的相关性

（1）固碳功能与土壤保持功能

土壤保持功能与固碳功能之间呈显著正相关（$P<0.01$）（图 4-18），当土壤保持功能提升时，固碳功能也会有显著的改善。

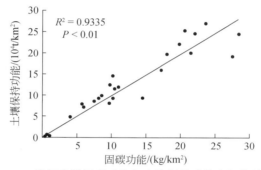

图 4-18 海河流域固碳功能与土壤保持功能之间的关系

土壤保持功能及固碳功能都是在山地、丘陵地区较好。山地、丘陵地带森林、草地广布，原生植被很少受到破坏，一年四季植被覆盖度也相对好。由此可见，保护良好的植被，一方面有利于稳固土壤、改良土壤结构、抑制水土流失、提供生态系统的土壤保持功能；另一方面大面积"天然氧吧"的存在也能够吸收、存储大气中的碳，有效降低大气环境中温室气体的总量，从而增进生态系统的固碳功能。此外，除了良好植被能够固碳以外，土壤保持功能的改善同样有利于土壤自身固碳能力的提高，从而通过化学稳定机制、团聚体物理保护机制和生物学机制增加土壤碳库的存储量，减少土壤 CO_2 的释放。而土壤自身固碳能力的提高，有利于提高土壤有机碳和有机物质的含量，这可以提高土壤渗透能力和土壤肥力、增加土壤水分，从而减少土壤侵蚀（Dumanski，2004）。因此土壤保持功能及固碳功能在一定程度上相互促进，可以实现"双赢"。

（2）土壤保持功能与水质净化功能

水质净化功能与土壤保持功能呈显著正相关（$P<0.01$）（图 4-19）。当水质净化功能提高时，生态系统的土壤保持功能会增加。

土壤侵蚀是造成氮、磷等污染物流失的原因之一。土壤侵蚀会导致径流中泥沙等杂质

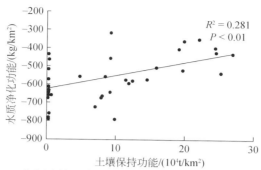

图 4-19　海河流域土壤保持功能与水质净化功能之间的关系

含量增加、水的浑浊度上升，同时土壤中含有的大量重金属、化学元素及微生物也会在降水的冲刷作用下由随径流流入河流、湖泊，从而降低水质。而森林、草地等能够通过减少土壤侵蚀而控制污染物的流失，从而降低非点源污染，生态系统良好的土壤保持功能，使得土壤自身的结构及内部微生物活动能够对水质起到良好的过滤作用，滤除径流中含有的氮、磷等各类污染物，同时减轻土壤本身污染物的渗出量。

（3）固碳功能与水质净化功能

水质净化功能与固碳功能间呈显著正相关（$P<0.01$）（图 4-20）。水质净化功能提高时，生态系统的固碳功能也会相应改善。

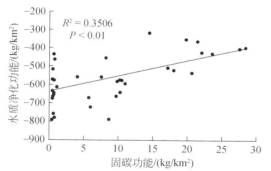

图 4-20　海河流域固碳功能与水质净化功能之间的关系

固碳功能的增加很大程度上依赖于森林及草地面积的多少，大范围的森林对吸收大气中的碳、降低温室气体含量起着至关重要的作用。海河流域固碳功能较好的地方主要分布在山地和丘陵，那里保持有相对完好的森林和草地，而生态系统的水质净化功能与地表植被有很大的关系，森林和草地的面积又在一定程度上能够提升、改善生态系统的水质净化功能。因此，伴随固碳功能的增加，水质净化功能也会得到提升。

各类调节功能（水质净化功能、土壤保持功能、固碳功能）之间呈显著的正相关关系，表明海河流域各类调节服务功能之间存在协同作用。与生态系统服务功能权衡不同的是，生态系统服务功能间的协同作用是由于增加一个生态系统服务功能供应，可以提高其他生态系统服务功能的供应，生态系统调节功能之间表现出来的相互协同作用可使几个生态系统调节功能同时增强。针对生态系统服务功能之间表现出来的积极的协同作用，通过探究它们的共通性，进而采取适当有效的管理方式使其产生整体效益，这种整体效益可能会比单独提高一个生态系统服务功能带来的效益更大。成功的管理策略应当将生态系统服务功能协同作用作为任何旨在提高生态系统服务对人类福祉的供应战略的重要组成部分（Rodríguez and Agard，2005）。

生态系统服务功能不是孤立地运作的，它们往往与其他生态系统服务功能一起以复杂的、难以预测的方式运作（Rodríguez and Agard，2005）。有关自然资源管理决定应该围绕生态系统服务功能权衡及生态系统服务功能间的相互协同作用两个方面开展。经济社会的高速发展及人类福祉的提高往往希望生态系统的某几种服务功能能够提供更多，而其他生态系统服务功能在飞速发展中的重要性常常被忽视或轻视，而这些被忽略的生态系统服务功能却在社会发展和人类福祉中扮演着重要的角色、起着基础作用，甚至是整个生态系统服务功能的源泉。过分关注、追逐能给我们带来直接效益的生态系统服务功能会弱化其他生态系统服务功能，此时权衡往往难以避免，人类应该从长远角度清晰认识这种趋势可能造成的后果，恰当把握二者之间的关系，改变发展模式和生产方式，保持生态系统服务功能之间的平衡、稳定。生态系服务功能间的协同作用为人类实现这一目标提供了很好的切入点和方向，在弥补并改善已经衰退的生态系统服务功能时，采取能够共同推进两者的管理方法，充分发挥二者间的协同优势可以起到事半功倍的效果，甚至在面对人类自身迫切需求的服务功能与其他服务功能的供给，协同效应也能够为管理者提供新的思路，从二者之间所需的共同点调整管理策略。例如，通过高低混合种植方式既可以提升土地利用空间效率、提高生产量，又可以调节土壤养分含量，优化土壤结构。正确、明智的管理决策应该慎重考虑其决定对一系列生态系统服务功能的影响，而不能只专注于一个单一的服务功能，同时不能片面追求眼前的一时利益，要从长远出发，为子孙后代着想。

总体而言，生态系统为人类提供了产品和生存环境两个方面的多种服务功能，然而人类在过度追求产品提供功能时，削弱了生态系统调节功能。千年生态系统评估结果表明，评估的 24 种服务功能中，产品提供功能在提高，但 15 种调节功能在退化（MA，2005）。本研究结果也与之类似，海河流域生态系统产品提供功能与水质净化、土壤保持和固碳等调节功能之间呈极显著负相关（图 4-15 ~ 图 4-17）。可见，试图实现生态系统的产品提供功能的最大化往往会导致其他生态系统服务功能的大幅度下降（Bennett et al.，2009）。在流域或区域生态系统管理中，有必要权衡产品提供功能与生态系统调节功能之间的关系，通过制定合理完善的管理政策和实践提高生态系统产品提供功能，并减少农业生产的不利影响，实现生态系统产品提供与生存环境保护的双赢（Power，2010）。例如，在 57 个资源贫乏的发展中国家的农业生态系统中采用保护生态系统服务功能的措施，如保护性耕作、作物多样化、集约型种植等，以提高农业生态系统的其他生态系统服务的能力，结果发现，农业平均相对产量增加了 79%（Pretty et al.，2006）。这些研究也给海河流域生态系统管理提供了启示：①削减和控制化学肥料施用，科学使用缓释肥。中国农业大学的张福锁（2010）认为，如果采用科学的养分管理技术，可以在降低氮肥用量 30% ~60% 的条件下既保证粮食产量又不至造成氮肥污染，实现农业和环境的"双赢"。②加强河岸带建设，保护河流水质。河岸带能够拦截蓄存大量泥沙、氮、磷和其他化学物质，对保护河水水质及地下水具有重要意义（邓红兵等，2001）。③加强农田管理，控制水土流失。例如，实施秸秆覆盖和少免耕相结合的保护性耕作可以延缓径流、减少径流强度，从而降低水土流失（王晓燕等，2000）。④加强城市环境管理，控制城市非点源污染。高速公路和城市路面是城市非点源污染的重要源地（郑一和王学军，2002）。我国城市道路雨水径流、屋面径流和排污口径流含有较高浓度的污染物，如果直接排放到受纳水体，将会对受纳水体产生污染（侯培强等，2009）。京津唐城市群位于海河流域，快速发展的工业和以煤为主的能源结构导致大气污染物排放集中，空气污染日趋严重。据报道，京津塘地区每公顷年平均降尘量达 1.2t，是欧美国家的十几倍，城市非点源污染问题突出。通过控制大气污染排放源、修建具有滞留塘的滞洪区及雨污分流的排水系统等可以有效治理城市非点源污染（张迎珍，2010）。

4.4.4 生态系统服务功能空间格局驱动机制

4.4.4.1 人口

海河流域人口密度与流域生态系统产品提供功能呈显著性正相关（$P<0.01$），与水质净化功能、土壤保持功能、固碳功能均呈显著负相关（$P<0.01$）（图 4-21）。

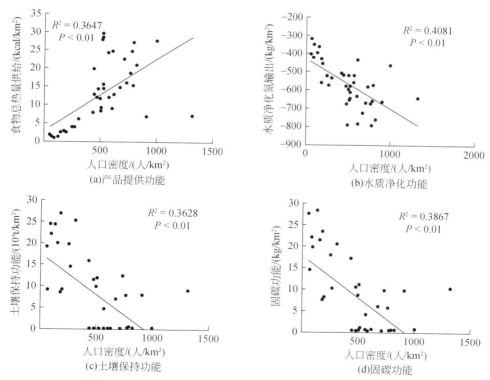

图 4-21 海河流域人口密度与生态系统服务功能之间的关系

海河流域 1980 年人口为 0.98 亿，到 2010 年增加至 1.52 亿，剧增的人口数量使得人口密度也不断增加，这种现象在大中型城市更为严重。马尔萨斯人口论中指出，人口的增长是几何级增长，但是粮食增长是算术级增长，养活日益增长的人口所面临的挑战更加严峻，增加的人口使得从生态系统中获取产品的需求上涨，砍伐森林、破坏草原以开垦更多的土地用于种植、养殖和生活休憩，造成土地利用类型发生变化，生态系统出现退化，同时制造排放的污染物和垃圾也与日俱增，进而导致水质净化、土壤保持、固碳功能下降。我国的资源总量排名世界第一，但是由于庞大的人口数量，各类资源的人均占有量却处于世界的后位，从长远来看，管理者应努力提高土地利用率，控制人口增长，同时提高改善乡镇及农村地区就业率，以缓解人口增长对生态系统的压力。

4.4.4.2 农业技术

海河流域农用化肥施用量与流域生态系统产品提供功能呈显著性正相关（$P<0.01$），与水质净化功能、土壤保持功能、固碳功能均呈显著负相关（$P<0.01$）（图 4-22）。

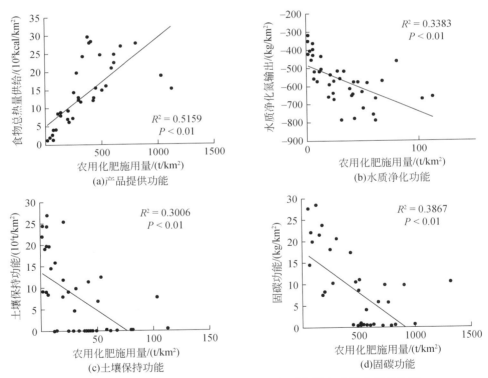

图 4-22 海河流域农用化肥施用量与生态系统服务功能之间的关系

农业技术对生态系统产品提供功能具有重要意义。通过农业管理技术可以显著增加一些生态系统服务的可用性。在生态系统服务和人类福祉的方案中提高能源、水、肥等的使用效率可以显著改善生态系统服务功能的产品提供功能（Carpenter，2006）。农业技术虽然能够大幅度改善人类的福祉，最大限度满足人类对产品供给的需求和人类对自己生命所需的支持，但更重要的是新型先进的农业技术在提高农业生产力的同时却会产生意外的后果，新技术应用表面上是有益的技术，帮助我们更多实现了对某一种生态系统服务功能（产品提供功能）的需求，但无形中慢慢影响并削弱了其他几类相对来说不是特别引人注目的生态系统服务功能（调节功能），甚至会造成难以预料的负面后果。同时这几种相对不是特别引起注意的生态系统服务功能（调节功能）的退化，极有可能在长远一段时间里，反而会影响当前需求旺盛的生态系统服务功能（产品提供功能），甚至造成其出现同样的退化。

在中国，单位面积的农用化肥施用量远远高于美国、欧洲等发达国家或地区，中国单位面积施氮肥为 191.6kg/hm²，是世界平均水平（53.9kg/hm²）的 3.55 倍（孙彭立和王慧君，1995）；目前，中国平均施氮肥超过 200kg/hm²，相当于整个西欧；中国氮肥消耗量是美国的 1 倍以上（李世娟和李建民，2001）。而中国农用化肥的有效利用率却远远低于这些国家。根据 FAO 估计，欧美发达国家的氮肥利用率约为 68%，而中国仅仅只有30%。为了追求高的农业产品提供，不断增加农用化肥施用量，氮肥、磷肥的过量施用导致盈余的氮、磷等物质后直接排入河流、渗入地下水，恶化水质；农业化肥的低利用率导致作物大量消耗利用土壤本身的肥力，土壤结构恶化，土壤的保水、保肥性能和稳定性下降，最终导致土地退化和土壤侵蚀；过量施用的化肥会导致土壤碳的碳库达到饱和点，并且随着土壤的结构破坏及侵蚀，固碳能力出现下降。为了生态系统保持较高农业生产水平，增加化学肥料施用量，致力于保持土壤的肥力，却意外导致表层的土壤不断流失，河流中水质富营养化加剧，生态系统固碳能力下降；随时间逐渐流失的土壤、恶化的水质等形成的恶劣生长环境很可能在长远的时间里又会反过来影响农业的产量。这就需要我们认真的思考当前追求高产值的农田管理方式是否真的有益。

4.4.4.3 经济发展

海河流域农村居民人均纯收入与流域生态系统产品提供功能呈显著性正相关（$P<0.01$），与水质净化功能、土壤保持功能、固碳功能均呈显著负相关（$P<0.01$）（图 4-23）。

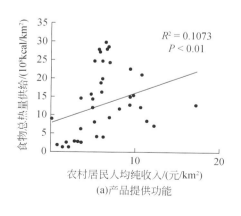

(a)产品提供功能

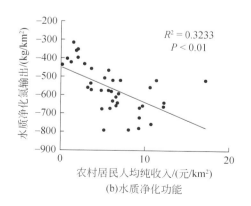

(b)水质净化功能

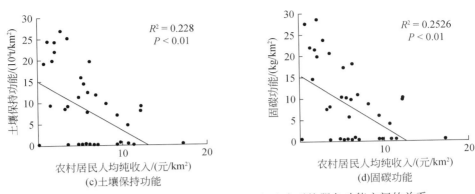

图 4-23　海河流域农村居民人均纯收入与生态系统服务功能之间的关系

随着农业经济的高速发展，农村居民人均纯收入也在不断增加。农村居民的收入主要来源于农业种植和牲畜家禽等的养殖，但在收入提高、生活改善的同时，农村生态环境也逐日显现出一系列严重问题。农村居民大面积山地开垦、过度放牧及圈地养殖，使得大量生态系统发生转变，生态系统本身的结构出现变化，森林、草原、湿地湖泊的大面积缩减退化，农药、杀虫剂盲目过量使用，生活垃圾四处堆放，人、畜粪便混杂导致水质和土壤污染加重，加之农村受自然地理、生活习惯、人口素质、环境意识等诸多方面因素的影响，造成水土流失加剧、水质恶化、水资源短缺、生态系统自身固碳能力下降。全球气候变暖，相应的一系列水质净化功能、土壤保持功能、固碳功能等生态系统服务功能也出现衰退。

4.4.4.4　农业生产

海河流域农业总产值与产品提供功能呈显著性正相关（$P<0.01$），与水质净化功能、土壤保持功能、固碳功能均呈显著负相关（$P<0.01$）（图 4-24）。

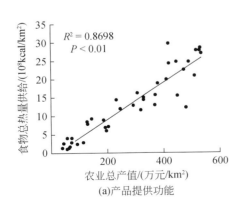

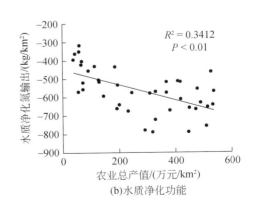

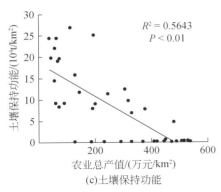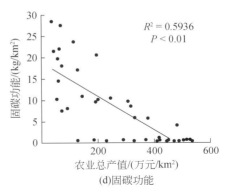

(c)土壤保持功能   (d)固碳功能

图 4-24　海河流域农业总产值与生态系统服务功能之间的关系

　　农业生产（尤其是粮食生产）是生态系统退化的主要驱动力，也是生态系统服务功能驱动机制中最受关注的因素。据统计，约 43% 的热带和亚热带森林，以及 45% 的温带森林转变为农田。全球淡水使用量的 70% 用于农业生产，而水产养殖中饵料残留、农田化肥及畜禽粪便都是污染物的重要来源。通常作为肥料的氮肥只有一小部分被作物吸收使用，其余大部分都流向了内陆水域及沿海生态系统，造成水体富营养化。2005 年，农业生产导致的温室气体排放占全球温室气体排放量的 14% 左右，农业生产推动森林砍伐，导致温室气体额外排放（MA，2005）。每年大约 13 万 hm^2 的森林消失，主要是由于用于生产食品和燃料的土地面积扩大，而砍伐森林是气候变化及包括控制水土流失、气候调节、水质净化等在内的生态系统服务退化的一个重要原因（Ranganathan，2010）。

　　海河流域畜牧业总产值与流域生态系统产品提供功能呈显著性正相关（$P<0.01$），与水质净化功能、土壤保持功能、固碳功能均呈显著负相关（$P<0.01$）（图 4-25）。

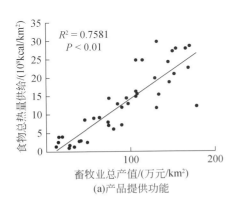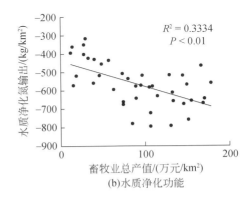

(a)产品提供功能   (b)水质净化功能

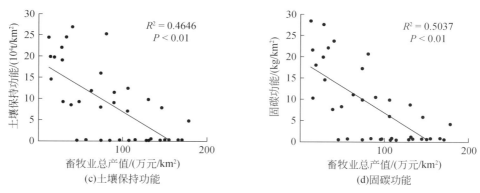

图 4-25　海河流域畜牧业总产值与生态系统服务功能之间的关系

　　畜牧业的扩大养殖使得饲料、水源的需求增加，畜禽粪便的排放量也增多，世界大多数的饲料作物生产商都在与发展中国家开展经济合作，发展中国家正在迅速扩大其饲料作物的生产，以满足增长的饲料需求（Allen et al.，1998a；1998b）。家禽的粪便排泄物中含有大量的氮、磷、悬浮物和致病菌，污染物数量大且集中，畜禽场每日不断产生的大量粪便、污水长期堆积在养殖场周边地区，形成了庞大的污染源，威胁着地下水及河流水质。如果粪便进入土壤过多或处理不当，超过土壤的自净能力时还会造成土壤污染。此外，温室气体排放在畜牧业生产循环的主要步骤中都会出现，即从饲料作物生产与牧场的排放再到粪便的分解、挥发。这都会大大影响生态系统的调节功能。

　　海河流域种植业总产值与流域生态系统产品提供功能呈显著性正相关（$P<0.01$），与水质净化功能、土壤保持功能、固碳功能均呈显著负相关（$P<0.01$）（图 4-26）。

　　通过对图 4-25、图 4-26 比较可知，种植业总产值与各生态系统服务功能的相关性比畜牧业总产值与各生态系统服务功能的相关性更为显著，种植业对生态系统服务功能的影响比畜牧业更大。种植业的扩大，致使农田生态系统类型剧增，产品生产虽然得到提高，但耕作活动对土壤上表面的开垦、翻耕及植被收割等物理干扰会导致土壤侵蚀，降低了土壤生产力，秸秆燃烧增加了温室气体的排放，化肥、农药的过量使用增加土壤了沉积物和氮、磷等有关的污染物浓度，更降低了水的质量。这对生态系统的调节功能有着极大的负面影响。

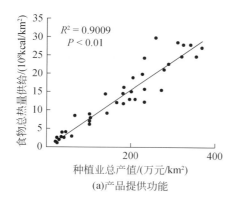

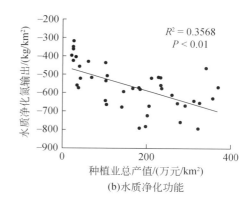

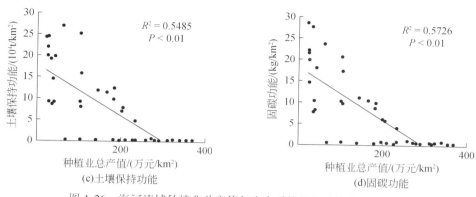

图 4-26 海河流域种植业总产值与生态系统服务功能之间的关系

4.4.4.5 驱动因子综合分析

本章将各类服务功能作为响应变量，各类驱动因子作为解释变量，采用冗余梯度分析方法探讨生态系统服务功能与驱动因子之间的关系。因为解释变量通常为多属性数据，量纲往往是不一样的，在进行分析前，需要对所有变量进行标准化处理，本章采用如下方法进行标准化。

$$X'_i = \frac{X_i - X_{\min}}{X_{\max} - X_{\min}}$$

式中，X'_i 为标准化后变量；X_i 为实际变量值；$X_{\max}$ 为变际变量最大值；$X_{\min}$ 为实际变量最小值。

在 RDA 排序图（图 4-27）中，蓝色箭头表示各类生态系统服务功能，红色箭头表示各类驱动因子。红色箭头所处的象限代表各类驱动因子和排序轴间的正、负相关性。红色连线与排序轴的角度表明驱动因子与该排序轴相关性的大小，夹角越小，相关性越大；红色箭头连线在排序轴上的投影长度表示该类驱动因子与排序轴之间相关性的大小，投影长度越长，相关性越大。

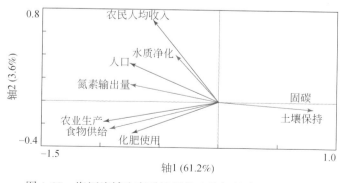

图 4-27 海河流域生态系统服务功能与驱动因子排序图

根据排序图图 4-27 可知，固碳功能与土壤保持功能呈正相关（夹角为锐角），与产品供给、氮素输出及产水功能呈现负相关（夹角为钝角），而产品供给与氮素输出及产水功能呈正相关（夹角为锐角）。因为氮素输出量越大，水质净化功能越差，即水质净化功能、固碳功能、土壤保持功能呈正相关，而它们均与产品提供功能呈负相关。产品提供功能、氮素输出量与各解释变量呈正相关（夹角为锐角），固碳功能、土壤保持功能与各解释变量呈负相关（夹角为钝角）。影响水质净化功能的主要因素是人口和农村居民人均收入，影响产品提供功能的主要因素是化肥施用和农业生产，影响固碳功能、土壤保持功能的主要因素是人口和农业总产值。前两轴累计贡献率为 64.8%，第一轴与农业生产、农用化肥施用量、人口数量呈显著负相关，其中与农业生产呈最大负相关，因此第一轴反映了农业生产、农用化肥施用量、人口数量的变化。第二轴主要与农村居民纯收入呈正相关，因此第二轴主要反映农村居民人均纯收入的变化。

高强度的人类活动，如人口增加、化肥施用、农业生产等，导致生态系统服务功能退化。本研究中，人类活动、农村居民人均纯收入和农业产值与生态系统调节功能呈极显著负相关就说明了这一点。Bennett（2007）也认为，为了追求农业、种植业、畜牧业的高产值而大量施用化肥、砍伐森林、扩张耕地以实现产品供给量的增加，导致环境外部效应的出现，反而大大降低了生态系统自身的调节功能。在中国，由于过度人类活动导致水质净化、土壤保持等服务功能退化的案例也屡见不鲜。例如，太湖地区由于人类活动改变土地利用方式导致生态系统服务脆弱性降低（王佳丽等，2010）；黄土高原地区在人口和经济发展的胁迫下长期注重产品生产功能，导致众多生态系统服务功能日益退化，甚至消失（高旺盛等，2003）。可见，海河流域生态系统管理，既要保护好生态环境相对脆弱的高海拔山区，也要规范人类生产活动，避免平原地区过度的人类活动干扰而损害和降低生态系统服务功能，阻碍流域可持续发展。

第5章 海河流域地表径流变化特征及原因

　　海河流域地表径流持续减少，水资源短缺已严重影响着流域社会经济可持续发展。本章重点分析了滦河、潮白河、永定河、子牙河、大清河和漳河 6 个子流域上游地表径流的变化特征及突变时间，从降水、气温变化及重大生态建设工程等方面系统分析了地表径流变化的主要原因。

　　流域水资源量和河流水质是流域管理决策部门关心的核心问题，其趋势变化可以为流域管理者提供动态信息。流域水资源量和河流水质受到多重、多层次因素的相互影响，科学合理的分析评价流域水资源及河流水质的趋势变化显得尤为必要。气候变化和人类活动被认为是驱动水文循环发生改变的两大主要因素（Bao et al.，2012b）。因此，研究流域水文对气候和土地利用/覆被变化的响应关系对提高流域水资源管理水平和土地管理水平尤为重要。气候变化包括降水变化和由气温变化引起的潜在蒸发散变化（Xu et al.，2014）；人类活动分为两类：一类是直接人类活动。由于人口、工业和耕地面积的快速增长，人类修建水库大坝，通过水库调度直接引用和抽取地表及地下水资源，改变流域径流量。海河流域在 1949 年后修建了 1900 余座水库，总库容超过 316 亿 m³，这些水库为城市生活、工农业生产取水提供了便利条件，同时水库蓄水后水面面积增大，蒸发量增加，改变了河道径流的年内分布（Bao et al.，2012b）。另一类是间接人类活动。其对径流的影响体现在流域内实施植树造林、水土保持等相关生态恢复工程，改变土地利用/覆被，导致植被覆盖度增大，增加了林冠截留、土壤调节效应、土壤水分容量，使产流过程延后，蒸发量增加，最终导致直接径流和峰值减少（Bao et al.，2012b）。

　　在海河流域或其子流域，径流变化趋势及突变讨论较多，例如，整个海河流域（张建云等，2007；Yang and Tian，2009；Cong et al.，2010）、海河一级支流，如滦河（王刚等，2011；Wang et al.，2013；付晓花等，2013；Xu et al.，2014）、潮白河（姚治君等，2003；Wang et al.，2013；Xu et al.，2014）、永定河（丁爱中等，2013；Xu et al.，2014）、大清河（Xu et al.，2014）、子牙河（Xu et al.，2014）、漳河（Wang et al.，2013；Xu et al.，2014）、潮白河支流黑河（姚治君等，2003）、永定河支流洋河（张良和原彪，2004）、桑干河（张裕厚，2003）、子牙河支流滹沱河（崔炳玉和崔红英，2007；Wang et al.，2013）、冶河（樊静等，2008）、大清河支流拒马河（刘茂峰等，2011；Xu et al.，2014）、唐河（刘茂峰等，2011；Xu et al.，2014）、沙河（刘茂峰等，2011）、南拒马河（刘茂峰等，2011）、白沟引河（刘茂峰等，2011）。径流趋势变化的检验结果基本都是在不同显著水平下呈下降趋势。径流发生突变的时间也基本为 20 世纪 70 年代末到 80 年代初，个别研究（王刚等，2011）发现，部分流域发生两次突变。虽然海河流域径流变化及其驱动因素研究较多，但海河流域 6 个子流域的上游山区径流近 60 年来可能出现过 1 次突变还是 2 次突变？每个子流域发生突变的情况是否一致？引起突变的原因主要是自然因素还是人类活动？本章将分析海河流域 6 个子流域上游径流变化趋势和突变时间，从气候变化和人类活动两个方面分析引起径流变化和突变的原因。研究结果可为我国同类地区水资源和土地资源管理提供科学依据。

5.1　地表径流变化趋势分析方法

目前流域径流趋势变化多采用参数和非参数检验的方法。传统的参数检验方法是标准趋势检验简单的样本与时间回归相关。Mann-Kendall（M-K）检验法是一种非参数统计方法，与传统参数检验相比，该法的变量可以不具有正态分布特征，因此适用于水文变量的趋势检验（蔺学东等，2007）。

5.1.1　M-K 检验

假定 X_1，X_2，$\cdots$，X_n 为时间序列变量，n 为时间序列的长度，M-K 检验法定义了统计量 S：

$$S = \sum_{k=1}^{n-1} \sum_{j=k+1}^{n} \mathrm{sgn}(X_j - X_k) \tag{5-1}$$

式中，X_j、X_k 分别为 j、k 年相应的测量值，且 $k>j$，而

$$\mathrm{sgn}(X_j - X_k) = \begin{cases} 1 & X_j - X_k > 0 \\ 0 & X_j - X_k = 0 \\ -1 & X_j - X_k < 0 \end{cases} \tag{5-2}$$

随之计算 S 分布的方差：

$$\mathrm{Var}(S) = \frac{n(n-1)(2n+5)}{18} \tag{5-3}$$

当 S 近似服从正态分布，对 S 进行标准化处理和连续性修正，得到统计学意义上的趋势检验评价值 Z。

$$Z = \begin{cases} \frac{S+1}{\sqrt{\mathrm{Var}(S)}} & S > 0 \\ 0 & S = 0 \\ \frac{S-1}{\sqrt{\mathrm{Var}(S)}} & S < 0 \end{cases} \tag{5-4}$$

式中，Z 为一个正态分布的统计量，正值表明有上升的趋势，负值表示有下降的趋势。并且定义了显著性水平 a。

如果确定有变化趋势，再用 Sen 坡度估计法来计算变化趋势大小，趋势函数如下：

$$f(t) = Q_t + B \tag{5-5}$$

式中，Q_t 为变化的趋势大小；B 为常数。

$$Q_j = \frac{X_j - X_k}{j - k} \tag{5-6}$$

式中，$j>k$。如果序列长度是 n，那么将得到 $N=n(n-1)/2$ 个 Q_j，最终的 Q 由 N 决定。

$$Q = \begin{cases} Q_{[(N+1)/2]} & N \text{ 为奇数} \\ \frac{1}{2}(Q_{[\frac{N}{2}]} + Q_{[\frac{N+2}{2}]}) & N \text{ 为偶数} \end{cases} \tag{5-7}$$

5.1.2 Regional-Kendall（R-K）检验

R-K 检验的基本原理是对每个站点进行 M-K 检验，然后组合这些检验结果，将多个 M-K 检验统计值 S' 累计加和作为 R-K 检验统计值 S'：

$$S' = \sum_{L=1}^{m} S_L \tag{5-8}$$

式中，L 为站点个数。

同 M-K 检验基本一致，计算 S' 分布的方差：

$$\text{Var}(S') = \sum_{L=1}^{m} \frac{n_L(n_L - 1)(2n_L + 5)}{18} \tag{5-9}$$

当 S' 近似服从正态分布，对 S' 进行标准化处理和连续性修正，得到统计学意义上的趋势检验评价值 Z'。

$$Z' = \begin{cases} \dfrac{S' + 1}{\sqrt{\text{Var}(S')}} & S' > 0 \\ 0 & S' = 0 \\ \dfrac{S' - 1}{\sqrt{\text{Var}(S')}} & S' < 0 \end{cases} \tag{5-10}$$

R-K 检验分异性和显著性检验过程与 M-K 检验相同。R-K 检验的具体原理和过程参见文献 *Regional Kendall Test for Trend*（Helsel and Frans，2006）。

5.1.3 Pettitt 突变点检验

水文序列的突变点检测及识别方法是研究气候变化和人类活动对水文水资源影响有效的统计方法。Pettitt 提出基于非参数检测序列突变点的 Pettitt 突变点检测方法（Pettitt，1980），其计算方法简便，能够明确变化的时间，可以较好地识别序列分布的突变点，且物理意义明确，因此在众多突变点检验方法中得到较为广泛的应用（符淙斌和王强，1992；Zhang and Lu，2009；Gao et al.，2010；Zuo et al.，2012）。本研究也采用这种方法检测突变点。

Pettitt 突变点检测方法的基本原理是基于 Mann-Whitney 统计函数 $U_{t,N}$，且认为 x_1，…，x_t 和 x_{t+1}，…，x_N 两个样本来自同一序列。而对于连续序列，$U_{t,N}$ 采用下式计算得到（Kiely et al.，1998；Zhang et al.，2008）：

$$U_{t,N} = U_{t-1,N} + \sum_{j=1}^{N} \text{sgn}(x_t - x_j), \quad t = 2, \cdots, N \tag{5-11}$$

其中

$$\mathrm{sgn}(\theta) = \begin{cases} 1 & \theta > 0 \\ 0 & \theta = 0 \\ -1 & \theta < 0 \end{cases} \tag{5-12}$$

检验统计量计算前一样本序列超过后一样本序列的次数。Pettitt 法的零假设为样本序列不存在突变点。其统计量 $k(t)$ 为最显著突变点 t 处 $|U_{t,N}|$ 的最大值，具体计算公式和相关概率（P）显著性检验的公式如下。

$$k(t) = \max_{1 \le t \le N} |U_{t,N}| \tag{5-13}$$

$$P \cong 2\exp\{-6(K_N)^2/(N^3 + N^2)\} \tag{5-14}$$

5.1.4 数据收集

土地利用数据主要包括海河流域 1980 年、1990 年、1995 年、2000 年、2010 年 5 期遥感影像数据，数据分辨率为 100m、90m、90m、30m 和 30m。基于 ERDAS IMAGING 9.2、ArcGIS 9.3 等图像处理软件，以《中国土地分类系统》（2001 年）为标准，结合流域土地覆被现状和野外调查资料，将土地利用类型分为 6 个一级类型：耕地、林地、草地、水体、人工表面及其他。人类活动相关数据包括水利工程建设和水资源开发利用，来源于相关部门的统计资料。选取的水文站点如图 5-1 所示。流域径流水文数据（表 5-1）来自中华人民共和国水文年鉴《海河流域水文资料》。

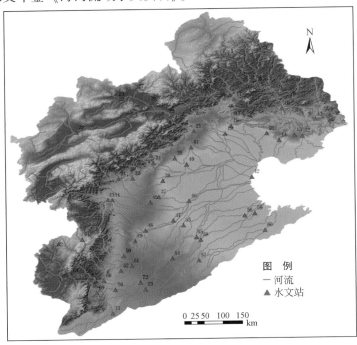

图 5-1 海河流域水文站点分布

表 5-1　数据说明

站点编号	站点名称	数据年限	河名	集水面积/km²	河系	水资源三级区	水资源二级区
1	沟台子	1960～2010	小滦河	1 890	滦河	滦河山区	滦河及冀东沿海
2	庙宫水库	1961～2010	伊逊河	2 400	滦河	滦河山区	滦河及冀东沿海
3	下河南	1960～2010	蚂蚁吐河	2 404	滦河	滦河山区	滦河及冀东沿海
4	波罗诺	1960～2010	兴洲河	1 378	滦河	滦河山区	滦河及冀东沿海
5	韩家营	1960～2010	伊逊河	6 787	滦河	滦河山区	滦河及冀东沿海
6	三道河子	1960～2010	滦河	17 100	滦河	滦河山区	滦河及冀东沿海
7	承德（二）	1960～2010	武烈河	2 460	滦河	滦河山区	滦河及冀东沿海
8	下板城	1968～2010	老牛河	1 615	滦河	滦河山区	滦河及冀东沿海
9	宽城	1974～2010	瀑河	1 661	滦河	滦河山区	滦河及冀东沿海
10	潘家口水库	1955～2006	滦河	33 700	滦河	滦河山区	滦河及冀东沿海
11	桃林口水库（河道二）	1960～2010	青龙河	5 250	滦河	滦河山区	滦河及冀东沿海
12	滦县	1956～2010	滦河	44 100	滦河	滦河平原及冀东沿海诸河	滦河及冀东沿海
13	石佛口	1966～2010	沙河	429	滦河	滦河平原及冀东沿海诸河	滦河及冀东沿海
14	唐山（二）	1977～2010	陡河	668	滦河	滦河平原及冀东沿海诸河	滦河及冀东沿海
15	三道营（河道）	1961～2010	黑河	1 600	潮白河	北三河山区	海河北系
16	张家坟（二）	1969～2010	白河	8 506	潮白河	北三河山区	海河北系
17	下会	1977～2010	潮河	5 340	潮白河	北三河山区	海河北系
18	三河（二）	1972～2010	泃河	2 230	潮白河	北四河下游平原	海河北系
19	赶水坝（上）	1972～2010	潮白河	17 627	潮白河	北四河下游平原	海河北系

站点编号	站点名称	数据年限	河名	集水面积/km²	河系	水资源三级区	水资源二级区
20	小定府庄（河道）	1977~2010	还乡河	1 060	潮白河	北四河下游平原	海河北系
21	卢沟桥	1953~2010	永定河	44 400	永定河	北四河下游平原	海河北系
22	固定桥	1973~2010	桑干河	15 803	永定河	永定河册田水库以上	海河北系
23	柴沟堡（东）（河道三）	1959~2010	东洋河	3 674	永定河	永定河册田水库至三家店区间	海河北系
24	柴沟堡（南）（二）	1959~2010	南洋河	2 903	永定河	永定河册田水库至三家店区间	海河北系
25	钱家沙洼（二）	1959~2010	壶流河	4 316	永定河	永定河册田水库至三家店区间	海河北系
26	石匣里（二）	1955~2010	桑干河	23 627	永定河	永定河册田水库至三家店区间	海河北系
27	张家口（三）	1960~2010	清水河	2 300	永定河	永定河册田水库至三家店区间	海河北系
28	响水堡	1956~2010	洋河	14 507	永定河	永定河册田水库至三家店区间	海河北系
29	官厅水库（坝下）	1956~2010	永定河	43 402	永定河	永定河册田水库至三家店区间	海河北系
30	阜平	1962~2010	沙河	2 210	大清河	大清河山区	海河南系
31	王快水库	1962~2010	沙河	3 770	大清河	大清河山区	海河南系
32	西大洋水库	1962~2010	唐河	4 420	大清河	大清河山区	海河南系
33	紫荆关	1962~2010	拒马河	1 760	大清河	大清河山区	海河南系
34	龙门水库	1962~2010	漕河	470	大清河	大清河山区	海河南系
35	安格庄水库	1962~2010	中易水	476	大清河	大清河山区	海河南系
36	张坊	1961~2010	拒马河	4 810	大清河	大清河山区	海河南系
37	北郭村	1962~2010	潴龙河	8 550	大清河	大清河淀西平原	海河南系
38	北辛店	1970~2010	清水河		大清河	大清河淀西平原	海河南系
39	北河店	1962~2010	南拒马河		大清河	大清河淀西平原	海河南系
40	新盖房	1970~2010	大清河	10 000	大清河	大清河淀西平原	海河南系
41	东茨村	1955~2010	白沟河		大清河	大清河淀西平原	海河南系
42	工农兵闸（上）	1971~2010	独流减河	32 700	大清河	大清河淀东平原	海河南系
43	平山（河道）	1962~2010	冶河	6 420	子牙河	子牙河山区	海河南系
44	黄壁庄水库（石津渠）	1955~2010	滹沱河	23 000	子牙河	子牙河山区	海河南系
45	北中山（二）	1962~2010	滹沱河	23 900	子牙河	子牙河平原	海河南系

续表

站点编号	站点名称	数据年限	河名	集水面积/km²	河系	水资源三级区	水资源二级区
46	献县（子新）（闸下）	1955～2010	子牙河	23 900	子牙河	子牙河平原	海河南系
47	衡水（二）	1962～2010	滏阳河	17 700	子牙河	子牙河平原	海河南系
48	艾辛庄（滏新）	1971～2010	滏阳河	16 900	子牙河	子牙河平原	海河南系
49	邢家湾（北）（河道六）	1971～2010	北澧河	8 140	子牙河	子牙河平原	海河南系
50	端庄（二）	1992～2006	沙河	2 280	子牙河	子牙河平原	海河南系
51	莲花口	1959～2010	永年洼		子牙河	子牙河平原	海河南系
52	张庄桥	1959～2010	滏阳河	1 000	子牙河	子牙河平原	海河南系
53	马朗（二）	1992～2010	清凉江		子牙河	黑龙港及运东平原	海河南系
54	临清	1953～2010	南运河	37 200	南运河	黑龙港及运东平原	海河南系
55	四女寺闸	1975～2010	南运河	37 200	南运河	黑龙港及运东平原	海河南系
56	庆云闸	1977～2010	南运河	37 200	南运河	黑龙港及运东平原	海河南系
57	刘桥闸（上）	1999～2010	徒骇河	4 444	徒骇马颊河	徒骇马颊河平原	徒骇马颊河
58	李家桥闸（上）	1999～2010	马颊河	5 393	徒骇马颊河	徒骇马颊河平原	徒骇马颊河
59	白鹤观闸（上）	1999～2010	德惠新河	3 182	徒骇马颊河	徒骇马颊河平原	徒骇马颊河
60	堡集闸（上）	1999～2010	徒骇河	10 250	徒骇马颊河	徒骇马颊河平原	徒骇马颊河
61	蔡家庄	1956～2010	清漳河东支	460	南运河	漳卫河山区	海河南系
62	榆社	1956～2000	榆社河	702	南运河	漳卫河山区	海河南系
63	刘家庄	1956～2010	清漳河	3 800	南运河	漳卫河山区	海河南系
64	石梁	1956～2010	浊漳河	9 652	南运河	漳卫河山区	海河南系
65	漳泽水库	1956～2010	浊漳河南支	3 146	南运河	漳卫河山区	海河南系
66	匡门口	1956～2010	清漳河	5 060	南运河	漳卫河山区	海河南系
67	天桥断	1958～2010	浊漳河	11 196	南运河	漳卫河山区	海河南系
68	观台	1956～2010	漳河	17 800	南运河	漳卫河山区	海河南系
69	横水	1956～2000	安阳河	562	南运河	漳卫河山区	海河南系
70	安阳	1956～2010	安阳河	1 484	南运河	漳卫河平原	海河南系
71	淇门	1953～2010	卫河	2 118	南运河	漳卫河平原	海河南系
72	蔡小庄	1983～2010	漳河	20 100	南运河	漳卫河平原	海河南系
73	元村	1956～2010	卫河	14 286	南运河	漳卫河平原	海河南系

5.2　地表径流变化特征

5.2.1　水文站点地表径流变化趋势

选取具有相对代表性的 73 个水文站点,分 0.1、0.05、0.01 和 0.001 四个显著性水平,在 1953～2010 年、1970～2010 年和 1980～2010 年三种时间尺度上进行 M-K 趋势检验,其结果如图 5-2～图 5-4 所示。

1953～2010 年,73 个水文站中地表径流量显著下降的站点共 54 个,占 73.98%。其中,0.05 水平上 7 个,占 9.59%;0.01 水平上 11 个,占 15.07%;0.001 水平上 36 个,占 49.32%。地表径流量显著上升的站点共 2 个,占 2.74%,均出现在海河南系,其中 0.1 和 0.01 水平各 1 个。地表径流量变化趋势达不到显著水平的站点 17 个,占 23.29%。

1970～2010 年,73 个水文站中,地表径流量显著下降的站点共 50 个,占 68.49%。其中,0.1 水平上 2 个,占 2.74%;0.05 水平上 13 个,占 17.81%;0.01 水平上 12 个,占 16.44%;0.001 水平上 23 个,占 31.51%。地表径流量显著上升的站点共 2 个,占 2.74%,其中 0.1 和 0.01 水平上各 1 个,分别占 1.37%。地表径流量变化趋势达不到显著水平的站点 21 个,占 28.77%。

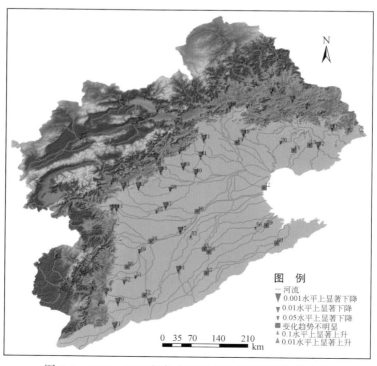

图 5-2　1953～2010 年各水文站点地表径流量趋势变化

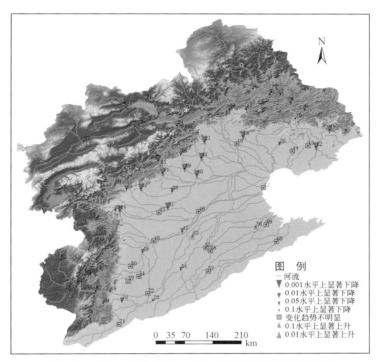

图 5-3　1970 ~ 2010 年各水文站点地表径流量趋势变化

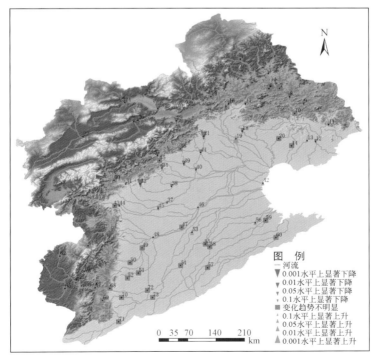

图 5-4　1980 ~ 2010 年各水文站点地表径流量趋势变化

1980~2010 年，73 个水文站中，地表径流量显著下降的站点共 29 个，占 39.73%。其中，0.1 水平上 6 个，占 8.22%；0.05 水平上 9 个，占 12.33%；0.01 水平上 7 个，占 9.59%；0.001 水平上 7 个，占 9.52%。地表径流量显著上升的站点共 7 个，占 9.59%，其中 0.1 和 0.05 水平上各 1 个，分别占 1.37%；0.01 水平上 3 个，占 4.11%；0.001 水平上 2 个，占 2.74。地表径流量变化趋势达不到显著水平的站点 37 个，占 50.68%。

5.2.2　区域地表径流变化趋势

在流域尺度上分海河流域，滦河及冀东沿海、海河北系、海河南系和徒骇马颊河四个子流域，以及上、下游（15 个水资源三级区）三种空间尺度，在 1961~2010 年和 1980~2010 年两个时间尺度做区域性 Kendall 分析，结果如表 5-2 和图 5-5~图 5-8 所示。

表 5-2　海河流域 1980~2010 年及 1961~2010 年不同空间尺度地表径流变化趋势

空间尺度		1980~2010 年			1961~2010 年		
		Z	p	平均趋势/a	Z	p	平均趋势/a
上、下游	滦河山区	−3.678	<0.01	−0.040	−8.218	<0.01	−0.058
	滦河平原及冀东沿海诸河	0.451	>0.1	—	−4.851	<0.01	−0.1738
	北三河山区	−2.699	<0.01	−0.082	−7.431	<0.01	−0.221
	北四河下游平原	−2.736	<0.01	−0.011	−8.929	<0.01	−0.288
	永定河册田水库以上	−2.074	<0.05	−0.158	−2.471	<0.05	−0.180
	永定河册田水库至三家店区间	−11.012	<0.01	−0.097	−15.810	<0.01	−0.141
	大清河山区	−5.632	<0.01	−0.084	−10.139	<0.01	−0.134
	大清河淀西平原	−5.453	<0.01	−0.029	−11.529	<0.01	−0.236
	大清河淀东平原	2.174	<0.05	0	0.031	>0.1	—
	子牙河山区	−1.551	>0.1	—	−6.81	<0.01	−0.505
	子牙河平原	2.433	<0.05	0.008	−6.929	<0.01	−0.135
	黑龙港及运东平原	1.220	>0.1	—	−5.164	<0.01	−1.033
	徒骇马颊河平原	1.620	>0.1	—	1.62	>0.1	—
	漳卫河山区	0.343	>0.1	—	−8.599	<0.01	−0.101
	漳卫河平原	0.692	>0.1	—	−5.925	<0.01	−0.263
子流域	滦河及冀东沿海	−3.013	<0.01	−0.03	−9.519	<0.01	−0.067
	海河北系	−10.798	<0.01	−0.077	−19.876	<0.01	−0.180
	海河南系	−2.826	<0.01	−0.002	−20.958	<0.01	−0.170
	徒骇马颊河	1.620	>0.1	—	1.62	>0.1	—
海河流域		−9.093	<0.01		−29.394	<0.01	−0.145

图 5-5　1960～2010 年海河子流域地表径流变化趋势

图 5-6　1980～2010 年海河子流域地表径流变化趋势

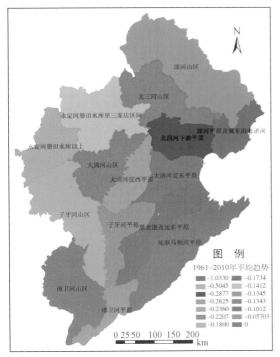

图 5-7　1960～2010 年海河子流域上、下游地表
径流变化趋势

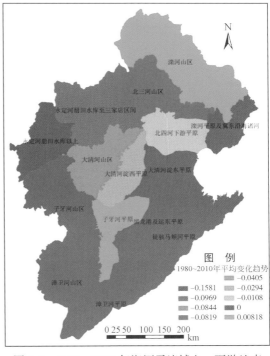

图 5-8　1980～2010 年海河子流域上、下游地表
径流变化趋势

不论在时间尺度还是在空间尺度上，海河流域径流量整体上呈下降趋势。在整个流域尺度上，1961～2010 年，每年的径流减少量为 0.145m³/s（$P<0.01$）；1980～2010 年，每年的径流减少量为 0.029m³/s（$P<0.01$）。在子流域水平上，1961～2010 年，四个子流域中三个子流域的地表径流在 0.01 水平上显著下降，其中滦河及冀东沿海年径流减少量为 0.067m³/s、海河北系年径流减少量为 0.180m³/s、海河南系年径流减少量为 0.002m³/s。1980～2010 年，四个子流域中三个子流域的地表径流在 0.01 水平上显著下降，其中滦河及冀东沿海年径流减少量为 0.03m³/s、海河北系年径流减少量为 0.077m³/s、海河南系年径流减少量为 0.002m³/s。

在上、下游尺度上，1961～2010 年，15 个上、下游区域仅徒骇马颊河平原及大清河淀东平原地表径流的变化趋势不显著，永定河册田水库以上在 0.05 水平上地表径流显著下降，其他的 12 个上、下游区域地表径流均在 0.01 水平上显著下降。1980～2010 年，15 个上、下游区域中，滦河平原及冀东沿海诸河、子牙河山区、黑龙港及运东平原、漳卫河山区、漳卫河平原地表径流的变化趋势不显著，永定河册田水库以上地表径流在 0.05 水平上显著下降，大清河淀东平原和子牙河平原地表径流在 0.05 水平上显著增大，其他的 7 个上、下游区域地表径流均在 0.01 水平上显著下降。

本研究结果与已有相关研究结果相似。Wang 等（2013）研究发现，滦河、滹沱河和漳河径流在 99% 的置信水平上显著下降，潮河地表径流在 90% 的置信水平上显著下降。刘茂峰等（2011）研究发现，大清河白洋淀流域阜平、王快水库、倒马关、中唐梅、西大洋水库、紫荆关、北河店和新盖房 8 个站点，除新盖房地表径流下降趋势没有达到 0.05 显著水平外，其他 7 个站点地表径流均显著下降。海河流域相关水文站点年径流趋势变化研究结果如表 5-3 所示。

表 5-3　海河流域水文站年径流趋势变化分析

河系	站点	数据年限	研究方法	Z	显著性水平	参考文献
滦河	滦县	1957～2000	M-K 检验	-2.64	$P<0.01$	Wang et al., 2013
	韩家营	1956～2001	M-K 检验		$P<0.05$	Xu et al., 2014
	三道河子	1956～2002	M-K 检验		$P<0.001$	Xu et al., 2014
	大河口	1956～2005	M-K 检验		$P<0.001$	Xu et al., 2014
	白城子	1956～2005	M-K 检验		$P<0.01$	Xu et al., 2014
潮河	戴营	1957～2000	M-K 检验	-1.73	$P<0.1$	Wang et al., 2013
	戴营	1956～2005	M-K 检验		$P<0.001$	Xu et al., 2014
	戴营	1956～2000	M-K 检验	-2.26	$P<0.05$	姚治君等，2003
白河	大阁	1956～1998	M-K 检验		$P<0.01$	Xu et al., 2014
	下堡	1956～2000	M-K 检验	-2.11	$P<0.05$	姚治君等，2003
	下堡	1956～2005	M-K 检验		$P<0.001$	Xu et al., 2014
黑河	三道营	1956～2000	M-K 检验	-5.31	$P<0.001$	姚治君等，2003
白河	张家坟	1956～2000	M-K 检验	-4.20	$P<0.001$	姚治君等，2003

续表

河系	站点	数据年限	研究方法	Z	显著性水平	参考文献
潮白河	苏庄	1956~2000	M-K 检验	-4.10	$P<0.001$	姚治君等，2003
永定河	张家口	1956~2000	M-K 检验		$P<0.001$	Xu et al.，2014
	响水堡	1956~2003	M-K 检验	-7.06	$P<0.001$	丁爱中等，2013
	丰镇	1956~2000	M-K 检验		$P<0.001$	Xu et al.，2014
	官厅水库	1956~2003	M-K 检验	-7.84	$P<0.001$	丁爱中等，2013
	石匣里	1956~2003	M-K 检验	-7.87	$P<0.001$	丁爱中等，2013
	石匣里	1956~2005	M-K 检验		$P<0.001$	Xu et al.，2014
滹沱河	小觉	1957~2000	M-K 检验	-3.57	$P<0.01$	Wang et al.，2013
沙河	阜平	1958~2002	M-K 检验	-2.93	$P<0.01$	刘茂峰等，2011
	阜平	1958~2005	M-K 检验		$P<0.001$	Xu et al.，2014
大清河	张坊	1956~2005	M-K 检验		$P<0.001$	Xu et al.，2014
拒马河	紫荆关	1950~2002	M-K 检验	-4.86	$P<0.001$	刘茂峰等，2011
	紫荆关	1956~2005	M-K 检验		$P<0.001$	Xu et al.，2014
唐河	中唐梅	1959~2002	M-K 检验		$P<0.01$	Xu et al.，2014
	中唐梅	1959~2002	M-K 检验	-2.61	$P<0.01$	刘茂峰等，2011
	倒马关	1957~2002	M-K 检验		$P<0.001$	Xu et al.，2014
	倒马关	1957~2002	M-K 检验	-5.22	$P<0.001$	刘茂峰等，2011
大清河	南庄	1956~2000	M-K 检验		$P<0.001$	Xu et al.，2014
沙河	王快水库	1961~2002	M-K 检验	-2.50	$P<0.05$	刘茂峰等，2011
唐河	西大洋水库	1960~2009	M-K 检验	-5.51	$P<0.001$	刘茂峰等，2011
南拒马河	北河店	1951~2002	M-K 检验	-4.02	$P<0.001$	刘茂峰等，2011
白沟引河	新盖房	1970~2002	M-K 检验	-1.64	$P<0.001$	刘茂峰等，2011
子牙河	平山	1956~1998	M-K 检验		$P<0.001$	Xu et al.，2014
	微水	1956~1998	M-K 检验		$P<0.001$	Xu et al.，2014
	地都	1956~2000	M-K 检验		$P<0.001$	Xu et al.，2014
漳河	匡门口	1957~1998	M-K 检验		$P<0.001$	Xu et al.，2014
	天桥断	1956~2005	M-K 检验		$P<0.001$	Xu et al.，2014
	观台	1957~2000	M-K 检验	-3.83	$P<0.001$	Wang et al.，2013

　　Wang 等（2013）研究发现，滦县站地表径流在 0.01 水平上显著下降，本研究结果是在 0.001 水平上显著下降。对白河张家坟站的研究结果与姚治君等（2003）的研究结果一致，均在 0.001 水平上地表径流显著下降。丁爱中等（2013）根据永定河流域石匣里站、响水堡站和官厅水库站 1956~2003 年的年径流资料，应用 M-K 检验法、Pettitt 检验法分析了永定河流域年径流量趋势变化，其结论与本研究的结论吻合。大清河流域的沙河王快水库站地表径流在 0.001 水平上显著下降，刘茂峰等（2011）对 1961~2010 年的数据进

行分析后发现，地表径流在 0.05 水平上显著下降。子牙河流域平山站地表径流在 0.001 水平上显著下降，结果与 Xu 等（2014）的研究结果一致。漳河观台站地表径流的变化趋势与 Wang 等（2013）的研究结果一致，在 0.001 水平上显著下降。通过 M-K 趋势检验，结合前人研究结果，海河流域在过去近 60 年间，径流发生显著下降。

5.2.3　地表径流突变点检测

采用 Pettitt 非参数突变点检测方法对流域内部分有代表性、数据连续且序列较长的站点在 50 年以上、40 年以上和 30 年以上的时间尺度上进行突变点检测，检测结果如表 5-4 所示。

表 5-4　30 年、40 年和 50 年序列年径流变点检测结果

河系	站点名称	1980~2010 年可能突变时间	1970~2010 年可能突变时间	1960~2010 年可能突变时间
滦河	沟台子	1999（＊＊）	1999（＊＊）	1974(＊)，1999(＊＊)
	下河南	1998（＊＊＊）	1998（＊＊＊）	
	波罗诺	1998（＊＊＊）	1998（＊＊＊）	
	三道河子	1998（＊＊＊）	1998（＊＊＊）	
	承德	1998（＊＊）	1998（＊＊＊）	
	下板城	1998（＊＊＊）	1996（＊＊＊）	
	宽城	1998（＊＊）		
	潘家口	—		1979（＊），1999（＊）
	桃林口水库	1996（＊＊＊）	1996（＊＊＊）	
	滦县	1998（＊＊）	1979（＊＊），1996（＊＊＊）	1979（＊＊＊），1996（＊＊＊）
	石佛口	—	—	
	唐山	1988（＊＊）（上升）		
潮白河	三道营	—	1998（＊＊）	1979（＊＊），1998（＊＊）
	张家坟	1998（＊＊＊）	1982（＊＊＊），1998（＊＊＊）	
	下会	1998（＊＊＊）		
	三河	1998（＊＊＊）		
	小定府庄	1998（＊＊＊）		

续表

河系	站点名称	1980~2010 年可能突变时间	1970~2010 年可能突变时间	1960~2010 年可能突变时间
永定河	卢沟桥	1985（＊＊＊）	1985（＊＊＊）	1980（＊＊＊）
	柴沟堡（东）	—	1983（＊＊）	
	柴沟堡（南）	1998（＊＊＊）	1986（＊＊＊），1996（＊＊＊）	
	钱家沙洼	1992（＊＊＊）	1992（＊＊＊）	
	石匣里	1983（＊＊＊）	1983（＊＊＊）	
	张家口	1980（＊＊＊）	1980（＊＊），1998（＊＊＊）	
	响水堡	1998（＊＊＊）	1984（＊＊＊），1998（＊＊＊）	1982（＊＊＊）
	官厅水库	1999（＊＊＊）	1984（＊＊＊）	1984（＊＊＊）
大清河	阜平	—	—	1982（＊＊＊），1996（＊）
	王快水库	1997（＊）	1997（＊＊）	
	西大洋水库	1997（＊＊＊）	1997（＊＊＊）	1979（＊＊＊），1998（＊＊＊）
	紫荆关	2000（＊＊＊）	2000（＊＊＊）	
	龙门水库	1998（＊＊＊）	1997（＊＊＊）	1979（＊＊＊），1998（＊＊＊）
	安各庄水库	2001（＊＊）	2001（＊＊）	
	北郭村	—	1979（＊＊）	1979（＊＊＊），1995（＊＊＊）
	北辛店	1997（＊＊＊）	1996（＊＊＊）	
	北河店	1999（＊＊＊）	1998（＊＊＊）	
	新盖房	2000（＊＊）	1998（＊＊＊）	
	东茨村	2000（＊＊＊）	1980（＊＊＊），1998（＊＊＊）	1980（＊＊＊），1998（＊＊＊）
子牙河	平山	—	1983（＊＊）	
	献县（子新，闸下）	—	—	
	黄壁庄水库（石津渠）	1998（＊＊）		
	北中山	1994（＊＊）（上升）		
	艾辛庄	—		
	邢家湾	1985（＊＊＊）	1985（＊＊＊）	

河系	站点名称	1980~2010 年可能突变时间	1970~2010 年可能突变时间	1960~2010 年可能突变时间
漳卫南运河	临清	—	1977（＊＊）	
	庆云闸	1999（＊＊）（上升）		
	匡门口	2001（＊＊）	1996（＊＊＊）	
	天桥断	—	1990（＊＊＊）	
	观台	—	1977（＊＊）	1977（＊＊＊）
	元村	—	1977（＊＊＊）	1977（＊＊＊）

＊表示 P<0.1；＊＊表示 P<0.05；＊＊＊表示 P<0.01；—表示变化不显著；空格表示数据系列不够，未做分析

50 年以上径流突变共分析 14 个站点，其中滦河流域 3 个，分别为沟台子站、潘家口站和滦县站；潮白河流域 1 个，为三道营站；永定河流域 3 个，分别为卢沟桥站、响水堡站和官厅水库站；大清河流域 5 个，分别为阜平站、西大洋水库站、龙门水库站、北郭村站和东茨村站；子牙河流域数据序列不符合要求，未做分析；漳卫南运河流域 2 个，分别为观台站和元村站。从检测结果（表 5-4）来看，滦河的 3 个站点、潮白河 1 个站点、大清河 5 个站点均有 2 个突变点，占到检测站点的 57.1%，分别发生在 1980 年左右和 2000 年左右。永定河和漳卫南运河均检测到 1 个变点，占检测站点的 14.3%，基本发生在 1980 年前后。

40 年以上径流突变共分析 36 个站点，其中滦河流域 8 个，分别为沟台子站、下河南站、波罗诺站、三道河子站、承德站、下板城站、桃林口水库站、滦县站；潮白河流域 2 个，为三道营站和张家坟站；永定河流域 8 个，分别为卢沟桥站、柴沟堡（东）站、柴沟堡（南）站、钱家沙洼站、石匣里站、张家口站、响水堡站和官厅水库站；大清河流域 10 个，分别为王快水库站、西大洋水库站、紫荆关站、龙门水库站、安各庄水库站、北郭村站、北辛店站、北河店站、新盖房站和东茨村站；子牙河流域 2 个，分别为平山站和邢家湾站；漳卫南运河流域 5 个，分别为临清站、匡门口站、天桥断站、观台站和元村站。从检测结果（表 5-4）来看，滦河滦县站，潮白河张家坟站，永定河柴沟堡（南）站、张家口站、响水堡站，大清河东茨村站均发生 2 次突变，占检测站点的 16.7%，时间分别在 1980 年左右和 2000 年左右。其他 30 个站点均检测到 1 个突变点，占检测站点的 83.3%，时间 1980 年左右或 2000 年前后。

30 年以上径流突变共分析 35 个站点，其中滦河流域 10 个，分别为沟台子站、下河南站、波罗诺站、三道河子站、承德站、下板城站、宽城站、桃林口水库站、滦县站和唐山站；潮白河流域 4 个，分别为张家坟站、下会站、三河站和小定府庄站；永定河流域 7 个，分别为卢沟桥站、柴沟堡（南）站、钱家沙洼站、石匣里站、张家口站、响水堡站和官厅水库站；大清河流域 9 个，分别为王快水库站、西大洋水库站、紫荆关站、龙门水库站、安各庄水库站、北辛店站、北河店站、新盖房站和东茨村站；子牙河流域 3 个，分别为黄壁庄水库（石津渠）、北中山和邢家湾站；漳卫南运河流域 2 个，分别为庆云闸站和匡门口站。从检测结果（表 5-4）来看，所有站点均检测到突变点，其中 32 个站点检测到

径流下降的突变点，占检测站点的 91.4%，时间均发生在 2000 年前后。滦河唐山站、子牙河北中山站和漳卫南运河庆云闸站检测到上升突变点，这 3 个站点均位于流域的下游，其水文站点均位于城市的下游区，推测出现流量增加的原因是由于城市污水排放增加所致。

综上，海河流域山区在过去的 50 年中，部分流域径流发生 2 次突变，时间分别在 1980 年左右和 2000 年左右，近 30 年径流发生 1 次突变，时间为 1980 年前后。

已有的相关研究也发现相似的规律，仅突变年份略有差别。Xu 等（2014）分析了海河上游山区 33 个集水区年径流发生突变的时间，33 个站点中有 32 个都发生在 20 世纪 70 年代末、80 年代初。刘茂峰等（2011）研究发现，1979 年是大清河大多数水文站径流发生突变的年份，Bao 等（2012a）的研究也得出类似的结果（图 5-9）。

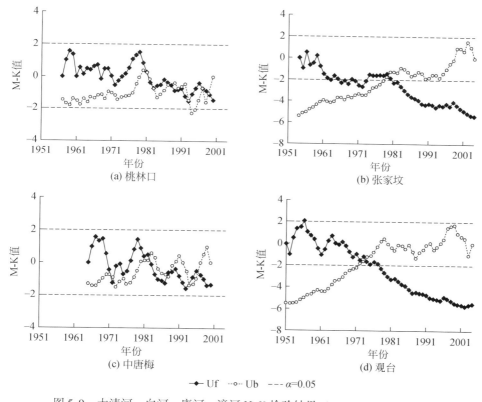

图 5-9　大清河、白河、唐河、漳河 M-K 检验结果（Bao et al.，2012b）

王刚等（2011）对滦县站的研究得出滦河可能出现两次突变的结论，但其第一个可能发生突变的时间是 1959 年，比本研究得出的第一个可能突变时间提前了 20 年，第二个可能突变的时间与本研究得出的结论一致。Wang 等（2013）利用 1957～2000 年的数据也得出了 1979 年发生突变的结论，与本研究的第一个可能突变时间结论一致。对白河张家坟站的研究结果与前人的研究结果也有一定差异，本研究得出 1982 年和 1998 年均可能是突变点发生的时间，已有的研究结果仅 1980 年左右是其发生突变的时间（郑江坤，2011；

Bao et al., 2012a; Bao et al., 2012b; 赵阳等, 2012)。本研究中潮河下会站的突变时间与 Bao 等 (2012b) 的结论一致, 发生在 20 世纪 90 年代末, 也有人发现其突变发生在 1979 年 (郑江坤, 2011; 赵阳等, 2012)。本研究中永定河官厅水库的突变时间与丁爱中等 (2013) 研究的结果相差一年, 但均发生在 80 年代初期。大清河王快水库站和龙门水库站在 70 年代末、80 年代初, 即 1980 年前后和 1998 年前后均可能发生突变, 王快水库站第一个突变点时间与刘茂峰等 (2011) 的结论吻合。子牙河平山站相比其他研究结果 (Yang and Tian, 2009; Xu et al., 2014), 突变时间向后推迟了 8 年。对漳河观台站研究得出的结论与 Wang 等 (2013) 的结论一致, 相比 Bao 等 (2012a; 2012b) 的研究结果, 向后推迟了 4 年。海河流域相关水文站点年径流突变研究结果如表 5-5 所示。

表 5-5 海河流域水文站点年径流突变点分析

河系	水文站	研究时段	可能突变年份	参考文献
滦河	滦县	1956~2008	1959, 1996	王刚等, 2011
	滦县	1957~2000	1979	Wang et al., 2013
	桃林	1957~2000	1980	Bao et al., 2012a; Bao et al., 2012b
	三道河子	1954~2000	1965	Bao et al., 2012b
	三道河子	1956~2002	1975 ($P<0.05$)	Xu et al., 2014
	潘家口水库	1956~2005	1980	Xu et al., 2013
	大河口	1956~2005	1975 ($P<0.05$)	Xu et al., 2014
	白城子	1956~2005	1976 ($P<0.01$)	Xu et al., 2014
潮白河	张家坟	1956~2009	1979	郑江坤, 2011
	张家坟	1954~2004	1980	Bao et al., 2012a; Bao et al., 2012b
	张家坟	1956~2008	1979	赵阳等, 2012
	下会	1956~2009	1979	郑江坤, 2011
	下会	1961~2004	1999	Bao et al., 2012b
	下会	1956~2008	1979	赵阳等, 2012
	戴营	1956~2005	1979 ($P<0.05$)	Xu et al., 2014
	大阁	1956~1998	1978 ($P<0.01$)	Xu et al., 2014
	大阁	1960~1999	1980	Yang and Tian, 2009
	下堡	1956~2005	1980 ($P<0.001$)	Xu et al., 2014
永定河	石匣里	1956~2003	1983	丁爱中等, 2013
	石匣里	1950~2004	1977	Bao et al., 2012b
	石匣里	1956~2005	1983 ($P<0.001$)	Xu et al., 2014
	石匣里	1960~1999	1978	Yang and Tian, 2009
	响水堡	1956~2003	1982	丁爱中等, 2013
	响水堡	1960~1999	1979	Yang and Tian, 2009
	响水堡	1951~2004	1984	Bao et al., 2012b
	官厅水库	1956~2003	1983	丁爱中等, 2013
	张家口	1956~2000	1980 ($P<0.01$)	Xu et al., 2014
	柴沟堡	1956~2004	1982 ($P<0.01$)	Xu et al., 2014

续表

河系	水文站	研究时段	可能突变年份	参考文献
大清河	紫荆关	1956~2005	1980（$P<0.001$）	Xu et al.，2014
	紫荆关	1950~2000	1970	Bao et al.，2012b
	紫荆关	1950~2002	1965（$P<0.01$）	刘茂峰等，2011
	倒马关	1957~2002	1983（$P<0.01$）	Xu et al.，2014
	倒马关	1957~2000	1968	Bao et al.，2012b
	倒马关	1957~2002	1979（$P<0.01$）	刘茂峰等，2011
	阜平	1958~2005	1980（$P<0.05$）	Xu et al.，2014
	阜平	1958~2002	1979（$P<0.05$）	刘茂峰等，2011
	南庄	1956~2000	1980（$P<0.05$）	Xu et al.，2014
	王快水库	1961~2002	1980（$P<0.05$）	刘茂峰等，2011
	西大洋水库	1960~2009	1988（$P<0.01$）	刘茂峰等，2011
子牙河	平山	1956~1998	1978（$P<0.001$）	Xu et al.，2014
	平山	1960~1999	1978	Yang and Tian，2009
	微水	1956~1998	1976（$P<0.001$）	Xu et al.，2014
	微水	1956~2000	1972	Bao et al.，2012b
	小觉	1956~2000	1974	Bao et al.，2012b
	小觉	1957~2000	1979	Wang et al.，2013
	小觉	1960~1999	1979	Yang and Tian，2009
	地都	1956~2000	1979（$P<0.001$）	Xu et al.，2014
漳河	匡门口	1957~1998	1978（$P<0.01$）	Xu et al.，2014
	天桥断	1956~2005	1978（$P<0.001$）	Xu et al.，2014
	观台	1951~2004	1973	Bao et al.，2012a；Bao et al.，2012b
	观台	1957~2000	1977	Wang et al.，2013
	淇门	1957~1996	1973	Bao et al.，2012b

造成突变时间不一致的原因主要包括三个方面，一是研究数据的时间序列不一致，二是突变分析的方法不同，三是选取的显著性水平不一致。总体来说，海河流域大部分的河流在 20 世纪 70 年代末至 80 年代初（1977~1984 年）流域径流可能发生突变，20 世纪末（1996~1999 年）也可能发生突变。

5.3 地表径流变化原因及影响

气候变化和人类活动被认为是驱动水文循环发生改变的两大主要因素（Bao et al.，2012b）。因此研究流域水文对气候和土地利用/覆被变化的响应关系对提高流域水资源管理和土地管理尤为重要。气候变化包括降水和由气温变化引起的潜在蒸散发变化（Xu et al.，2014）；人类活动包括直接人类活动和间接人类活动。径流变化、气候变化、地表覆被变化和人类活动之间的关系如图 5-10 所示。

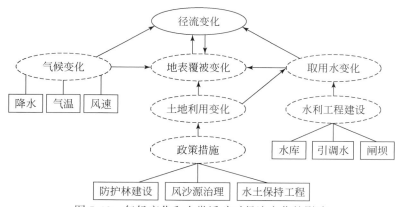

图 5-10　气候变化和人类活动对径流变化的影响

5.3.1 气候变化

　　收集海河流域 104 个气象、雨量站（图 5-11）1961～2010 年降水数据，在海河流域的滦河山区、潮白河山区、永定河山区、子牙河山区、大清河山区及漳河山区进行降水和气温的 M-K 检验、R-K 检验及 Pettitt 突变点分析。

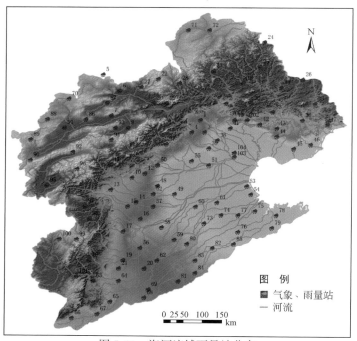

图 5-11　海河流域雨量站分布

5.3.1.1 降水

降水 M-K 检验表明，1961～2010 年，海河流域参与分析的 6 个子流域的上游山区，降水均呈现减少的趋势，但仅漳河山区达到 0.05 显著性水平（表 5-6）。其突变检测也没有达到显著性水平（图 5-12）。

表 5-6　海河流域 6 个子流域上游山区降水 M-K 趋势检验结果

站点编号	数据年限	河系	水资源三级区	Z	p
23，24，25，26，31，32，33，34，35，36，71，72	1961～2010	滦河	滦河山区	-0.89	
2，22，23，28，29，31	1961～2010	潮白河	潮白河山区	-0.69	
5，6，7，8，22，27，29，30，70，86，87，88，89，90，91，92，93，94	1961～2010	永定河	永定河山区	-0.52	
13，90，92，95，96，97，98	1961～2010	子牙河	子牙河山区	-0.97	
4，9，10，11，12，13，37，50，94	1961～2010	大清河	大清河山区	-0.64	
18，63，99，100，101	1961～2010	漳卫南运河	漳河山区	-2.02	<0.05

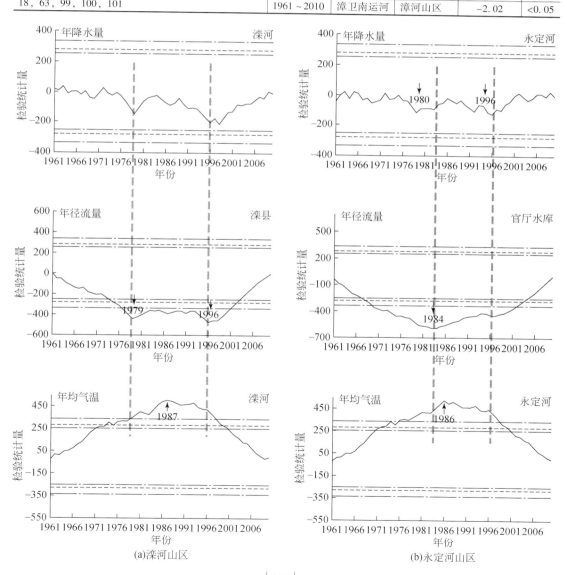

(a)滦河山区　　　　　　　　　　　　　(b)永定河山区

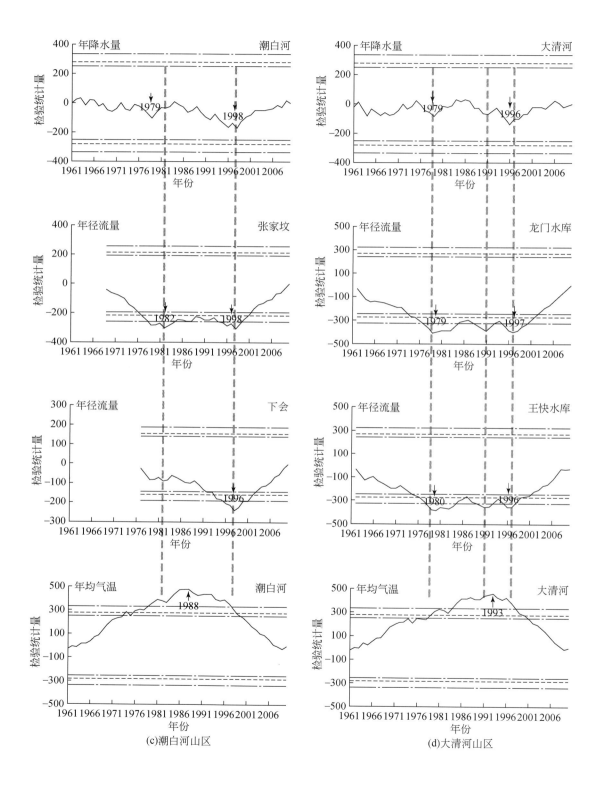

(c)潮白河山区   (d)大清河山区

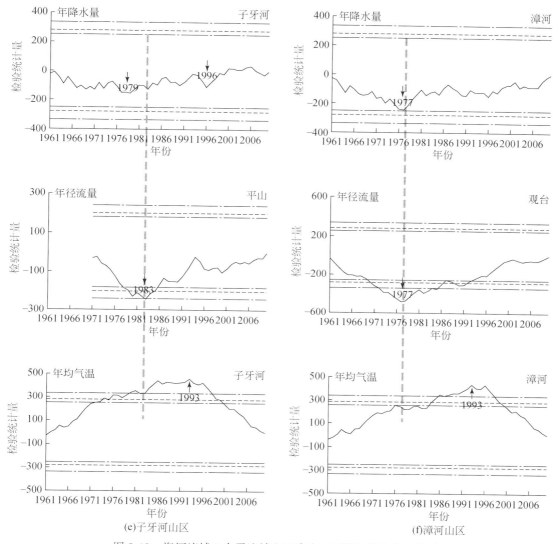

图 5-12 海河流域 6 个子流域山区降水、气温和径流突变检测

R-K 趋势分析结果表明，参与检测的区域，1961～2010 年降水在不同的显著性水平上均发生减小（表 5-7）。其中滦河山区和永定河山区在 0.1 显著性水平上减小，北三河山区、大清河山区、子牙河山区和漳河山区在 0.05 显著性水平上减小。

表 5-7 海河流域 6 个子流域山区上游降水区域性检验结果

流域名称	面积/km²	平均趋势/（mm/a）	Z	p
滦河山区	43 530.4	−0.586	−1.772	<0.1
北三河山区	22 845.9	−1.394	−4.472	<0.05
永定河山区	44 997.1	−0.462	−1.876	<0.1

流域名称	面积/km²	平均趋势/(mm/a)	Z	p
大清河山区	18 564.6	−0.878	−1.976	<0.05
子牙河山区	30 842.3	−0.968	−2.155	<0.05
漳河山区	26 136.6	−1.991	−3.77	<0.05

滦河、潮白河、永定河、大清河、子牙河和漳河6个流域降水和径流的变化趋势见图5-13。由图5-13可知，流域径流减小的趋势明显大于降水。Cong等（2010）收集了海河19个气象站、516个雨量站的数据进行分析后发现，海河流域1956~2005年降水减少2.096mm/a、1956~1985年降水减少3.66mm/a、1986~2000年降水减少1.80mm/a。研究发现，滦河、滹沱河和漳河流域降水呈下降趋势，但仅滹沱河达到95%的置信水平，其他三个流域降水变化趋势不明显（Wang et al.，2013），而1981年是大清河流域降水减少

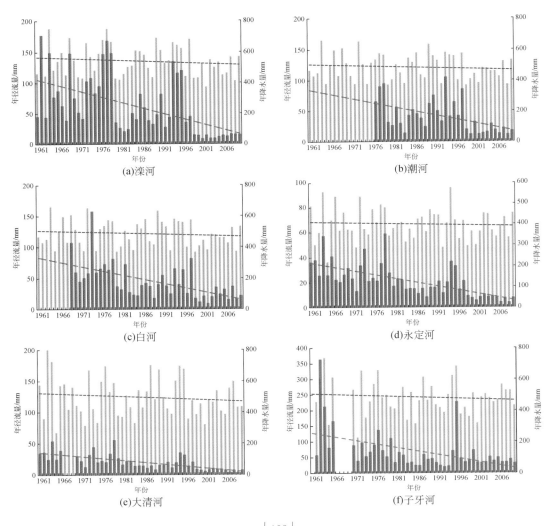

(a)滦河　　(b)潮河　　(c)白河　　(d)永定河　　(e)大清河　　(f)子牙河

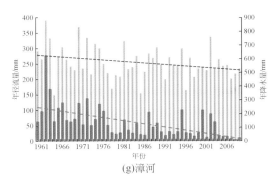

(g)漳河

图 5-13 海河流域 1961 ~ 2010 年降水和径流曲线

红色代表径流，蓝色代表降水

的转折点（刘茂峰等，2011）。Bao 等（2012b）对滦河、潮白河和漳河降水 1951 ~ 2007 年 M-K 突变点分析发现，1979 年海河流域年降水量发生突变（图 5-14），引起年降水量发生突变的主要原因是夏季降水减少。

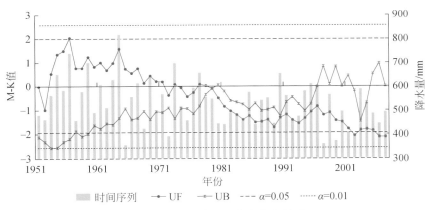

图 5-14 海河流域滦河、潮白河和漳河的降水突变检验（Bao et al.，2012b）

本研究结果与前人研究结果有一定差异，分析其原因可能包括以下几个方面，一是采用的数据不同，包括数据的系列长度、雨量站的数量等；二是采用的分析方法不同，造成结果上的差异；三是每个研究人员选取的区域尺度不一致，造成研究结果的不一致。总的来说，海河流域近 50 年降水减少是不争的事实，降水是引起各个子流域径流减少的一个重要原因。

5.3.1.2 降水和径流关系

人类活动对径流的影响主要通过下垫面变化和取用水变化来实现。若流域下垫面没有发生变化，河川径流量只受降水影响（极端降水时间除外），降水-径流关系曲线只会发生上下平移，斜率基本保持不变；若斜率发生改变，降水-径流曲线发生偏转，说明流域下垫面发生了变化（Ming and Jingjie，2008；郝芳华等，2004）。为分析海河流域人类活动对河川径流量的影响，将 1961～2010 年实测降水和径流数据以可能突变时间为节点，绘制降水–径流关系图，进行线性分析（图 5-15）。

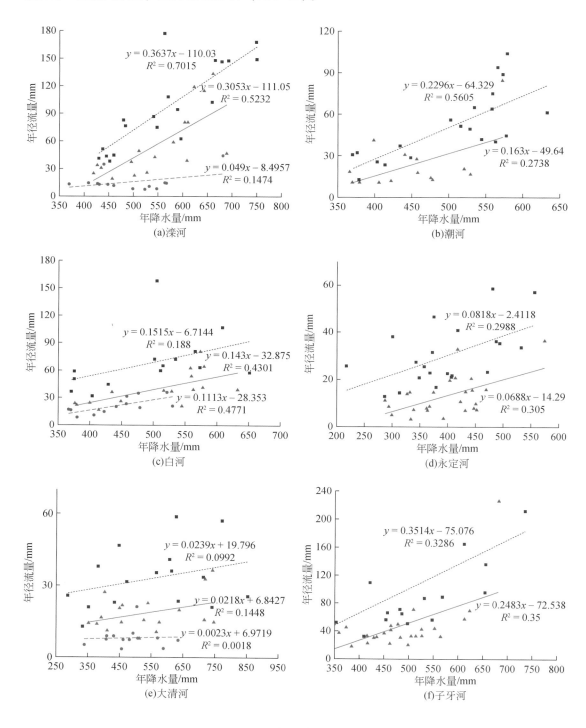

(a)滦河　(b)潮河　(c)白河　(d)永定河　(e)大清河　(f)子牙河

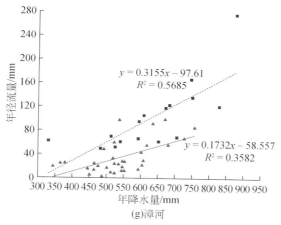

$$y = 0.3155x - 97.61$$
$$R^2 = 0.5685$$

$$y = 0.1732x - 58.557$$
$$R^2 = 0.3582$$

(g)漳河

图 5-15　海河流域 6 个子流域上游山区降水与径流的关系

潮白河分为潮河和白河分别分析

参与分析的 6 个子流域的上游山区，其径流和降水的关系为每个突变点之前的趋势线都在突变点之后的趋势线的上方，说明径流在突变前受到降水的影响较突变后更为显著。在滦河、潮河和漳河流域其突变前 R 值大于突变后 R 值，也说明突变前径流受降水的影响大于突变后。本研究降水和径流关系的研究结果与前人的研究结果基本一致，仅部分河流的相关性没有前人研究结果显著。

研究表明，降水与蒸发是影响滦河径流减少的主要因素（王刚等，2011）。Bao 等（2012b）对海河流域 12 个站点降水和径流数据进行分析后发现，每一个流域 1980 年后的降水值低于 1980 年前（图 5-16）。这也就说明在同等降水条件下，1980 年后产生的径流

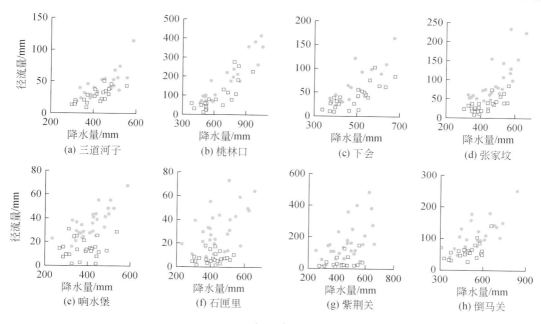

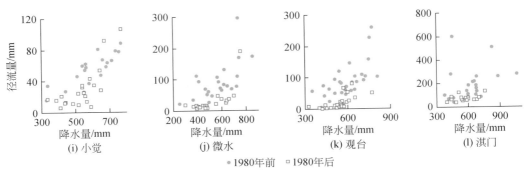

(i) 小觉   (j) 微水   (k) 观台   (l) 淇门

• 1980年前   □ 1980年后

图 5-16   12 个流域 1980 年前后降水和径流关系图（Bao et al.，2012b）

量低于 1980 年前产生的径流量，类似的规律和结论在滦河、潮河、子牙河流域的滹沱河及漳河（Wang et al.，2013）也有发现（图 5-17）。突变后降水对径流的影响减小，其他影响因素增大。

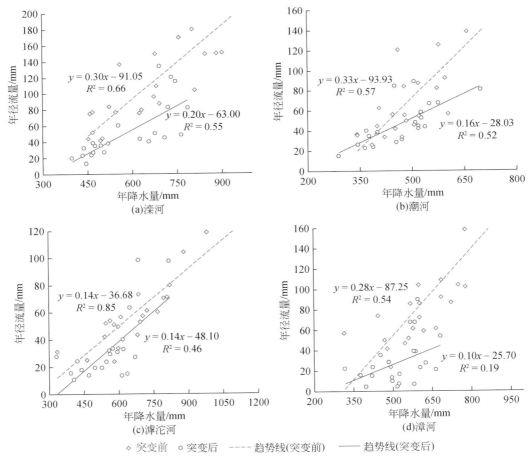

◇ 突变前   ○ 突变后   ----- 趋势线(突变前)   —— 趋势线(突变后)

图 5-17   滦河、潮河、滹沱河及漳河突变前后降水和径流关系图（Wang et al.，2013）

Yang 和 Tian（2009）对海河流域的 8 个子流域进行研究发现，降水和径流关系在突变点之前比突变点之后更加显著，如突变之前的 R_1^2 比突变之后 R_2^2 大（图 5-18），说明突变后径流受降水的影响程度减小，受人类活动（如下垫面的驱动因素）的影响程度增大。突变之后的回归趋势线普遍位于突变之前的趋势线下方，这也说明在同等降水情况下，突变后产生的径流量要小于突变前产生的径流量。说明这一区域人类活动对径流的影响程度在增强，人类活动是流域径流减小的重要驱动因素。

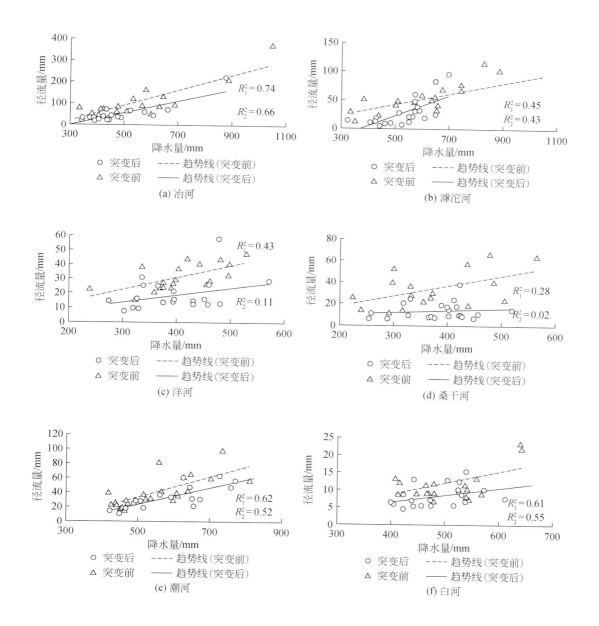

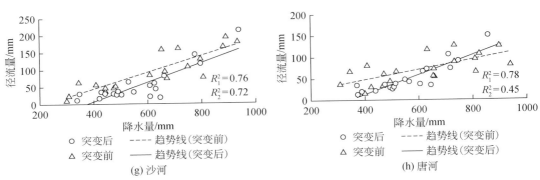

图 5-18　海河流域 8 个子流域突变前后降水和径流关系图（Yang and Tian，2009）

5.3.1.3　气温

　　海河流域 6 个子流域上游山区气温 M-K、R-K 和 Pettitt 突变结果如表 5-8、表 5-9 和图 5-12 所示。1961～2010 年，6 个子流域上游山区气温均在 0.001 水平上显著性升高，升高幅度为 0.019～0.033℃/a，且在 20 世纪 80 年代末、90 年代初发生突变。

表 5-8　海河流域 6 个子流域上游山区气温 M-K 趋势检验结果

站点编号	数据年限	河系	区域	Z	p
23，24，25，26，31，32，33，34，35，36，71，72	1961～2010	滦河	滦河山区	4.60	<0.001
2，22，23，28，29，31	1961～2010	潮白河	潮白河山区	4.18	<0.001
5，6，7，8，22，27，29，30，70，86，87，88，89，90，91，92，93，94	1961～2010	永定河	永定河山区	4.77	<0.001
13，90，92，95，96，97，98	1961～2010	子牙河	子牙河山区	4.40	<0.001
4，9，10，11，12，13，37，50，94	1961～2010	大清河	大清河山区	4.02	<0.001
18，63，99，100，101	1961～2010	漳卫南运河	漳河山区	3.48	<0.001

表 5-9　海河流域 6 个流域山区上游气温 R-K 检验结果

流域名称	面积/km²	均趋势/(℃/a)	Z	p
滦河山区	43530.4	0.028	14.027	<0.01
北三河山区	22845.9	0.033	15.187	<0.01
永定河山区	44997.1	0.032	17.452	<0.01
大清河山区	18564.6	0.019	9.086	<0.01
子牙河山区	30842.3	0.020	10.35	<0.01
漳河山区	26136.6	0.020	8.462	<0.01

Cong 等（2010）分析后发现，海河流域 1956 ~ 2005 年气温升高 0.035℃/a。刘茂峰等（2011）发现，1981 年是大清河流域气温升高的转折点。对 1951 ~ 2007 年滦河、潮白河和漳河年平均气温 M-K 突变分析发现，1991 年发生突变（Bao et al.，2012b）（图 5-19）。潮白河流域气温在 1956 ~ 2009 年呈现显著上升趋势，且在 1991 年发生突变（郑江坤，2011）。

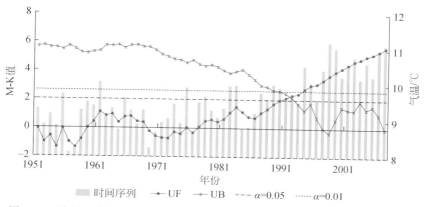

图 5-19 滦河、潮白河和漳河年平均气温 M-K 突变检验（Bao et al.，2012b）

5.3.2 人类活动

5.3.2.1 社会经济

社会经济发展对流域径流的影响主要通过改变取用水量来实现。随着流域人口、经济和农业活动的发展，满足生活和工农业生产的用水量也随之发生变化。华北平原是我国三大粮食生产基地之一，1980 ~ 2010 年农业灌溉水量如图 5-20 所示。1980 ~ 2010 年，华北平原农业灌溉用水呈现减小趋势，本书未对工业用水和生活用水做统计分析。

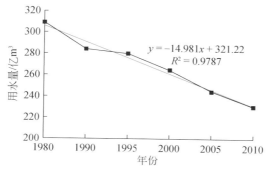

图 5-20 1980 ~ 2010 年海河流域农田灌溉用水量变化示意图

在滦河流域，Xu 等（2013）认为，1980 年潘家口水库水文站径流发生突变的主要原因是由于人口增长、经济发展，以及改善人类生活条件的生活、生产和农业用水需求增加，取用水在 1980 年发生急剧增加，引起径流减少 22.5mm，占整个流域径流量减少的79.5%。在潮白河流域密云水库上游，1984 年后取用水显著增加，将时间序列以 1984 年为界分为两个阶段，1984 年前密云水库上游入库流量 90.3mm/a，1984 年后为 41.8mm/a，减少了 48.5mm/a；取用水则从 2.2mm/a 增加到 13.4mm/a，增加了 11.2mm/a，占径流减少量的 23%（11.2/48.5）（Ma et al.，2010）。在漳河流域，为满足灌区灌溉用水需求（灌区面积近 800km²），先后修建了三处比较大的引水工程［跃峰渠（1975 年）、跃进渠（1977 年）和红旗渠（1969 年）］，引水量达到 93m³/s（Zeng et al.，2014）。

5.3.2.2 水利工程

水利设施在人类防御水旱灾害、保障工农业生产和人民生命财产安全、维护社会稳定中发挥了重要的作用（丁爱中等，2013）。同时，水库大坝改变了河流最大、最小流量出现的时间、大小和频率（Magilligan and Nislow，2005；Lajoie et al.，2007）；水利工程使径流年内分布均化，使流量过程变得平缓，改变河流径流的时空分布。非汛期取用水量的增加会导致下游水量减少，特别是以城市供水和农业灌溉为主要功能的水库建设更是显著改变流域年径流量。20 世纪 60 年代为满足农业和生活用水需求，海河流域修建了众多的大型水库（Wang et al.，2013）。据不完全统计，海河流域已建成水库 1878 座，其中大、中、小型水库分别为 34 座（含平原水库 3 座）（表 5-10）、137 座（表 5-11）和 1707 座，总库容约 345 亿 m³，其中大型水库 265 亿 m³、中型水库 40 亿 m³、小型水库 40 亿 m³（图 5-21）（任宪韶等，2008）。这些水库大坝的建设，在流域抵御洪水、城市供水、农田灌溉等方面发挥了非常重要的作用，但同时也显著改变了流域水文过程。

在潮河，已建水库库容在 1977 年后开始急剧增加，到 1981 年基本趋于稳定（图 5-22），这个时间段也恰好是潮河下会站径流发生突变的时间，因此 1980 年以前水利工程建设对径流产生很大影响（Li et al.，2010）。Wang 等（2009）的研究也发现，20 世纪七八十年代潮白河流域修建了较多的水库，这些水库蓄水以满足农业和生活用水需求，既增加了取水量，同时由于水库水面增大，增加了蒸发量，显著改变了流域径流。

另外，为了拦蓄河水，调节地面河道径流和补充地下水，发展灌溉（任宪韶等，2008），海河流域兴建大中型水闸 128 座（表 5-12），主要包括节制闸、分洪闸、排水闸、进水闸和防潮闸等，以节制闸数量最多。海河流域不同年代大中型水库库容和大中型水闸统计如图 5-23 和图 5-24 所示。

海河流域农田灌溉历史悠久，战国初期新建的西门豹引漳溉邺（今河北临漳县）十二渠，是海河流域最早的大型引水灌溉工程，距今有 2400 多年的历史。到 1949 年，全流域有万亩以上灌区 29 处，此外还有一些小型渠道和砖石土井。新中国成立后，农业灌溉事业进一步发展，随着山区水库的建设，在下游及平原地区修建了大批渠道灌溉工程，目前海河流域有大中型灌区 231 个，设计灌溉面积 332.31 万 hm²，有效灌溉面积 267.76 万 hm²（表 5-13）（任宪韶等，2008）。

表 5-10　海河流域山区大型水库基本情况

水库名称	建成蓄水时间	经度 纬度	所在水系	所在河流	所在地区	开发目标	控制流域面积/km²	多年平均年径流量/亿m³	正常运用（设计）洪水标准/位m	正常运用（设计）洪水流量/(m³/s)	非常运用（校核）洪水标准/位m	非常运用（校核）洪水流量/(m³/s)	坝型	坝高/m	总库容/亿m³	防洪库容/亿m³	兴利库容/亿m³	死库容/亿m³	水电站装机/万kW	年发电量/(万kW·h)	年供水量/亿m³	设计灌溉面积/万hm²	有效灌溉面积/万hm²
安各庄水库	1960年	115.23 39.28	大清河	中易水	河北易县	防洪、灌溉、发电	476	5.124	161.9	5360	168.7	10300	黏土斜墙坝	48.9	3.09	2.01	1.45	0.408	0.96	1113	0.509	3	2.6
册田水库	1960年	113.8 39.98	永定河	桑干河	山西大同市	供水、防洪、灌溉	16700	3.3	958.2	5620	959.9	10000	均质土坝	42	5.8	0.41	0.954	0.806	—	—	0.93	2	—
大黑汀水库	1986年	118.3 40.33	滦河	滦河	河北迁西县	防洪、供水、发电及养鱼	35100	28.28	100年一遇	23600	可能最大洪水	45500	宽缝混凝土重力坝	52.8	3.37	—	2.02	1.01	—	—	—	—	9(最大灌)
东武仕水库	1959年	114.3 36.41	子牙河	滏阳河	河北磁县	防洪为主，兼养鱼和城市工业用水	340	3.8	106.2	2800	110.1	6390	均质土坝	34.1	1.615	1.27	1.445	0.098	0.64	1006	1.799	6.67	3.64
陡河水库	1956年	118.3 39.73	黑龙港河	陡河	河北唐山市	防洪为主，兼工业生产和农业灌溉用水	530	0.786	40.3	5260	43.4	8080	黏土斜墙坝	25	5.152	—	0.787	0.062	—	—	0.693	1.33	1.33
岗南水库	1960年	114 38.32	子牙河	滹沱河	河北平山县	防洪、灌溉、发电，结合养鱼	15900	16.6	204.1	8980	207.7	15620	黏土斜墙坝	63	17.04	10.5	7.8	3.41	4.1	4985	1.117	13.3	22
关河水库	1960年	112.9 36.84	漳卫南运河	浊漳北源	山西长治市	防洪、灌溉	1745	1.85	994.4	1481	996.1	1943	均质土坝	33	1.399	0.609	0.192	0.04	0.21	100	0.07	0.66	—
官厅水库	1954年	115.6 40.23	永定河	永定河	北京延庆县、河北怀来县	防洪、供水	43420	8.8	484.8	11460	可能最大	18000	黏土心墙坝	52	41.6	7.06	2.5	0.26	—	—	—	9.2	9.2
海子水库	1960年	117.3 40.17	蓟运河	泃河	北京平谷区	防洪、灌溉	443	1.3	115.8	4220	"75.8"洪水	10750	黏土斜墙坝	40.5	1.21	0.284	0.946	0.5	—	—	—	—	—
横山岭水库	1960年	114.2 38.57	大清河	磁河	河北灵寿县	防洪、灌溉主，结合发电	440	1.4	241.7	3980	245	7680	黏土斜墙坝	41	2.43	1.477	0.935	0.172	0.15	209.8	0.119	2.4	2.4
后湾水库	1960年	112.9 36.55	漳卫南运河	浊漳北源	山西长治市	防洪、灌溉、发电结合养鱼	1300	1.04	923.4	529	924.3	653	均质土坝	26	1.3	0.92	0.34	0.166	—	—	0.12	0.55	—
怀柔水库	1958年	116.6 40.3	潮白河	怀河	北京怀柔区	防洪、供水	525	0.911	64.16	5059	67.73	8543	黏土斜墙坝	23	1.44	1.045	0.655	0.085	—	—	—	—	—
黄壁庄水库	1960年	114.3 38.25	子牙河	滹沱河	河北鹿泉市	防洪、灌溉、发电，城市用水	23400	21.5	125.8	16500	128	30530	均质土坝	30.7	12.1	7.37	4.64	0.697	1.68	11.32	3.927	16.14	21
口头水库	1964年	114.4 38.62	大清河	郜河	河北行唐县	防洪、灌溉、养鱼为主、发电为辅	142.5	0.35	202.9	1720	205.3	3380	黏土心墙坝	30	1.056	0.562	0.429	0.155	0.064	—	0.005	0.47	0.47

续表

水库名称	建成蓄水时间	经度	纬度	所在水系	所在河流	所在地区	开发目标	控制流域面积/km²	多年平均年径流量/亿m³	正常运用(设计)洪水标准/洪水位/m	正常运用(设计)洪水流量/(m³/s)	非常运用(校核)洪水标准/洪水位/m	非常运用(校核)洪水流量/(m³/s)	坝型	坝高/m	总库容/亿m³	防洪库容/亿m³	兴利库容/亿m³	死库容/亿m³	水电站装机/万kW	年发电量/(亿kW·h)	年供水量/亿m³	设计灌溉面积/万hm²	有效灌溉面积/万hm²
临城水库	1960年	114.4	37.45	子牙河	泜河	河北临城县	防洪、灌溉、发电及养鱼	384	0.39	129.2	4040	131.9	9070	黏土斜墙坝	33	1.713	1.187	0.791	0.081	0.15	21.5	0.065	1	0.53
龙门水库	1960年	115.3	39.12	大清河	漕河	河北满城县	防洪、灌溉	470	0.82	127.2	4290	130.7	7630	均质土坝	41	1.267	0.94	0.439	0.081				0.77	0.43
密云水库	1960年	116.8	40.47	潮白河	潮河、白河	北京密云区	防洪、供水	15788	14.9	157.5	16100	158.5	20200	黏土心墙坝	66.4(白河)56.0(潮河)	43.75	9.27	35.27	4.19					
庙宫水库	1976年	117.8	41.72	滦河	伊逊河	河北围场县	防洪、灌溉为主、结合发电	2400	1.2	779.9	2400	782.6	5975	均质土坝	44.2	1.83		0.3	0.004	0.15			0.6	0.56
潘家口水库	1982年	118.3	40.4	滦河	滦河	河北迁西县	防洪、供水、发电及养鱼	33700	24.5	1000年一遇	40400	5000年一遇	54500	低宽缝混凝土重力坝	107.5	29.3	2.99	19.5	3.31			1.544		9(最大实灌)
邱庄水库	1960年	118.2	40.02	蓟运河	还乡河	河北丰润县	防洪、灌溉	525	1.09	71.6	3550	75.35	7550	均质土坝	28	2.04	0.492	0.653	0.008				2	1.64
桃林口水库	1996年	119.1	40.13	滦河	青龙河	河北青龙县	供水、发电	5060	9.6				8440	混凝土重力坝	74.5	8.59		7.09	0.511	1	1147	1.711	5	5
王快水库	1960年	114.5	38.75	大清河	沙河	河北曲阳县	防洪为主、兼灌溉、发电	3770	7.53	207.1	14050	214.4	23700	黏土斜墙坝	62	13.89	10.07	5.81	0.91	2.15	847	0.64	9.33	4.6
西大洋水库	1960年	114.8	38.73	大清河	唐河	河北唐县	防洪、灌溉、发电并重	4420	7.75	149	18000	151.1	23600	均质土坝	54	12.58	8.79	5.15	0.799	1.22	191.6	1.61	4.67	3.33
小南海水库	1960年	114.1	36.03	漳卫南运河	安阳河	河南安阳市	防洪、灌溉	850	0.929	100年一遇	4300	5000年一遇	11000	黏土斜墙堆石坝	54.15	1.07	0.593	0.428	0.05					
洋河水库	1961年	119.2	39.98	冀东诸河	洋河	河北抚宁县	防洪、灌溉、发电及养鱼	755	1.86	62.38	6460	65.03	11000	黏土斜墙坝	31.8	3.586		1.384	0.08	0.16	63.12	0.727	1.55	1.2
友谊水库	1977年	114.87	40.87	永定河	东洋河	河北尚义县	灌溉为主、结合发电	2250	0.82	1196	2040	1200	3900	均质土坝	40	1.16		0.287	0.043				1.8	1.33
于桥水库	1960年	117.5	40.03	蓟运河	州河	天津蓟县	供水、防洪、发电	2060	5.06	25.62	8327	27.72	17960	黏土斜墙坝	24	15.59	12.62	3.85	0.36	2	0.12	10		
岳城水库	1970年	114.4	36.28	漳卫南运河	漳河	河北磁县	供水、灌溉、防洪	18100	19.6	1000年一遇	22200	2000年一遇	25200	均质土坝	55.5	13	7.86	6.73	0.39			145	13.3	20
云州水库	1972年	115.5	41.03	永定河	白河	河北赤城县	防洪、灌溉	1170	0.67	1035	2080	1040	4370	均质土坝	43.15	1.02	0.183	0.204	0.167	0.12	160	0.8	0.45	0.27
漳泽水库	1960年	113.1	36.33	漳卫南运河	浊漳南源	山西长治市	防洪、灌溉	3176	1.98	903.9	1130	907.6	2076	均质土坝	22.5	4.27	3.413	1.104	0.123			0.63	0.25	
朱庄水库	1976年	114.4	36.98	子牙河	南澧河	河北沙河市	防洪、灌溉为主、发电为辅	1220	2.4	255.3	7710	256.4	14280	混凝土重力坝	95	4.126	2.822	2.285	0.34	0.483	659.4	0.329	2.53	1.4

表 5-11　海河流域中型水库

水库名称	所在地	所在河流	控制面积/km²	总库容/亿 m³	正常蓄水位/m	汛限水位/m	历史最高水位/m
八一	元氏县	潴龙河	139.1	0.7387	117.75	114.4	125.1
白草坪	赞皇县	槐河	230	0.4257	288	288	292.69
白河堡	延庆区	潮白河	2657	0.906	599.6	592.6	597.08
般若院	遵化市	沙河	130	0.5457	103.66	103	104.78
半城子	密云区	潮白河	66	0.102	258.5	258.5	259.31
宝泉	辉县市	峪河	538.4	0.446	244	244	247.3
鲍家河	长子县	浊漳南源岚河	175.4	0.144	947	948	948.48
北台上	怀柔区	潮白河	102	0.383	90	85	87.6
北塘	塘沽区	永定新河	1.3	0.398	7	6.5	5.9
车谷	武安市	南洺河	124	0.3799	709.5	696.8	709.77
陈家院	辉县市	大淇河	117	0.137	776.5	778.4	778.5
埕口	滨州市			0.14			
崇青	房山区	大清河	102	0.29	75.15	70.5	75.24
打渔张	滨州市			0.1			
大河口	多伦县	滦河	8329	0.26	1215.5	1214.9	1216.43
大宁	房山区	永定河	21	0.36	空库		
大青沟	尚义县	大青沟	248	0.1392	112.6	110	113.41
大庆	平泉县	瀑河	82	0.135	663	660.5	663.25
大石门	平定县	桃河	143	0.125	1023.5	1021	1028.85
大水峪	怀柔区	潮白河	55.6	0.146	173.24	166.5	173.59
钓鱼台	围场县	不澄河	160	0.1312	72.9	70	71.6
丁东	陵县		7	0.526	24.5		
东郊	滨州市			0.13			
东石岭	沙河市	南澧河	169	0.684	378	空库	380.2
东榆林	山阴县	桑干河	3430	0.65	1042	1034.35	1039.18
夺丰	淇县	思德河	57.7	0.089	193.7	193.7	194.3
尔王庄	宝坻区	引滦明渠		0.453			
房管营	迁西县	朱家河	25	0.1054	69	66	39.7

水库名称	所在地	所在河流	控制面积/km²	总库容/亿 m³	正常蓄水位/m	汛限水位/m	历史最高水位/m
付窝	利津县			0.1471	10		
富国（恒业）	滨州市			0.14			
圪芦河	沁县	浊漳西源圪芦河	114	0.168	956	954.3	957
弓上	林州市	淅河	605	0.274	498	498	503.4
孤峰山	天镇县	三沙河	291.2	0.238	1089.58	1072.2	1089.88
孤山	繁峙县	滹沱河	108	0.11	1214.4	1214.4	1213.4
观上	原平市	永兴河	150	0.156	933.54	923.2	929.74
郭庄	昔阳县	松溪河	173	0.217	930	930	934.46
韩店	滨州市			0.45			
河贵	滨州市			0.15			
恒山	浑源县	唐峪河	164	0.117	1245	1238	1248.4
红领巾	行唐县	曲河	72.5	0.3731	171.2	167	169.09
壶流河	蔚县	壶流河	1717	0.87	922	919	922.5
黄盖淖	张北县	黑水河	2136	0.99	101.5	98.5	101.26
黄港二库	塘沽区	永定新河	3.9	0.462	5.9	5.4	6
黄港一库	塘沽区	永定新河	0.78	0.13	4.15	3.65	4.15
黄松峪	平谷区	蓟运河	49	0.104	205.2	203	205.5
黄土梁	丰宁县	牤牛河	324	0.283	341	337.5	340.95
津南	津南区	海河	40	0.297	7	5.8	7
九龙湾	丰镇市	饮马河	156	0.124	1364.88	1364.88	
巨宝庄	丰镇市	饮马河	525	0.148	1242.64	1242.64	
口上	武安市	北洺河	138.7	0.3208	608	600.1	608.28
窟窿山	滦平县	牤牛河	130	0.143	566.36	564	568.85
老虎沟	兴隆县	横河	338	0.122	65	空库	70
垒子	涞水县	北易水	25.1	0.0933	64.29	62	64.85
李坨	东营市			0.1	8.5		
龙潭	顺平县	界河	50	0.1178	263.6	261	264
芦河子	滨州市			0.1			
乱木	临城县	泜河	46	0.141	112	110	118.4
马鞍石	修武县	纸坊河	90	0.105	155	152.4	159
马河	内丘县	马河	94	0.2445	130.35	127.6	137.62
马头	易县	北易水	49	0.0822	44	42	47.85
码头平原水库	滨州市			0.12			

水库名称	所在地	所在河流	控制面积 /km²	总库容 /亿 m³	正常蓄水位/m	汛限水位 /m	历史最高水位/m
毛家洼	滨州市			0.43			
米家寨	忻州市	云中河	305	0.12	906	903	906.56
南谷洞	林州市	露水河	270	0.775	520	520	528.18
南平旺	赞皇县	沛河	111	0.3796	136	136	137.88
牛口峪	房山区	大石河支流	2.3	0.1	91.7		
琵琶寺	汤阴县	永通河	30	0.202	122.2	122.2	122.88
瀑河	徐水县	瀑河	263	0.975	41	空库	45.18
七里海	宁河县	潮白新河	17.84	0.24	4.5	3.5	5.5
钱圈	大港区	马厂减河	10	0.27	5	4.5	4.3
秦台	滨州市			0.26			
青塔	涉县	南洺河	76	0.1271	721.6	712.8	721.7
庆云	庆云县		3	0.15	11.5		
群英	修武县	大砂河	165	0.2	477	477	479
赛尔	滨州市			0.12			
三角洼	滨州市			0.1			
三旗杆	宽城县	都阴河	47.8	0.1013	170.3	空库	169.5
沙厂	密云区	潮白河	128	0.212	168.8	165.5	168.78
沙河故道调蓄水库	商河县	沙河故道		0.18	11.8		
沙井子	大港区	马厂减河	13	1.2	5.5	4	4.5
闪电河	沽源县	闪电河	890	0.425	101.72	100	101.98
上关	遵化市	魏进河	175	0.369	143	139	143.32
上马台	武清区	北运河	13	0.268	8.6	6.95	8.3
申村	长子县	浊漳河南源	236.2	0.338	950	950	952.44
神山	原平市	阳武河	5	0.107	949	948	949.85
十里河	左云县	十里河	127	0.106	1322.4	1319.3	1320.48
十三陵	昌平区	北运河	223	0.731	93	93	97.28
石板	平山县	文都河	86.4	0.1517	358	355	360.88
石包头	卫辉市	沧河	160	0.186	305	302.5	303.24
石河	山海关北	石河	56	0.7	56.7	53	57.85
石门	辉县市	石门河	132	0.279	305.2	303.2	305.82
石头城	沽源县	葫芦河	338	0.1846	97.75	96.5	97
石匣	左权县	清漳河	754	0.51	1145	1142.5	1147
双泉	安阳县	安阳河	171	0.182	214	214	221.1

续表

水库名称	所在地	所在河流	控制面积 /km²	总库容 /亿 m³	正常蓄 水位/m	汛限水位 /m	历史最高 水位/m
双乳山	忻州市	云中河	330	0.129	829.85	829.85	830.5
水胡同	青龙县	青龙河	100	0.4038	409.9	406.59	412.36
水峪	昔阳县	松溪河	82.5	0.104	1085.89	1071.5	1088.6
四里岩	武安市	北洺河	214	0.1144	493.6	490	493.82
宋各庄	涞水县	龙安沟	92	0.241	169	165	172.5
塔岗	卫辉市	沧河	234	0.178	177	177	177.47
汤河	汤阴县	汤河	162	0.618	114.2	114.2	118
唐家湾	五台县	滤泗河	160	0.16	1039.51	空库	1033.6
桃峪口	昌平区	北运河	40	0.101	72.6	67.7	70.14
陶清河	长治县	浊漳南源陶清河	392.5	0.482	973.3	973.3	973.81
天开	房山区	大石河支流	48.5	0.1475	87.5	75.36	
屯绛	屯留县	浊漳南源绛河	405.3	0.519	973	972	971.17
王山	滨州市			0.1			
旺隆	易县	北易水	37	0.1275	17	16	20.62
文瀛湖	大同市	御河		0.104	1049.58		1049.69
西堡	壶关县	浊漳南源陶清河	222.5	0.29	1085.5	1080.2	1082.2
西海	滨州市			0.1			
西山湾	多伦县	滦河	8999	0.994	1196.5	1195.5	1196.75
西洋河	怀安县	西洋河	617.6	0.119	110.5	空库	111.11
西峪	平谷区	蓟运河	81	0.143	217.2	215	217.41
下观	平山县	南甸河	45	0.1364	204.45	202.45	206.35
下米庄	怀仁县	口泉河	340	0.115	1002.2	1002	1003.35
下茹越	繁峙县	滹沱河	1356	0.287	977.4	975.5	975.45
响水铺	宣化县	洋河	14140	0.575	586	空库	585.2
新地河	东丽区	海河	81	0.22	6	4.8	6.15
薛家营	应县	桑干河	3.1	0.12	1005		1003.08
鸭淀	西青区	海河	46.7	0.315	5.5	4.6	5.6
燕川	灵寿县	燕川河	40.8	0.2578	192	190	195
杨庄截潜	蓟县			0.27			
遥桥峪	密云区	潮白河	178	0.194	469	465	467.85
野沟门	邢台县	南澧河	518	0.504	398	393	403.9
营城	汉沽区	蓟运河	7.4	0.3	3.5	2.5	3.5
月岭山	沁县	浊漳西源白玉河	213	0.208	944.5	944.5	948.11

续表

水库名称	所在地	所在河流	控制面积 /km²	总库容 /亿 m³	正常蓄 水位/m	汛限水位 /m	历史最高 水位/m
云竹 (云簇)	榆社县	浊漳河	353	0.873	1026.5	1025.5	1027.3
皂火口	兴和县	后河	717	0.216	1279	1277.3	
斋堂	门头沟区	永定河	354	0.459	465	453	458.53
彰武	安阳县	恒河	120	0.783	128.7	127	128.5
赵家窑	大同市	淤泥河	717	0.856	1164.5	1162.24	1163.28
镇子梁	应县	浑河	1840	0.543	1020.5	1020	1020.24
正面	卫辉市	沧河	88.5	0.144	395	395	395.71
滞洪水库		永定河		0.44		空库	
珠窝	门头沟区	永定河	329	0.143	349	348.4	
庄头	壶关县	浊漳南源石子河	119.1	0.168	1083	1083	1071.2

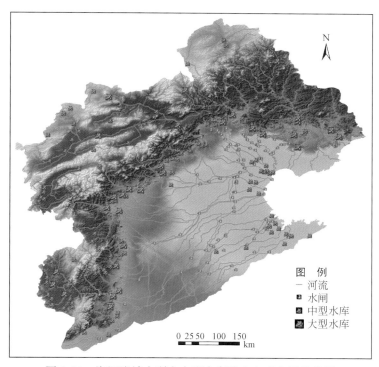

图 5-21 海河流域水利大中型水库及大中型水闸示意图

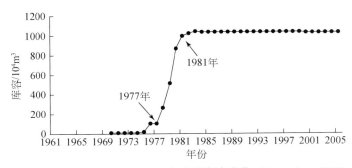

图 5-22　潮河流域 1961～2005 年水库库容变化（Li et al. , 2010）

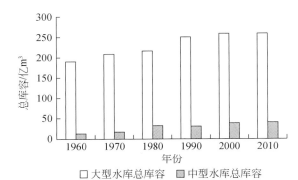

图 5-23　海河流域不同时期大中型水库库容统计

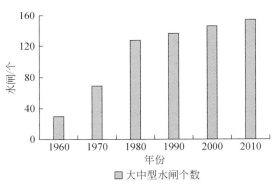

图 5-24　海河流域不同时期大中型水闸个数统计

表 5-12　海河流域重要水闸枢纽工程基本情况

工程名称	工程作用	所在河流	孔数	闸孔尺寸 高/m	闸孔尺寸 宽/m	闸底高程/m	设计 闸上水位/m	设计 流量/(m³/s)	校核 闸上水位/m	校核 流量/(m³/s)	闸门结构型式	启闭设备台数	结构	启闭力/(t/台)	高程基准
沙河闸	调洪	温榆河	13	3	8.5	34.1	37.4	890	38.34	1260	平板钢门	10	电动	2×8	北京
鲁疃拦河闸		温榆河	14	2.54	6	24.04	28.84	975	30.14	1562	翻板门				北京
辛堡拦河闸		温榆河	10	2.5	6	22.27	27.17	1095	28.47	1730	翻板门				北京
莘沟拦河闸		温榆河	13	3	6	18.19	24.53	1220	25.59	1730	翻板门				北京
北关枢纽 北关拦河闸	调洪	北运河	7	5	12	15.77	22.4	1766	23.14	2030	弧形钢门	液压站 2 座	液压	2×50	北京
北关枢纽 北关分洪闸	分洪	运潮减河	9	4	10	16.86	22.85	900	23.19	1200	弧形钢门	液压站 2 座	液压	2×40	北京
榆林庄拦河闸	拦污	北运河	15	5	6	11.7	18.31	1346	18.86	1835	平板钢门	15	电动卷扬	2×16	北京
杨洼拦河闸	防洪	北运河	15	5	8	9.4	15.65	2220	16.79	3300	平板钢门	15	电动卷扬	2×16	北京
木厂节制闸	调洪	北运河	9	4.5	2.5	8	13.5	225	13.7	309	平板木闸门	9	丝杠	8	大沽
老米店节制闸		北运河	1,6	5.7(边)/8.2(中)	8.3						边孔直升钢门、中孔升卧式钢门	1,6	手、电两用卷扬	32,16	
筐儿港枢纽 六孔旧拦河闸	挡水分洪	北运河	6	2.5	2.5	5	8.2	65	8.8	100	钢筋混凝土平板直升钢门	6	螺杆单吊点	10	大沽
筐儿港枢纽 三孔新拦河闸	挡水分洪	北运河	3	5.28	8	4	8.2	86	8.8	141	升卧式钢门	3	固定卷扬双吊点	2×16	大沽
筐儿港枢纽 十一孔分洪闸	分洪	北京排污河	11	4.5	6	4	6.5	237	7.26	367	钢梁木板直升门	11	螺杆双吊点	2×10	大沽
筐儿港枢纽 十六孔分洪闸	分洪	北运河	16	2	4	6.2	8	256			钢筋混凝土平板门	16	电动卷扬	2×8	大沽
筐儿港枢纽 六孔节制闸	调节水位	北京排污河	6	5.2	8	3	6.72	237	7.51	367	升卧式钢门	6	电动卷扬	6	大沽
北运河节制闸	调洪泄洪	北运河	6	4.45	5.8	0.8	5.75	400	6.5	400	平板直升钢闸门	6	液压启闭	2×16	黄海

工程名称	工程作用	建设地点	所在河流	闸孔尺寸 孔数	闸孔尺寸 高/m	闸孔尺寸 宽/m	闸底高程/m	设计 闸上水位/m	设计 流量/(m³/s)	校核 闸上水位/m	校核 流量/(m³/s)	闸门结构型式	启闭设备台数	结构	启闭力/(t/台)	高程基准
大南宫节制闸		天津武清区	北京排污河	10	3.3	2.8	1.69	6.23	256	7.02	378	钢混凝土直升	1	卷扬移动	2×8	黄海
里老节制闸		天津武清区	北京排污河	4	3.3	3.25		8.46	50	10.58	72	水平板直升	4	螺杆单吊点	10	黄海
大三庄节制闸		天津武清区	北京排污河	12	3.3	3.8		4.5	268	5.21	398	钢混凝土直升	12	螺杆单吊点	15	黄海
北京排污河防潮闸		天津北辰区	北京排污河	4(中)/2(边)	7.1	8		3.9	325	4.45	445	升卧式闸门	6	卷扬双吊点	2×15	黄海
师姑庄闸	泄洪	北京通州区	运潮减河	26	3	3.2		20.8	500			平板钢闸门	1	电动卷扬	2×3	北京
土门楼泄洪闸	泄洪	河北香河县	青龙湾减河	10	6.63	10	6.5	12.3	1330	12.97	1620	平板翻转钢闸门	10	电动卷扬	30	黄海
狼儿窝分洪闸	分洪	天津武清区	青龙湾减河	7	5	4	2.5	7.11	430			拱面混凝土				大沽
向阳闸	防洪	北京顺义区	潮白河	23	3.5	10	29	32.95	2900	34	4500	平板钢闸门	23		2×16	黄海
吴村闸板组 牛牧屯引河闸		河北香河县	牛牧屯引河	6(老)/8(新)	8.8(老)/9.8(新)	3		11.89	268	12	304	平板钢闸门	14	丝杠	10	大沽
吴村节制闸	泄洪蓄水	河北香河县	潮白河	42	2.8/6.5	4	11.2	16.39	1847	17	2365	平板直升钢闸门	8/4	电动卷扬	2×6/2×7.5	大沽
朱刘庄低水闸	蓄水灌溉	天津宝坻区	潮白新河	15	4	4	3.5	7.5	240			平板钢闸门	1	人工	5	大沽
胡各庄低水闸	蓄水灌溉	天津宝坻区	潮白新河	18	4	4	2	6	288			平板钢闸门	1	电动卷扬	5	大沽
黄庄洼分洪闸	分洪	天津宁河区	潮白新河	13	6	4	0.5	6.14	1360	7.21	1800	拱型直升钢筋混凝土门	3	卷扬	30	大沽

续表

工程名称	工程作用	建设地点	所在河流	孔数	闸孔尺寸 高/m	闸孔尺寸 宽/m	闸底高程/m	设计 闸上水位/m	设计 流量/(m³/s)	校核 闸上水位/m	校核 流量/(m³/s)	闸门结构型式	启闭设备台数	结构	启闭力/(t/台)	高程基准
黄庄洼退水闸	洼地退水	天津宝坻区	潮白新河	5	3.36	4.9	-0.15	7.57	110	8.27						大沽
南里自闭节制闸	蓄水灌溉	天津宝坻区	潮白新河	18	8/5.6(两边孔)	9	(-1)1.39 两边孔	7.5	2100	8.67	3000	升卧式平板钢闸门	18	电动卷扬	50/32(两边孔)	大沽
宁车沽防潮闸	泄洪排涝防潮蓄淡	天津宝坻区	潮白新河	16(中)/4(边)	11	8	(-5.5)16孔 (-4.46)2孔 (-1.69)2孔	2.84	2100	3.88	3000	平板翻转钢闸门	20	升卧	30	黄海
孟各庄拦河闸	蓄水	河北三河市	泃河	12	5	3	9	14.5	300			叠梁平板钢闸门	1	电葫芦	15	北京
错桥闸	蓄水灌溉	河北三河市	泃河	6	4.5	8		12.85	460	16.66	775	平板钢闸门	6	双吊点台筒卷扬	16	黄海
红旗庄拦河闸	蓄水灌溉	天津蓟县	泃河	25	3.5	2	7.5	12	350		830	钢平门	1	门式吊车	6	大沽
辛庄节制闸	分洪	天津蓟县	泃河	6	4	3	4	11.82	250	12.41	250	钢筋混凝土平板	12	电动卷扬	30	黄海
南周庄闸	分洪	天津蓟县	泃河	3	2.5	2.5	3.5	10.1	150		180	钢筋混凝土平板	6	手摇	6	黄海
邵庄子闸	泄水	天津蓟县	泃河	2	5.3	9.28	2.5	8.94	300	9.1	330	钢弧门	4	手摇卷扬	50	大沽
唰头闸	泄水	天津蓟县	泃河	3	5	2	2		100			钢筋混凝土平板	3	手摇		黄海
山下屯节制闸	蓄水	天津蓟县	州河	6	5	5	6	10.5	200	11	350	钢平门	6	油压	20	大沽
杨津庄节制闸	蓄水	天津蓟县	州河	5	7.5	7	1.5	10.3	400			钢弧门	5	电动	2×6	大沽

续表

工程名称	工程作用	建设地点	所在河流	闸孔尺寸 孔数	高/m	宽/m	闸底高程/m	设计 闸上水位/m	流量/(m³/s)	校核 闸上水位/m	流量/(m³/s)	闸门结构型式	启闭设备台数	结构	启闭力/(t/台)	高程基准
小赵官屯节制闸	蓄水	河北玉田县	还乡河	10	3.5(中)/2.38(边)	5.48		5.5(蓄水)/1.78	1078			肋梁平板钢结构	2	电动卷扬	2×8	黄海
白官屯节制闸(新)	蓄水	河北唐山市丰润区	还乡河	9	4	4	10.6	15.05	249			肋梁平板钢结构	2	卷扬	2×15	黄海
白官屯节制闸(旧)	蓄水	河北唐山市丰润区	还乡河	5	5.6	8		15.05	560			肋梁平板钢结构	5	卷扬	2×16	黄海
小定府节制闸	蓄水	河北玉田县	还乡河	10	3.5(中)/2.5(边)	5.3		12.2(蓄水)/10.3	1172			肋梁平板钢结构	2	电动卷扬	2×8/2×16	黄海
大和平节制闸	蓄水	河北玉田县	还乡河	7	4.5(中)/3.3(边)	8		8.34(蓄水)/6.3	1087			肋梁平板钢结构	7	电动卷扬	2×6/2×8	黄海
山头庄闸		河北唐山市丰润区	还乡河	3(深孔闸)/38(钢转门)	3	3		48	335.4			混凝土平板钢转门	4	螺杆式手、电两用	5,0.5	黄海
老魏庄子节制闸	蓄水	河北唐山市丰润区	还乡河	(5)(2)	4.5、3.5	8		23	568			肋梁平板钢结构	7	卷扬	2×16、2×8	黄海
九文陵分洪闸	分洪	河北玉田县	还乡河	8	50.8	4.5			420			钢筋混凝土平板	8		2×10	黄海
儿王庄节制闸	蓄水	天津宝坻区	蓟运河	6	8	8.95	-0.5	9	500		800	钢筋混凝土平板	1			大沽

续表

工程名称	工程作用	建设地点	所在河流	孔数	闸孔尺寸 高/m	闸孔尺寸 宽/m	闸底高程/m	设计 闸上水位/m	设计 流量/(m³/s)	校核 闸上水位/m	校核 流量/(m³/s)	闸门结构型式	启闭设备台数	结构	启闭力/(t/台)	高程基准
张头窑退水闸	泄洪	天津宁河区	蓟运河	8	4	2.65	-0.5	3	100							黄海
蓟运河防潮闸	泄洪挡潮蓄淡	天津塘沽区	蓟运河	12	9.5	8	[-6(中)][-4(阶梯)][-1.25(边)]	2.14	1200			直立平板钢闸门	2,8,3	固定,移动	2×15, 2×25, 2×16	黄海
三家店拦河闸	供水	北京门头沟区	永定河	17	8	12	102	107.51	5000	109.35	7700	弧形钢闸门	17	手、电动卷扬	2×15	北京
卢沟桥枢纽 卢沟桥拦河闸	调洪	北京丰台区	永定河	18	6.5	12	60.5	63.54	2500	66.32	3000	弧形钢闸门	18	电动卷扬	2×16	北京
卢沟桥枢纽 小清河分洪闸	分洪	北京丰台区	永定河	15	6.5	12	60.5	64.47	3730	65.68		弧形钢闸门	15	电动卷扬,门式,移动	2×17	北京
永定新河进洪闸	泄洪排沥	天津北辰区	永定河	11	5.2	9.8	0.3	5.62	1020	6.37	1320	平板直升钢闸门	11	固定卷扬	2×16	85国堆
屈家店枢纽 新引河进洪闸	泄洪	天津北辰区	新引河	4	5.23	9	-0.23	5.75	380	6.5	480	平板直升钢闸门	4	液压启闭	2×20	黄海
屈家店枢纽 北运河调节闸	调洪泄洪	天津北辰区	新引河	6	4.45	5.8	0.8	5.75	400	96.5	400	平板直升钢闸门	6	液压启闭	2×16	黄海
永定河滞洪水库退水闸	退水	北京丰台区房山区	永定河	8	8	7	45.8	50.5	400			弧形钢闸门	8	卷扬启闭		北京
永定河滞洪水库进水闸	拦蓄洪水	北京丰台区房山区	永定河	6	6	10	49	61.21	1900			浅孔平板钢闸门	6	卷扬启闭		北京
永定河滞洪水库连通闸	拦蓄洪水	北京丰台区房山区	永定河	5	5	10	46	53.5	1098			平板钢闸门	5	卷扬启闭		北京
大宁水库泄洪闸	泄洪	北京丰台区	永定河	2,6	13.2,9.2	6,8	48.52	61.01	214	61.21	1800	双扉平板钢闸门	4	卷扬启闭	80,50	北京

续表

工程名称		工程作用	建设地点	所在河流	孔数	闸孔尺寸 高/m	闸孔尺寸 宽/m	闸底高程/m	设计 闸上水位/m	设计 流量/(m³/s)	校核 闸上水位/m	校核 流量/(m³/s)	闸门结构型式	启闭设备台数	结构	启闭力/(t/台)	高程基准
新盖房枢纽组	引河闸	中小洪水向白洋淀泄洪	河北雄县	白沟引河	5	5	8	9.4	13.9	500	16.86		平板翻转钢闸门	5	电动卷扬	2×16	大沽
	分洪闸	分洪	河北雄县	新盖房分洪道	7	3	10	11.4	13.9	400	16.86	1036	平板翻转钢闸门	7	电动卷扬	2×8	大沽
	溢流堰	分洪	河北雄县	新盖房分洪道	1		570	13.9（堰顶高程）			16.86	3964					大沽
	灌溉闸	灌溉	河北雄县	大清河	2	5	8	9.4	12.64	67	16.86		平板翻转钢闸门	2	电动卷扬	2×16	大沽
枣林庄枢纽组	四孔泄洪闸	调洪蓄水	河北任丘市	赵王新河	4	6.3	12	5.5	10.5	460	11.35	620	弧形钢闸门	4	电动卷扬	2×22.5	大沽
	二十五孔闸	防洪灌溉	河北任丘市	赵王新河	25	3.5	10	7	10.5	1840	11.35	2520	平板翻转钢闸门	25	电动卷扬	2×8	大沽
	赵北口溢流堰	调洪蓄水	河北安新县	赵王新河			725（总长）	9（堰顶高程）	10.5	400	11.35	1000					大沽
	船闸	通航	河北任丘市	赵王新河	1	16	10.4	3.4	10.5				平板横拉式钢闸门	2	电动卷扬	2×7.5	大沽
王村分洪闸		分洪	河北文安县	赵王新河	10	5	12	6	9.7	880			弧形钢闸门	20	手摇卷扬		大沽
西码头闸		灌溉	河北文安县	赵王新渠	7.2	5.5、3.5	8	0.5	7.25	700			平板升卧式钢闸门	9	卷扬双吊点	2×16	大沽
钢筋闸		分洪	天津静海区	子牙河	2	4.8	10	4	8.06	200			弧形钢闸门	4	电动卷扬	25	大沽

续表

工程名称		工程作用	建设地点	所在河流	闸孔尺寸			闸底高程/m	设计		校核		闸门结构型式	启闭设备台数	结构	启闭力/(t/台)	高程基准
					孔数	高/m	宽/m		闸上水位/m	流量(m³/s)	闸上水位/m	流量(m³/s)					
独流减河进洪闸	新闸	防洪除涝	天津静海区	独流减河	27	4.94(中)、2.94(边)	9.5	(-1中)(1边)	6.44	2500			平板翻转钢闸门	25	固定电动卷扬	2×16	黄海
	旧闸	防洪除涝	天津静海区	独流减河	13	4.94	(9.5(中)、2.94(边))	(-1中)(1边)	6.44	1100			弧形钢闸门	11	固定电动卷扬	2×17	大沽
独流减河防潮闸		防洪保水挡潮蓄淡	天津大港区	独流减河	26（其中4不过流）	9.18(5~22号孔)、8.15(4号孔、23号孔)、5.98(3号孔、24号孔)、3.71(2号孔、25号孔)、2.41(1号孔、26号孔)	9.8	(-3.38)(-2.35)(-0.18)(1.44)(2.74)	3.75		4.85	3200	平板直升钢闸门	22	固定电动卷扬	2×40	85国基
西河闸枢纽	节制闸	防洪保水灌溉	天津西青区	子牙河	6	11	9.4	[-3.047(上游)][-4.547(下游)]	6.41	1100	6.91	1260	弧形钢闸门	6	固定卷扬	2×40	86国基
	船闸	通航	天津西青区	子牙河	1	12.48	8.87	-2					人字钢闸门、平板钢闸门	8	固定卷扬	10(人字门)、8(廊道门)	大沽
海河二道闸		挡咸进洪	天津津南区	海河干流	6,2	9,6.9	10、13.5	-3.5	4.05			1200	直立平面钢闸门	8	柱塞式液压启闭	2×40、2×25	大沽

续表

工程名称	工程作用	建设地点	所在河流	孔数	闸孔尺寸 高/m	闸孔尺寸 宽/m	闸底高程/m	设计 闸上水位/m	设计 流量/(m³/s)	校核 流量/(m³/s)	校核 闸上水位/m	闸门结构型式	启闭设备台数	结构	启闭力/(t/台)	高程基准
海河防潮闸	泄洪挡潮蓄淡	天津塘沽区	海河干流	8	8	11	-6	2.6	1200		3.5	平板双扉钢闸门	16	电动卷扬	2×25(上)、2×40(下)	大沽
莲花口枢纽 莲花口节制闸	调洪	河北永年县	滏阳河	1	6	6	42.1	47.5	35			平板混凝土闸门	1	卷扬	30	黄海
莲花口枢纽 永年洼进洪闸	分洪	河北永年县	滏阳河	4	4.4	4.4	44.4	49	183	212	49.8	平板钢闸门	8	导链	5	黄海
莲花口枢纽 借马庄泄洪闸	泄洪	河北永年县	留垒河	6	7.2	6	38.3	43.71	125	365	44.56	平板混凝土闸门	6	双吊点卷扬	2×15	黄海
莲花口枢纽 穿滏倒虹吸	排水	河北永年县	生产团结渠	4	3.5	3.5	40.9(进口)、36.9(洞身)	45.4	158			平板闸门	8	导链	5	黄海
艾辛庄枢纽 艾辛庄节制涵洞	防洪除涝	河北宁晋县	滏阳新河	3	7	8	20.3	29.26	150	150	31.09	平板钢闸门	3	电动启闭	2×40	黄海
艾辛庄枢纽 艾辛庄橡胶坝	防洪控制低水位	河北宁晋县	滏阳新河		3.8(坝高)	48.2(坝长)	19.7(堰底)	23.5	250							黄海
大西头枢纽 大西头节制闸	灌溉蓄水	河北衡水市	滏阳河	3	8.5	4	11	17.02	90	150	18.6	平板钢闸门	3	PQP电动	10	黄海
大西头枢纽 大西头船闸	航运	河北衡水市	滏阳河	1	8.5	8	11	17.02	100	100	18.6	平板钢闸门	2	电动启闭	32	黄海
献县枢纽组 子牙新河主槽进洪闸	泄洪	河北献县	子牙新河	6	11.5	6	7	16.3	943	1130	17.4	横拉钢闸门	6	电动卷扬	2×25	黄海
献县枢纽组 子牙新河滩地进洪堰	泄洪	河北献县	子牙新河	1		1000		16.3	5050	7870	17.4					黄海
献县枢纽组 子牙河节节制闸	调洪	河北献县	子牙新河	3	12	10	7.5	16.3	600	800	17.4	平板钢闸门	3	QPQ电动	2×63	黄海

续表

枢纽	工程名称	工程作用	建设地点	所在河流	孔数	闸孔尺寸 高/m	闸孔尺寸 宽/m	闸底高程/m	设计 闸上水位/m	设计 流量/(m³/s)	校核 闸上水位/m	校核 流量/(m³/s)	闸门结构型式	启闭设备台数	结构	启闭力/(t/台)	高程基准
穿运枢纽	子牙新河主槽穿运涵洞	泄洪	河北青县	子牙新河	30	5	5	-2	8.52	1750	9.67	2590					黄海
	南运河跨子牙新河主槽渡槽	泄南运河洪水	河北青县	南运河	1	8.5	30	3.5	8.6	100	9.8	180					黄海
	北排河穿运涵洞	泄北运河洪水	河北青县	北排河	10	5	4.2	-2	5.15	116(近期)、500(远期)	8	910(远期)					黄海
	南运河跨北排河渡槽	泄南运河红水	河北青县	南运河	1	8.5	30	3.5	8.6	100	9.8	180					黄海
	南运河节制闸	平交控制下泄	河北青县	南运河	2	10.2	15.4	3.5	10.49	50	11.28	100	梁式钢闸门				黄海
海口枢纽	子牙新河主槽挡潮闸	泄洪挡潮蓄淡	天津大港区	子牙新河	3	9.39	7,10	-4.34	4.22	864	4.66	972	平板直升钢闸门	3	卷扬	2×15	黄海
	滩地挡潮泄洪堰	泄洪挡潮蓄淡	天津大港区	子牙新河			2100(堰长)	3(堰顶高程)	4.22	4047	4.66	6780					黄海
	青静黄排水渠挡潮闸	泄洪挡潮蓄淡	天津大港区	青静黄排水渠	4	7.65	7	-3.5	1.36	215			平板直升钢闸门	4	卷扬	2×15	黄海
	北排河挡潮闸老闸	排沥挡潮蓄淡	天津大港区	北排河	4	7.65	7	-3.5	1.5	500(与新闸合计)	3.5	900(与新闸合计)	平板直升钢闸门	4	卷扬	2×15	黄海
	16孔泄洪闸	泄洪挡潮蓄淡	天津大港区	子牙新河	16	3.5	5	-3.5	4.22	1089	4.66	1248	平板直升混凝土闸门				黄海
	北排河挡潮新闸	排沥挡潮蓄淡	天津大港区	北排河	6	8.5(4孔)、7(2孔)	8	(-3.5)、(-2)	1.5	500(与老闸合计)	3.5	900(与老闸合计)	平板直升钢闸门	6	卷扬	2×16	黄海

续表

工程名称	工程作用	建设地点	所在河流	闸孔尺寸 孔数	闸孔尺寸 高/m	闸孔尺寸 宽/m	闸底高程/m	设计 闸上水位/m	设计 流量/(m³/s)	校核 流量/(m³/s)	校核 闸上水位/m	闸门结构型式	启闭设备台数	结构	启闭力/(t/台)	高程基准
红旗渠渠首工程	引水	山西平顺县	浊漳河	3	4.2	2.4			20	23		木制平板	3	两用螺杆	15	黄海
跃进渠渠首工程	引水	河南林州市	浊漳河	2	2.6	2	310	320.15	15	20		平面钢闸门	2	两用螺杆	8	黄海
大跃峰渠渠首工程	引水	河北涉县	浊漳河	3	3.2	3	295	302.3	30			平面钢筋混凝土	3	卷扬式双吊点	15	黄海
小跃峰渠渠首工程	引水	河北磁县	漳河	2	3.8	2.8	179.08		25			木制平板	2	手、电两用螺杆	15	黄海
卫河防洪闸(合河)		河南新乡市	卫河	5	6(中孔)、3.5(其余)	5(中孔)、2.5(其余)	69.8	75.79	100			钢筋混凝土梁平板闸心	5	螺杆	1台2×15,4台15	黄海
西孟入口节制闸		河南新乡市	卫河	4	3.5	5		72.84	301	301	72.84	平面钢闸门	4	双吊点卷扬	8	黄海
饮马口节制闸		河南新乡市	卫河	5	3.5	5		71.84	350	350	71.84	平面钢闸门	5	双吊点卷扬	8	黄海
大李庄闸		河南浚县	共产主义渠	7	10.5	4	58.9	66.9	400			平板钢闸门				黄海
刘庄节制闸	调洪	河南浚县	共产主义渠	6,2,1	3.5,3.5,3.5	5、2.7、2.6	60	67	400	500	67.5	弧形钢闸门、平板闸门、平板木闸门	6,2,1	(手、电两用卷扬)(手动螺杆)(手动螺杆)	2×2.75,2×2.75,2×2.75	大沽
引黄穿卫闸	引水	山东临清市	卫运河	3	3	3.4	27.56		75			平板钢闸门	6	电动卷扬	2×50	黄海
引黄入卫闸	引水	山东临清市	卫运河	3	2.7	3	27.6		50			平板钢筋混凝土闸门	6	手、电两用螺杆	15	黄海

续表

工程名称	工程作用	建设地点	所在河流	孔数	闸孔尺寸 高/m	闸孔尺寸 宽/m	闸底高程/m	设计闸上水位/m	流量/(m³/s)	校核闸上水位/m	校核流量/(m³/s)	闸门结构型式	启闭设备台数	结构	启闭力/(t/台)	高程基准
祝官屯枢纽 节制闸	灌溉航运	山东武城县	卫运河	9	6.67	10	20.1	31.43	4000	32.45	5500	平板翻转钢闸门	9	手、电两用卷扬	2×25	黄海
祝官屯枢纽 船闸	航运	山东武城县	卫运河	1	10	12	19.27					平板翻转钢闸门	1	手、电两用卷扬	2×26	黄海
两郑庄分洪闸	分洪	山东武城县	卫运河	11	6	6	21.77	27.77	1200	29.27	1640	平板钢闸门	12	手、电两用卷扬	2×27	黄海
四女寺枢纽 南进洪闸	分洪	山东武城县	漳卫新河（减河）	12	8	10	19.77	25.27	1500	26.77	2200	弧形钢闸门	12	手、电两用卷扬	2×28	黄海
四女寺枢纽 北进洪闸	分洪	山东武城县	漳卫新河（岔河）	12	12.5	10	15.27	25.27	2000	26.77	2800	弧形钢闸门		手、电两用卷扬	2×29	黄海
四女寺枢纽 节制闸	调洪	山东武城县	南运河	3	5.7	8	15.27	25.27	300	26.77		平板钢闸门	3	手、电两用卷扬	2×40	黄海
四女寺枢纽 船闸	航运	山东武城县	南运河	1	9	15.4	15.27	25.27				人字钢闸门	4	手、电两用卷扬	10	黄海
七里庄蓄水闸	蓄水排涝	山东德州市	漳卫新河（岔河）	14	4	3.9	13.8	24	2000	25.5	2800	平板翻转钢闸门	14	手、电两用卷扬	2×8	黄海
袁桥蓄水闸	蓄水排涝	山东德州市	漳卫新河（减河）	5	6.1	10	14.4	23.21	1500	24.3	2200	平板翻转钢闸门	5	手、电两用卷扬	2×25	黄海
吴桥蓄水闸	蓄水排涝	河北吴桥县	漳卫新河（岔河）	8	7.5	8	11.85（中）、12.85（边）	22.07	2000	23.57	2800	平板翻转钢闸门	8	电动液压	2×10	黄海
王营盘蓄水闸	蓄水灌溉	山东宁津县	漳卫新河	10,2	6.5（中）、4.9（边）	8	9.2（中）、10.8（边）	19.46	3500	20.74	5000	平板翻转钢闸门	12	手、电两用卷扬	2×16	黄海

续表

工程名称	工程作用	建设地点	所在河流	孔数	闸孔尺寸		闸底高程/m	设计		校核		闸门结构型式	启闭设备台数	结构	启闭力/(t/台)	高程基准
					高/m	宽 m		闸上水位/m	流量/(m³/s)	闸上水位/m	流量/(m³/s)					
罗寨蓄水闸	蓄水灌溉	山东乐陵市	漳卫新河	9	6	9	5.5	15.6	3500	17.1	5000	平板翻转钢闸门	9	手、电两用卷扬	2×25	黄海
庆云蓄水闸	蓄水灌溉	山东庆云县	漳卫新河	11,2	7(中),4(边)	8	1.4(中), 4.4(边)	11.74	3500	13.24	5000	平板翻转钢闸门	13	手、电两用卷扬	2×26	黄海
辛集挡潮蓄水闸	挡潮蓄水灌溉	河北海兴县	漳卫新河	12	4.7	10	-2.3	7.86	3500	9.14	5000	平板翻转钢闸门	12	手、电两用卷扬	2×27	黄海
安陵枢纽节制闸	灌溉航运	河北景县	南运河	6	6	8.4	11.6	17.46	300	17.86	360	平板翻转钢闸门	6	双吊点卷扬	2×28	黄海
代庄节制闸	灌溉航运	河北南皮县	南运河	5	6.5	8	7.1	13.97	300			开敞式直升钢闸门	3	卷扬	2×16	黄海
代庄饮水闸	引水	河北南皮县	南运河	6	3.5	3.5			100		120	开启式钢闸门	6	双吊点卷扬	2×10	黄海
捷地分洪闸	分洪	河北沧县	捷地减河	8	2.1	2.65	8.52	11.86	180			开启式木门	8	双吊点齿条	2×10	黄海
北陈屯枢纽节制闸	灌溉航运	河北沧州市	南运河	3	6.3	5.5	4.5	11.05	120	11.84	180	平板直升钢闸门	3	双吊点油压启闭	30	黄海
穿运枢纽南运河节制闸	控制南运河去河北去洪水	河北青县	南运河	2	10.2	15.4	3.5	10.49	50	11.28	100	双吊点卷扬	2,2	双吊点卷扬	2×16、2×40	黄海
流河节制闸		河北青县	南运河	3	4.5	5	4.9	8.4	100				3	卷扬	2×8	黄海
九宣闸	分洪蓄水	天津静海县	马厂减河	5	4.75	5.8	4.93	7.72	150			电动固定	5	电动固定	30	大沽
南运河节制闸	节制流量	天津静海区	南运河	1	5	6	3	7.5	30			钢平面闸门	1	双吊点卷扬	2×12.5	大沽
西钓台节制闸		天津静海区	南运河	3	3	3	3.3		50			钢直升	3	手、电两用卷扬	10	黄海
南运河改道节制闸	输水排沥	天津静海区	南运河	2	4	6	2.35	8	50			钢平面闸门	2	手、电两用卷扬		大沽

续表

工程名称	工程作用	建设地点	所在河流	孔数	闸孔尺寸 高/m	闸孔尺寸 宽/m	闸底高程/m	设计 闸上水位/m	设计 流量/(m³/s)	校核 闸上水位/m	校核 流量/(m³/s)	闸门结构型式	启闭设备台数	结构	启闭力/(t/台)	高程基准
南刘桥闸		山东高唐县	徒骇河	10	5	5.8	20.41	24.77	433	26.5	657	平板钢闸门	8,2	卷扬	2×25、2×16	黄海
南营闸		山东禹城市	徒骇河	17	5	6	16.02	20.63	618	22.05	947	平板钢闸门	17	手、电两用	2×16	黄海
官家闸		山东临邑县	徒骇河	13	6	10	12.1	17.68	702	19.2	1080	平板钢闸门	13	卷扬	2×25	黄海
营子闸		山东商河县	徒骇河	17	5	5.8	9.49	15.12	780	16.8	1190	平板钢闸门	17	卷扬	2×25	黄海
樊桥闸		山东惠民县	徒骇河	18	5	5.8	5.6	10.8	817	12.3	1257	平板钢	18	卷扬	2×12.5	黄海
坝上闸		山东沾化县	徒骇河	14	6.5	10	-2.4	4.92	921	5.76	1441	平板钢	14	卷扬	2×12.5	黄海
李奇庄闸		山东高唐县	马颊河	10	5	5.8	21.8	26.05	346	27.1	514	平板钢	8,2	卷扬	2×16、2×25	黄海
津期店闸		山东夏津县	马颊河	8	5	8	18.2	22.85	403	23.72	607	平板钢闸门	2,6	卷扬	2×25、2×12.5	黄海
大淀闸		山东庆云县	马颊河	9	7	10	-1	4.97	661	6.37	1004	平板钢闸门	9	卷扬	2×25	黄海
孙马村闸		山东无棣县	马颊河	9	7	10	-2.56	3.92	687	5.13	1030	平板钢闸门	9	卷扬	2×25	黄海
郑店闸		山东乐陵市	德惠新河	10	4	4	6.04	10.27	259	11.4	380	钢丝网水泥平板闸门	10	丝杠	10	黄海
王杠子闸		山东阳信县	德惠新河	10	4	6	3.52	7.53	296	9.23	450	钢丝网水泥平板闸门	2,8	卷扬	2×17.5、2×25	黄海
大刘店闸		山东庆云县	德惠新河	15	4	4	1.7	6.22	296	7.65	450	钢丝网水泥平板闸门	15	丝杠	10	黄海
白鹤观闸		山东无棣县	德惠新河	8,8,6	3.8,3.8,5	2,3、5.8	(1.1)(-0.1)	4.16	320	5.22	472	6孔钢门、16孔钢丝网水泥闸门	2,15,4	卷扬 丝杠	2×16、10、2×25	黄海
胡道口闸		山东无棣县	德惠新河	7	6	10	-1.5	2.79	320	4.39	472	平板钢闸门	7	卷扬	2×25	黄海

表 5-13 海河流域灌区基本情况

序号	灌区名称	灌区类型	引水位置（水源地）	灌区受益地（县、市）	设计灌溉面积/×10³hm²	有效灌溉面积/×10³hm²
1	新河灌区	大型	通惠北干渠	通州区	34.6	33.2
2	南红门灌区	大型	凉风灌区	大兴区	25.66	25.63
3	永定河灌区	大型	地下水	大兴区	24.33	25.83
4	潮河灌区	大型	地下水	顺义区	27.33	22.67
5	白河灌区	大型	地下水	顺义区	26.66	28.66
6	海子灌区	大型	海子水库	平谷区	20.26	11.06
7	里自沽灌区	大型	潮白河	宝坻区	20.67	20.67
8	团泊灌区	大型	团泊洼水库	静海县	20.13	20.13
9	石津灌区	大型	岗南、黄壁庄水库	石家庄、衡水、邢台	166.67	166.67
10	冶河灌区	大型	岗南水库、冶河	平山、鹿泉、元氏	37.53	26.67
11	绵河灌区	大型	绵河、甘淘河	井陉、平山、矿区、鹿泉	25.67	21.67
12	滦河下游	大型	滦河	唐海、滦南、乐亭	63.9	63.64
13	陡河灌区	大型	引滦入塘	丰南区	43.33	36.37
14	引青灌区	大型	青龙河	卢龙县	25.3	20.7
15	洋河灌区	大型	洋河水库	抚宁县、昌黎县	21.33	20
16	民有灌区	大型	岳城水库	磁县、临漳、魏县	160	104
17	滏阳河灌区	大型	东武仕水库	磁县、邯郸、永年、鸡泽、曲周县	43	30
18	大跃峰灌区	大型	漳河	涉县、磁县、武安市、峰峰矿区	42.9	20.3
19	小跃峰灌区	大型	漳河	磁县	24	22.33
20	军留灌区	大型	卫河	魏县	22	22
21	朱野灌区	大型	朱庄、野沟门水库	邢台县	20.67	16
22	沙河灌区	大型	王快水库	曲阳县、定州市、安国	87.07	53.3
23	唐河灌区	大型	西大洋水库	唐县、顺平县、望都县	50	28.33
24	易水灌区	大型	安格庄水库	易县、徐水县、定州市	26	19
25	房涞涿灌区	大型	拒马河	房山、涞水县、涿州市	20.13	15.53
26	蔚县壶流河灌区	大型	壶流河	蔚县	24	21.13

序号	灌区名称	灌区类型	引水位置（水源地）	灌区受益地（县、市）	设计灌溉面积/×10³hm²	有效灌溉面积/×10³hm²
27	万全县洋河灌区	大型	洋河	万全县	23.31	20.65
28	宣化县洋河灌区	大型	洋河	宣化县	23.35	20.59
29	涿鹿桑干河灌区	大型	桑干河	涿鹿县	23	21.9
30	通桥河灌区	大型	清水河	桥东区、宣化县	21.11	19.33
31	滹沱河灌区	大型	滹沱河	忻府区、定襄县	22.4	21.36
32	册田灌站	大型	册田水库	大同县	20.03	13.02
33	漳南灌区	大型	漳河	安阳县	80	30
34	跃进灌区	大型	漳河	安阳县	20.3	12.6
35	红旗渠灌区	大型	漳河	林州市	36	36
36	邢家渡灌区	大型	黄河	济阳、商河县	78.67	56.06
37	营子闸灌区	大型	徒骇河	商河县	28	23.43
38	王庄灌区	大型	黄河	东营河口、利津县	65.3	39.3
39	潘庄灌区	大型	黄河	齐河、禹城县	238	226.47
40	李家岸灌区	大型	黄河	齐河、临邑县	153.3	138.48
41	前艾灌区	大型	黄河	宁津县	20	13
42	位山灌区	大型	黄河	聊城市	360	338
43	郭口灌区	大型	黄河	东阿县	24.8	22
44	陶城铺灌区	大型	黄河	阳谷县	76.2	51.26
45	彭楼灌区	大型	黄河	莘县	133	80
46	小开河引黄灌区	大型	黄河	滨城区、惠民、阳信、无棣、沾化县	73.33	65.61
47	韩墩引黄灌区	大型	黄河	滨城区、沾化、利津县	50	50
48	簸箕李引黄灌区	大型	黄河	惠民县	78.67	51.33
49	白龙湾引黄灌区	大型	黄河		23.34	21.34
50	城关东干渠	中型	东沙河	房山区	1.26	0.8
51	崇青灌区	中型	崇青水库	房山区	3.6	2.03
52	周口店万米渠灌区	中型	燕化中水	房山区	1.5	1.2
53	桃峪口灌区	中型	桃峪口水库、京密引水	昌平区	5.56	5.08
54	南庄灌区	中型	南庄水库、京密引水	昌平区	4.27	4.1

续表

序号	灌区名称	灌区类型	引水位置（水源地）	灌区受益地（县、市）	设计灌溉面积 /×10³hm²	有效灌溉面积 /×10³hm²
55	王家园灌区	中型	王家园水库	昌平区	0.68	0.66
56	响潭灌区	中型	响潭水库	昌平区	2.61	1.42
57	七燕灌区	中型	沙河闸	昌平区	3	3
58	白河堡灌区	中型	白河堡水库	延庆区	20	10
59	佛峪口灌区	中型	佛峪口水库	延庆区	0.8	0.8
60	康西杨灌区	中型		延庆区	0.9	0.66
61	沙场水库灌区	中型	沙场水库	密云区	2.46	1.86
62	半城子水库灌区	中型	半城子水库	密云区	1.33	1.76
63	西田各庄南支干灌区	中型	西田各庄南支干渠	密云区	4.1	3.03
64	卸甲山灌区	中型	密云水库	密云区	1.26	0.93
65	走马庄灌区	中型	密云水库	密云区	0.66	0.65
66	仁山灌区	中型	安达木河	密云区	2.53	2.2
67	大城子灌区	中型	清水河	密云区	0.73	0.73
68	黄松峪灌区	中型	黄松峪水库	平谷区	2.6	1.33
69	西峪灌区	中型	西峪水库	平谷区	1.68	1.33
70	州河灌区	中型	州河、沟河	蓟县	19.4	19.4
71	桑梓灌区	中型	沟河	蓟县	0	0
72	朝南灌区	中型	潮白河	宝坻区	11.5	10.87
73	大钟灌区	中型	潮白河	宝坻区	7.99	7.58
74	史各庄灌区	中型	引沟入潮及地下水	宝坻区	0	0
75	口东灌区	中型	潮白河及地下水	宝坻区	0	0
76	王卜庄灌区	中型	潮白河及地下水	宝坻区	0	0
77	新安镇一灌区	中型	潮白河及地下水	宝坻区	0	0
78	牛家牌灌区	中型	青龙湾减河	宝坻区	0	0
79	中心灌区	中型	青龙湾减河	宝坻区	0	0
80	新安镇二灌区	中型	潮白河	宝坻区	0	0
81	白古屯一灌区	中型	龙凤河	武清区	0	0
82	上马台灌区	中型	上马台水库	武清区	6.67	6.67
83	白古屯二灌区	中型	凤河西支	武清区	0	0
84	黄花店四干水站灌区	中型	永定河	武清区	0	0

续表

序号	灌区名称	灌区类型	引水位置（水源地）	灌区受益地（县、市）	设计灌溉面积 /×10³hm²	有效灌溉面积 /×10³hm²
85	陈咀灌区	中型	永定河	武清区	0	0
86	汉沽港灌区	中型	永定河	武清区	0	0
87	大阵庄灌区	中型	龙凤河	武清区	0	0
88	南蔡村张辛庄灌区	中型	龙凤河	武清区	0	0
89	三里浅灌区	中型	北运河	武清区	0	0
90	黄庄灌区	中型	北运河	武清区	0	0
91	崔黄口灌区	中型	青龙湾减河	武清区	0	0
92	大碱厂灌区	中型	北运河	武清区	0	0
93	泗村店灌区	中型	龙凤河	武清区	0	0
94	下朱庄灌区	中型	北运河	武清区	0	0
95	王庆坨灌区	中型	永定河	武清区	0	0
96	豆张庄灌区	中型	龙河	武清区	0	0
97	郭庄子灌区	中型	龙凤河	武清区	0	0
98	东蒲洼灌区	中型	龙河	武清区	0	0
99	曹子里郭庄灌区	中型	龙凤河	武清区	0	0
100	大黄堡果汪庄灌区	中型	龙凤河	武清区	0	0
101	丰台灌区	中型	蓟运河	宁河区	3.93	3.93
102	宁河灌区	中型	潮白河	宁河区	3.4	3.4
103	董庄灌区	中型	蓟运河	宁河区	0	0
104	廉庄灌区	中型	蓟运河	宁河区	0	0
105	高庄灌区	中型	西关引河	宁河区	0	0
106	八里灌区	中型	西关引河	宁河区	0	0
107	小芦灌区	中型	西关引河	宁河区	0	0
108	马辛灌区	中型	西关引河	宁河区	0	0
109	东白灌区	中型	潮白新河	宁河区	0	0
110	苗庄灌区	中型	蓟运河	宁河区	0	0
111	大北灌区	中型	曾口河	宁河区	0	0
112	兴家坨灌区	中型	曾口河	宁河区	0	0
113	王台灌区	中型	津塘河	宁河区	0	0
114	造甲灌区	中型	津塘河	宁河区	0	0

序号	灌区名称	灌区类型	引水位置（水源地）	灌区受益地（县、市）	设计灌溉面积 /×10³hm²	有效灌溉面积 /×10³hm²
115	乐善灌区	中型	潮白河	宁河区	0	0
116	南涧灌区	中型	蓟运河	宁河区	0	0
117	西末灌区	中型	小新河	宁河区	0	0
118	屈庄灌区	中型	小新河	宁河区	0	0
119	大贾灌区	中型	北京排污河	宁河区	0	0
120	王庄灌区	中型	北京排污河	宁河区	0	0
121	大龙湾灌区	中型	北京排污河	宁河区	0	0
122	御河灌区	中型	御河	大同市南郊区	7.18	6.79
123	十里河灌区	中型	十里河	大同市南郊区	8.33	6.76
124	黄黑水河灌区	中型	黄黑水河	阳高县	3.33	1.86
125	孤峰山灌区	中型	三沙河	天镇县	6.72	2.35
126	大众聚灌区	中型	北洋河	天镇县	0.71	0.71
127	南村灌区	中型	莎泉	广灵县	1.6	0.31
128	直峪灌区	中型	直峪水库	广灵县	1.67	1.23
129	广益灌区	中型	水神堂泉	广灵县	1.73	2.36
130	会花灌区	中型	百步坑	广灵县	1.13	0.96
131	北跃灌区	中型	唐河	灵丘县	1.88	2.14
132	大东河灌区	中型	大东河	灵丘县	2.52	0.94
133	唐峪灌区	中型	恒山水库	浑源县	2.43	2.58
134	神溪灌区	中型	神溪水库	浑源县	2.6	1.92
135	王千庄灌区	中型	王千庄峪	浑源县	2.75	2.11
136	凌云口灌区	中型	凌云口	浑源县	1.78	1.42
137	民胜灌区	中型	浑河	浑源县	1.05	0.71
138	七一灌区	中型	漳泽水库	长治市郊区	0.87	0.79
139	后湾灌区	中型	浊漳西源	襄垣县	3.6	5.35
140	屯绛灌区	中型	屯江水库	屯留县	7.25	4.85
141	勇进渠灌区	中型	浊漳北源	黎城县	7.66	6.17
142	漳北渠灌区	中型	浊漳北源	黎城县	1.25	1.29
143	漳南渠灌区	中型	浊漳南源	黎城县	1.14	0.73
144	申村灌区	中型	申村水库	长子县	1.8	1.07
145	关村灌区	中型	鲍家河水库	长子县	0.79	0.66
146	故城灌区	中型	浊漳北源	武乡县	0.72	0.74
147	迎春灌区	中型	迎春河	沁县	0.38	0.67

序号	灌区名称	灌区类型	引水位置（水源地）	灌区受益地（县、市）	设计灌溉面积 /×10³hm²	有效灌溉面积 /×10³hm²
148	战备渠灌区	中型	浊漳干流		1.35	0.67
149	恢河灌区	中型	司马柏泉	朔城区	12.33	8.25
150	腊窠口灌区	中型	元子河	朔城区	2.87	1.6
151	向应灌区	中型	恢河	朔城区	6	3.46
152	裕民灌区	中型	歇马关河	朔城区	2.8	2.64
153	桑干河灌区	中型	桑干河	山阴县	24	18.2
154	民生渠灌区	中型	桑干河	山阴县	2.15	1.89
155	木瓜河灌区	中型	水库	山阴县	1.89	1
156	大小石峪灌区	中型	大小石峪	应县	2.13	1.67
157	薛家营灌区	中型	薛家营水库	应县	3.33	2.3
158	浑河灌区	中型	浑河	应县	14.67	9.37
159	大峪河灌区	中型	大峪河	怀仁县	4.47	4.37
160	郭庄灌区	中型	郭庄水库	昔阳县	1.2	0.68
161	牧马河灌区	中型	牧马河	忻府区	10.2	10.19
162	云中河灌区	中型	云中河	忻府区	11.11	9.52
163	云北灌区	中型	滹沱河	忻府区	8	8.52
164	云南灌区	中型	滹沱河	定襄县	5.73	5.47
165	广济灌区	中型	滹沱河	定襄县	8.67	7.37
166	阳武河灌区	中型	阳武河	原平市	12.13	12.61
167	永兴河灌区	中型	永兴河	原平市	3.58	2.26
168	北大河灌区	中型	北大河	原平市	2.41	2.24
169	长乐河灌区	中型	长乐河	原平市	1.13	1.14
170	同河灌区	中型	同河	原平市	0.95	1
171	池泉灌区	中型	泉水	定襄县	1.93	1.93
172	小银河灌区	中型	小银河	五台县	1.69	1.37
173	茂河灌区	中型	茂河	代县	3	2.8
174	峪河灌区	中型	峪河	代县	1.33	1.1
175	中解灌区	中型	中解水库	代县	1	1
176	峨河灌区	中型	峨河	代县	7.37	4.68
177	孤山灌区	中型	老泉头	繁峙县	5	1.78
178	龙山灌区	中型	龙山水库	繁峙县	2	1.33
179	虎山灌区	中型	虎山水库	繁峙县	1.75	1.17
180	羊眼河灌区	中型	羊眼河	繁峙县	2.59	2.24

序号	灌区名称	灌区类型	引水位置（水源地）	灌区受益地（县、市）	设计灌溉面积/×10³hm²	有效灌溉面积/×10³hm²
181	红卫灌区	中型	水库	繁峙县	1.33	1.12
182	繁灌灌区	中型	水库	繁峙县	1.67	1.31
183	智家堡灌站	中型	水井	大同市南郊区	0.73	0.71
184	河东窑灌站	中型	饮马河	大同市新荣区	0.85	0.47
185	兰玉宝灌站	中型	白登河	天镇县	1.49	1.15
186	水神堂灌站	中型	水神堂泉	广灵县	0.67	0.76
187	下河湾灌站	中型	下河湾水库	广灵县	2.14	1.42
188	故城灌站	中型	唐河	灵丘县	0.7	0.75
189	神溪灌站	中型	浑河	浑源县	0.76	0.76
190	上秦灌站	中型	漳河	长治县	0.73	0.51
191	老顶山灌站	中型	漳泽水库	长治市郊区	1	0.81
192	西巷灌站	中型	后湾北干	襄垣县	0.85	0.26
193	西岗灌站	中型	漳泽水库	屯留县	1.52	1.25
194	寨上灌站	中型	漳泽水库	潞城市	1	0.37
195	史回灌站	中型	漳泽水库	潞城市	3.33	1.33
196	神头灌站	中型	神头泉	朔城区	2.4	1.63
197	曹娘灌站	中型	桑干河	应县	2	1.73
198	下米庄灌站	中型	下米庄水库	怀仁县	1.53	1.5
199	益民灌站	中型	滹沱河	原平市	0.85	1.11
200	崞阳灌站	中型	水库	原平市	0.81	0.82
201	向阳灌站	中型	泉水	定襄县	1	0.99
202	滹泗河灌站	中型	唐家湾水库	五台县	0.89	0.59
203	沱龙灌站	中型	滹沱河	代县	0.7	0.67
204	壁头灌站	中型	漳泽水库	长治郊区	1.93	0.75
205	台上灌站	中型	漳泽水库	长治郊区	1.8	0.4
206	淇河灌区	中型	淇河	林州市	6.67	4.55
207	窦公灌区	中型	淇河	内黄县	9.33	8
208	天籁渠灌区	中型	淇河	浚县、鹤壁郊区	10.67	6.94
209	民主渠灌区	中型	淇河	淇县	8	2.92
210	工农渠灌区	中型	淇河	鹤壁郊区	6.67	2.67
211	沧河灌区	中型	沧河	卫辉市	6.67	5.67
212	琵琶寺灌区	中型	琵琶寺水库	汤阴县	3.53	2.73
213	珠泉灌区	中型	珍珠泉	安阳县	3.5	1.13

续表

序号	灌区名称	灌区类型	引水位置（水源地）	灌区受益地（县、市）	设计灌溉面积 /×10³hm²	有效灌溉面积 /×10³hm²
214	民丰渠灌区	中型	淇河	浚县	2.34	1.2
215	夺丰灌区	中型	夺丰水库	淇县	3.33	1.53
216	鹿林渠灌区	中型	汤河	鹤壁郊区	2.77	1.68
217	百泉灌区	中型	百泉	辉县市	5	1
218	三泉灌区	中型	三泉	辉县市	2.53	0.27
219	群英灌区	中型	群英水库	中站区、马村区	4	1.08
220	焦东灌区	中型	矿井水	马村区	2	1.01
221	马坊灌区	中型	泉水	修武县	1.4	1.1
222	灵泉灌区	中型	泉水	修武县	1.4	1.92
223	马鞍石灌区	中型	马鞍石水库	修武县	3.4	1.54
224	葛店灌区	中型	黄河	济阳县	11.27	7.47
225	沟杨灌区	中型	黄河	济阳县	6.27	3.73
226	张辛灌区	中型	黄河	济阳县	6.67	5.14
227	兰家引黄灌区	中型	黄河	滨城区、开发区	20.7	16.7
228	张肖堂引黄灌区	中型	黄河	滨城区	10	6.67
229	大道王引黄灌区	中型	黄河	惠民县	6.33	3.33
230	归仁引黄灌区	中型	黄河	惠民县	6.67	3.2
231	大崔引黄灌区	中型	黄河	惠民、阳信、无棣	6	5.31

　　海河流域的冶河、滹沱河、洋河、桑干河、潮河、白河、沙河及唐河 8 个流域突变时间与 20 世纪 70 年代末、80 年代初国家推行农村家庭联产承包责任制的时间一致，推测其原因可能是土地改革极大地提高了农民管理其承包土地的积极性，促使农业灌溉用水急剧增加，而取用水的增加是导致 70 年代末、80 年代初海河流域径流发生突变的主要原因（Yang and Tian，2009；丁爱中等，2013）。

　　滦河滦县站 1979 年可能发生突变，其原因是 1979 年在滦河干流修建潘家口和大黑汀两座大型水库，1979 年后修建有引滦入津工程和引滦入唐工程，每年向天津供水 10 亿 m³，唐山和还乡河陡河中下游输水 5 亿～8 亿 m³，这些引调水工程的运行是造成滦河径流发生突变的主要原因。滦河上游支流青龙河在 1996 年前后建成大型水利工程桃林口水库，功能是供水发电（任宪韶等，2008），也显著改变了下游滦河站的径流量。当然，滦河流域径流减少有气候变化因素的影响，如降水减少和蒸散发增大，也有人类活动因素的影响。王刚等（2011）认为，降水变化是造成滦河天然径流变化的主要因素，人类社会经济活动放大了其变化趋势；而付晓花等（2013）认为，人类活动对径流的影响率超过 90%，是这一时期滦河径流减少的主要原因。在潮白河流域，20 世纪 80 年代沟道库坝工程对潮河和白河径流的贡献率分别达到 95% 和 83%（郑江坤，2011）。

5.3.2.3 水土保持

为了控制土壤侵蚀，1958～1975 年，海河流域几乎所有山谷间都修建了淤地坝（soil-retaining dam）（Wang et al.，2013），水土保持工程的实施有效削减了土壤侵蚀，但也显著改变了降水–径流过程，减少了径流量。潮白河流域 20 世纪 80 年代早期修建了较多的淤地坝工程，并实施坡改梯工程（Wang et al.，2009）（图 5-25），水土保持工程措施实施对潮河径流产生了很大影响（Li et al.，2010），显著减小了潮白河流域的径流。永定河山区属海河流域水土流失严重区，1983 年永定河上游被列为国家八片水土保持重点治理地区之一，20 世纪 70 年代末开始实施水土保持工程（丁爱中等，2013），这些工程的实施显著改变了降水–产流过程。

(a)淤地坝工程　　　　　　　　　　　　　　(b)坡改梯工程

图 5-25　海河流域淤地坝工程和坡改梯工程

5.3.2.4 土地利用

土地利用变化显著改变着径流，SWAT 模型研究表明，林地对径流有显著影响，其次为耕地、草地和居民工矿用地，水域和未利用地影响不显著（郑江坤，2011）。当子流域的耕地面积超过 25% 时，径流会发生突变，且耕地面积所占比例越大，径流发生突变的时间越早，减少也越明显（Yang and Tian，2009）。

1978 年 11 月 25 日，国务院以国发（1978）244 号文件转批了《国家林业局关于在"三北"风沙危害和水土流失重点地区建设大型防护林的规划》，三北防护林体系建设工程启动实施。三北防护林建设是在我国风沙危害和水土流失十分严重的地区进行的一项重大林业生态建设工程（国家林业局，2008）。目前工程共实施四期（1978～1985 年、1986～1995 年、1996～2000 年、2001～2007 年），正在实施第五期（第二阶段第一期），其中第一期涉及海河流域，建设内容为在农牧交错带的长城沿线紧密结合基本农田和基本草场建设，开展营造农田防护林、牧场防护林、重点地区防风固沙林、水土保持林为主体的防护林建设（国家林业局，2008）。规划确定了八大重点及示范工程，与海河流域密切相关的为燕山山地防护林体系建设，工程位于河北省东北部，包括承德市的坝下部分、张家口市的潮白河流域部分，以及唐山和秦皇岛两市的山区，总面积达 5.22 万 km²。工程区包括滦河流域 3.09 万 km²、潮白河流域 1.17 万 km²，是京津及冀东地区重要的水源地（图 5-26）。30 年来，项目建设以保持水土、涵养水源为重点，累计完成造林面积 139.7 万 hm²（国家林业局，2008）。

图 5-26　三北防护林海河流域范围

在编制三北防护林体系建设四期规划过程中，根据国家整合六大林业重点生态工程、启动京津风沙源治理工程需要，从三北工程总体规划范围中划出 86 个县作为京津风沙源治理工程的建设范围（国家林业局，2008）。京津风沙源治理工程于 2000 年 6 月经国务院批准，启动试点，2002 年 3 月正式批准实施《京津风沙源治理工程规划（2001~2010年）》，工程全面启动。工程建设范围西起内蒙古自治区达茂旗，东至河北省平泉县，南起山西省代县，北至内蒙古自治区东乌珠穆沁旗，地理坐标为 109°09′E~119°20′E、38°N~46°N，范围涉及山西省北部 13 个县（市）、内蒙古自治区 31 个旗（县）、河北省坝上坝下 24 个县（市）、北京市 6 个区和天津市 1 个县，共计 75 个县（旗、市、区），土地面积 45.8 万 km² （刘拓和李忠平，2010）（图 5-27）。工程建设期为 2001~2010 年，根据规划，至 2010 年年底，治理沙化土地及严重水土流失总面积 20.5 万 km²，完成退耕还林 262.91 万 hm²，营造林 494.41 万 hm²，草地治理 1062.78 万 hm²，修建水源工程 66 059 处，节水灌溉 47 830 处，完成小流域综合治理 234.45 万 hm²，生态移民 18 万人（刘拓和李忠平，2010）。京津风沙源治理共有四大工程布局，海河流域主要涉及其四大工程布局的中两个：第一个是农牧交错带沙化土地治理区，包括内蒙古乌兰察布市、山西大同、朔州，河北张家口等辖区的 24 个旗（县、市），海河流域的永定河支流桑干河位于该区域内；第二个是燕山丘陵山地水源保护区，该区主要位于河北张家口坝下及其以东的山地丘陵区，具体包括北京、天津、张家口地区南部和承德地区的 27 个县（区），是官厅、密云和潘家口三大水库的水源地，滦河、潮白河、蓟运河及永定河支流洋河均位于该区域内。区域内因人工樵采、陡坡耕种等破坏植被、水土流失和土地沙化严重（刘拓和李忠平，2010）。

从 1980~2010 年土地利用矢量数据分析结果可以看出，滦河、潮河、滹沱河、漳河

图 5-27　京津风沙源治理海河流域范围

流域内土地利用变化在 1985 年以前主要是林地和草地转化为耕地，在 1990 年后则发生完全相反的变化（Wang et al.，2013）。潮白河流域林地从 1980 年的 48% 增加到 1995 年的65%，草地从 1980 年的 28% 减少到 1995 年的 16%，耕地从 1980 年的 22% 减少到 1995 年的 17%（Wang et al.，2009）。家庭联产承包责任制和京津风沙源治理工程是潮白河流域土地利用变化和转移的主要驱动力（郑江坤，2011），永定河流域 1980～1995 年林地面积有所增加，主要原因与 20 世纪 70 年代末、80 年代初国家推行农村家庭联产承包责任制和实施水土保持措施有关（丁爱中等，2013）。海河流域 1980 年、1990 年、1995 年、2000年、2005 年和 2010 年的土地利用情况如图 5-28 和图 5-29 所示。

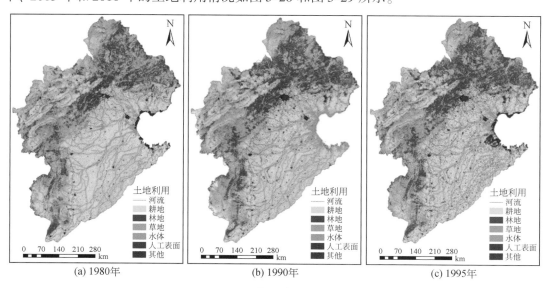

(a) 1980年　　　　　　　　　(b) 1990年　　　　　　　　　(c) 1995年

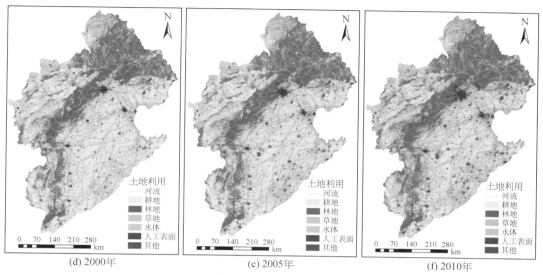

图 5-28　海河流域不同年份土地利用图

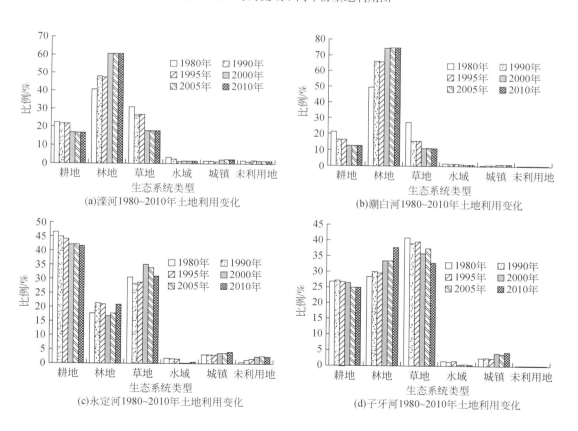

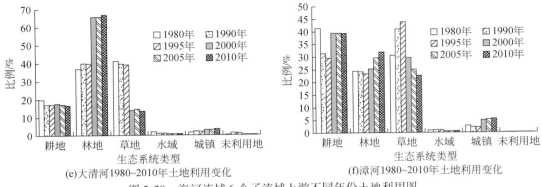

(e)大清河1980~2010年土地利用变化　　　　　(f)漳河1980~2010年土地利用变化

图5-29　海河流域6个子流域上游不同年份土地利用图

5.3.2.5　植树造林

植被恢复能减少土壤侵蚀、削减非点源污染负荷、改善流域健康状况（Sun et al.，2006）、恢复陆生和水生生境、维持生物多样性（Cao，2011）、增加生态系统固碳功能（Greenwood et al.，2011）。因此，植树造林在全球持续升温，许多国家在不同尺度上开展植被恢复（van Dijk and Keenan，2007）。但是，因不同的或相互竞争的生态系统服务功能之间的相互作用，森林生态系统不可能总是提供多重积极的生态系统服务功能（Wang et al.，2011），在某些方面也会产生一些消极的作用，如在增强土壤保持能力的同时会减小流域河川径流量（Iroume and Palacios，2013）。200多年来，森林与产水量的关系一直饱受争论。从古至今，世界各地观测结果显示，森林与产水量的关系从负作用（森林减少产水量）、无作用到正作用（森林增加产水量）都有（Zhou et al.，2015）。但对已开展近1个世纪的"对比试验"结果的解释却使这个争论的结论由100多年前的正作用逐步过度到当今的负作用，以至于形成"造林意味着水资源损失"（Jackson et al.，2005）的普遍观点，人们开始质疑森林恢复及借此吸收温室气体的努力是否值得。植树造林造成流域地表径流减少是研究人员关心的热点问题之一（Greenwood et al.，2011）。

1978年以来，我国实施了世界上最宏伟的环境保护和生态恢复工程，森林覆盖面积从20世纪80年代的16%上升到2009年的20.4%（Wang et al.，2011）。三北防护林体系建设（Three Norths Shelter Forest System Project）是我国最早开展的最大规模的生态恢复工程，工程规划从1978年开始到2050年结束，涉及13个省（自治区、直辖市）的551个县（旗、市、区），总建设面积406.9万km²，分三个阶段（1978~2000年、2001~2020年、2021~2050年）八期（1978~1985年、1986~1995年、1996~2000年，以后每10年为一期）工程进行建设（Cao，2011；Wang et al.，2011）。主要的战略目标包括森林覆盖率由80年代的5%上升到2050年的15%，水土流失区侵蚀模数降低到轻度以下等（国家林业局，2008）。1998年长江全流域严重水灾后，年底我国在长江上游和黄河中上游的17个省、自治区启动了天然林保护工程（The Natural Forest Conservation Program），69%的天然林将受到保护。1999年我国启动了退耕还林、退耕还草工程（Grain for Green Project），通过增加植被覆盖减少水土流失（Wang et al.，2011）。这些环境保护和生态恢复工程的实施，使工程实施区内的植被覆盖度得到极大的提升，同时在生物多样性保护、森林固碳、土壤保持等方面发挥了积极效应（Cao，2011）。在海河流域，工程的实施有效的改善了北京、天津等大中城市的周边生态环境，但工程的实施和管理过程也带来了一定的负面效应。现在中国拥有世界上最大面积的人工林，大规模植树造林所带来的水文效应还不清楚（Sun et al.，2006）。水是海河流域最敏感的限制性生态因子，深刻理解不同地区森林生态系统和水之间的动态交互作用，对发挥森林生态系统服务功能最大化至关重要（Wang et al.，2011）。

植树造林对流域河川径流的影响在北美洲、欧洲、澳大利亚、印度研究较多（Andreassian，2004），我国研究成果集中在干旱、半干旱区（Wang et al.，2011；Yang et al.，2012），植树造林对半湿润半干旱的海河流域带来的水文影响研究较少。在半湿润半干旱区大尺度、长时间的植树造林对流域河川径流量到底有没有影响？若有影响，则植树造林多长时间对河川径流量影响达到最大？在制定实施环境保护和生态恢复措施时，如何权衡不同生态系统服务功能之间的关系，使区域内的人们获得更多的福祉？如何最小化类似海河流域半湿润半干旱气候区，大面积造林对脆弱水资源系统造成的冲击？这里将：①为半湿润半干旱区域大规模长时间植树造林造成径流减少提供实证研究；②我国半湿润半干旱植树造林对河川径流量影响的持续时间；③国家层面上大尺度、长时间的植树造林规划如何规避这种不利影响，让森林生态系统服务功能最大化。研究结果将为我国同类地区环境保护和生态修复措施决策提供科学依据，同时对国际上类似地区的环境保护和生态恢复决策也有非常重要的借鉴意义。

为讨论重大生态工程对流域水文循环的影响，本研究收集分析了海河流域 1982～2010 年的 NDVI 数据，分成 8km×8km 的网格，分别在 1982～2010 年、1982～2000 年和 2000～2010 年三个阶段做每一网格的 M-K 趋势分析，取 0.05 显著水平，分成显著增加、增加、不变、减小、显著减小 5 个等级（图 5-30、表 5-14）。

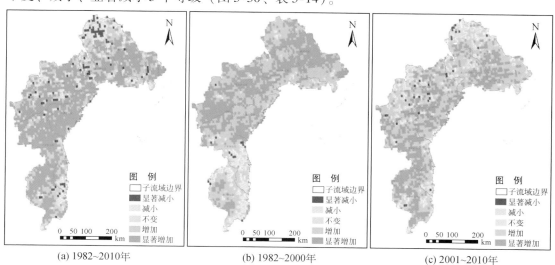

(a) 1982~2010年　　(b) 1982~2000年　　(c) 2001~2010年

图 5-30　海河上游山区 1982～2010 年、1982～2000 年
和 2001～2010 年植被覆盖度趋势变化

表 5-14 1982～2010 年不同子流域植被覆盖度变化趋势面积统计　　（单位:%）

时间	名称	显著减少	减少	不变	增加	显著增加
1982～2010 年	滦河山区	7.6577	19.5195	1.5015	33.3333	37.9880
	北三河山区	3.7249	14.6132	0.2865	35.8166	45.5587
	永定河山区	3.3724	12.6100	0.5865	28.7390	54.6921
	大清河山区	0.7194	2.8777	0.3597	18.3453	77.6978
	子牙河山区	1.7467	7.8603	0.2183	26.4192	63.7555
	漳卫河山区	2.1448	9.1153	0.2681	34.3164	54.1555
1982～2000 年	滦河山区	0.0000	2.3881	0.2985	48.2090	49.1045
	北三河山区	0.0000	3.1339	2.5641	54.9858	39.3162
	永定河山区	0.1456	1.7467	0.5822	38.1368	59.3886
	大清河山区	0.0000	1.4388	0.3597	55.0360	43.1655
	子牙河山区	1.9523	18.2213	4.5553	51.6269	23.6443
	漳卫河山区	0.5291	24.3386	6.8783	52.1164	16.1376
2001～2010 年	滦河山区	1.7910	20.2985	6.2687	48.5075	23.1343
	北三河山区	0.8547	10.8262	5.4131	55.2707	27.6353
	永定河山区	2.0378	19.3595	6.4047	47.5983	24.5997
	大清河山区	0.3597	5.0360	1.0791	51.4388	42.0863
	子牙河山区	0.6508	7.3753	3.9046	46.6377	41.4317
	漳卫河山区	0.5291	10.3175	5.0265	36.2434	47.8836

　　三北防护林经过第一阶段四期 30 余年的建设，在森林面积和森林质量都得到了一定程度的提高，上游山区的滦河、潮白河、永定河和大清河 4 个工程实施区的子流域植被覆盖明显增强，而在非工程实施区的子牙河和漳河 2 个流域相对工程区的 4 个流域植被覆盖变化较小。处于京津风沙源治理工程区内的子牙河和漳河植被覆盖度也发生显著的变化，这也印证了 2000 年前后可能是滦河、潮白河、永定河和大清河 1980～2010 年径流发生突变的时间。

　　30 年前研究人员开始注意到植树造林会引起径流减少（Bosch and Hewlett，1982），近十年相关的研究成果逐渐增多（Zhang et al.，2004；Farley et al.，2005），更具体的说在澳大利亚、新西兰和南非都有松属植树造林对河川径流量影响的报道。Webb 和 Kathuria（2012）研究了澳大利亚植树造林和疏伐对河川径流量的影响，在第一个 20 年的研究中发现，河川径流量与人工林的时间或年龄呈强烈显著负相关，其他研究者也得到了类似的结论（Putuhena and Cordery，2000），这个结果也得到澳大利亚当局的认同（Webb and Kathuria，2012）。如今植树造林和其他类型的植被管理及土地利用变化对水文的影响在全球范围内得到认同（Zhang et al.，2001；Wilcox，2002；Andreassian，2004；Ming and Jingjie，2008；Oudin et al.，2008；Zhao et al.，2010）。有效预测气候变化背景下的可利用水资源量及政策制定者适应性响应、大面积长时间植树造林对水文的影响都是水资源管理者近年来关心的核心问题（Greenwood et al.，2011）。植树造林改变土地利用方式，植被覆盖从草地或耕地转化成林地会导致年均径流量减小（Bosch and Hewlett，1982；Zhang et al.，2001）。大规模植树造林会大幅度减少河川径流量（van Dijk and Keenan，2007），提高下游用水成本，影响下游灌区灌溉用水安全。小流域的土地覆被改变低于 15% ~ 20% 时，河川径流量不会发生显著的变化（Bosch and Hewlett，1982；Trimble et al.，1987；Stednick，1996）。当源头区的林木植被增加 10% 时，流量减小 17%（Herron et al.，2002）。植树造林使中国北部半干旱黄土高原地区平均产水量减少 50mm/a，占产水量的 50%，而在中国南部的热带雨林则高达 300mm/a，占产水量的 30%（Sun et al.，2006），这对水资源短缺地区的影响是巨大而深远的（Herron et al.，2002），严重损害了河流生态系统健康（Cao，2011），威胁着下游的水资源安全（van Dijk and Keenan，2007）。可见，在水资源紧张区域大规模植树造林应该深思之、慎行之（van Dijk and Keenan，2007）。

人工林对降水的消耗要高于自然植被对降水的消耗，干旱半干旱区植树造林的潜在蒸散发是自然草地的 3.5 ~ 7.9 倍（Mu et al.，2003），森林植被增加导致流域的地表径流减少（Jackson et al.，2002；Wang et al.，2003；Cao et al.，2007）。在我国北方地区，植被造林区域的平均径流量较草地和农田减少 77%（57% ~ 96%）（Cao，2008）。径流减少意味着降水被截留的比例增加，减少了水力侵蚀，但在雨季截留的水分并没有充分的补给土壤和地下水，而是被种植的树木快速消耗掉（Cao，2008），植树造林增加了森林植被，减少了雨季降水对地下水和河川径流的补给（Cao et al.，2007），大面积的植树造林似乎加剧了中国北方地区的水资源短缺（Cao，2008）。

不幸的是，植树造林作为成功经验在中国的许多降水并不丰沛，不足以支撑森林生态系统良性发展的地区被大力推广（Wang et al.，2003；Sankaran et al.，2005）。在中国北部的干旱半干旱地区，由于年降水量较少，人工林中的土壤水常常是亏缺的（Mu et al.，2003），并不适合选择乔木作为恢复物种进行高密度种植（Wang et al.，2003；Zhao and Li，2005；Yang et al.，2012）。由于速生林巨大的土壤水消耗，当草原和农田生态系统被森林生态系统代替时，降水和环境变化之间呈清晰的负相关（Liu et al.，2004；Raffaelli，2004）；在脆弱的干旱半干旱农业区，这些水分在雨季并不能得到有效的补充（Cao，2008），这些事实常常被决策者忽视（Cao，2011）。

Cao（2008）认为任何一个地区的地下水储备都是长时间历史的积累，并且与该地区的气候达到平衡。在干旱区，即使自然降水不足以支撑森林植被，但是在植树造林初期依然能维持树木的耗水需求。然而，随着造林面积的增加和树木的生长，森林会逐渐耗尽地下水来弥补降水的不足。这种消耗在植树造林初期影响较小，结果人们就被小规模、短期植树造林成功的假象所蒙蔽。不幸的是，地下水消耗增加带来的负面影响往往在很多年以后才显现。如果政策制定和实施者不愿意修订现在的战略方案，植树造林不仅会影响当前的景观，而且会对中国未来环境产生深远的负面影响。

如果森林覆盖率达到三北防护林体系建设的目标值 14.4%，就意味着在中国的西部每年减少水资源量 110 亿 m³（Zhang and Song，2003）。因此，在评估植树造林的固碳作用的同时也要权衡当地水资源的可利用性（Greenwood et al.，2011），Cao（2011）认为是政府重新仔细评估其政策实施所选择的物种和地点的时候了。

我们面临的挑战是设计出有效的政策规避这种不利影响（Wiggins et al.，2004）。简单的说，人类对食物、能源和其他利益的追求驱动土地利用变化，环境保护和生态恢复目标是平衡和削弱土地利用变化之间的冲突，其制定实施是历史上从未有过先例的，没有经验可以借鉴的（Agrawal et al.，2008）。这就需要深刻认识和强烈倡议更好的治理生态环境，创造更好的生态环境满足人类的基本需求，提供生计所必需的可利用资源，发展并维持生态系统和生物多样性，制订减缓和适应气候变化带来影响的政策措施（Cao，2011）。因此，一个成功的环境保护和生态恢复政策的制定实施需要不同背景、跨学科的土地管理者、政策决策人、科学家和教育人士共同参与（Gold et al.，2006）。在很多情况下，问题的根源可能不是市场失灵，而是政策的扭曲（Ahn et al.，2008）。考虑到利益分配不均，成功的环境保护和生态恢复政策需要发展制度以确保各方利益（Kerr，2002）。因此，我们在制定相关环境保护和生态恢复政策时需要：

1）对于大流域而言（集水面积>1000km^2），土地利用、气候、地形和地质状况都对产流起着重要的作用，一个地区的水文研究结果很难应用到另外一个区域（Venkatesh et al.，2014）。流域土壤条件、气候条件和覆被树种对水文的影响必须受到关注（Andreassian，2004）。植树造林若忽视地形、气候和水文上的差异，势必影响树木成活率，在这种情况下盲目推行其政策不但不会改善生态环境，相反会导致环境恶化（Cao，2011）。在湿润地区，当发生持续降水，土壤水达到饱和，即使整个流域都是森林生态系统，其产流也会和退化流域一样高（Venkatesh et al.，2014），但在干旱半干旱和半湿润半干旱地区结果与湿润地区会完全不一样。

2）在树种选择和恢复模式上，Mathur 等（1976）通过9年的试验研究发现，同样是森林生态系统，不同树种对径流影响的差别非常大，桉树林较其他类型的森林，能减少23%的径流量，同时能削减73%的洪峰流量。当植被覆盖减小10%，针叶型森林产水增加20~25mm，桉树型森林仅增加6mm（Sahin and Hall，1996）。以前的研究结果是，灌木植树造林植被覆盖增加10%，径流减小5mm；而落叶阔叶林植被覆盖减少10%，产水量增加17~19mm。许多研究量化并比较不同植被类型对水的需求，得出的主要结论是森林植被较其他浅根植被（如农作物、牧场、草原和灌木）会消耗更多的水分，产生较少的地表径流，提供较少的地下水补给和河川径流量（van Dijk and Keenan，2007）。印度的非政府组织和环境保护组织严厉的抨击在裸地大规模种植桉树的行为，认为桉树会造成更大的水耗（Venkatesh et al.，2014）。在自然草地被桉树替代的前10年里，人工桉树林产水减少16%，达到平均每年减少87mm（Sharda et al.，1988）。

3）在管理模式上，不同的森林管理措施对径流的影响也存在差异，间伐20%时，在第一年能显著增加洪峰流量，但随着植被覆盖的变化，在随后的几年洪峰流量很快就被削弱（Subba et al.，1985）。通过人工林疏伐可以短时间增加河川径流量，疏伐25%，河川径流量显著增加，但持续时间有多长，研究结果不尽一致，辐射松可以持续2~3年（Lesch and Scott，1997），杰克松可持续3~10年（Baker and Humpage，1994），也有研究为6年（Webb and Kathuria，2012）。然而类似的研究也发现不同的结论，在印度东北部的研究发现，植树造林后基流较植树造林前增加了 20% ~ 40% （Satapathy and Dutta，2007）。研究还发现，在植树造林的第 6 年，人工林生长迅速，林冠郁闭度占据了工程实施区域，对径流的影响程度达到最大（Webb and Kathuria，2012）。Zhao 等（2010）在类似的区域得出类似的结论，人工林在第 7 年对径流的影响达到最大。

现在面临的挑战是如何量化植树造林对河川径流的影响，为相关的环境保护和生态恢复措施调整提供更可靠、更科学的基础信息。尽管科学家正在积极研究多重生态系统服务，但环境保护和生态系统恢复实践依然是集中在某一时间的某一种生态系统服务上（Tallis et al.，2008）。Cao（2011）认为国家林业局热衷于植树造林，对草地恢复和其他非森林恢复兴趣不大。另外，植树造林常常忽视地形、气候和水文上的差异，而所有这些都影响树木的成活率，在这种情况下盲目推行其政策不但不会使生态环境得到改善，相反会导致环境恶化。需要特别引起注意的是，森林生态系统不仅包括乔木和灌木，而且包括草原植被、草本物种、地衣物种，以及所有这些所构成的复杂植物群落，环境保护和生态恢复与管理的可持续战略必须是生态、经济和社会协调发展。为减少环境保护和生态恢复的成本，增加工程实施长期成功的可能性，管理者需重点关注适合当地环境条件的自然生态系统恢复重建。选择实施环境保护和生态恢复区域必须兼顾国家及全球环境健康和可持续发展需要，但也必须兼顾实施区域经济的长期需求。深刻理解什么是最迫切需要、最有效环境保护政策系统，同时必须加强更加合适的环境保护和生态恢复干预研究。

5.3.2.6 气候变化和人类活动对径流变化的贡献率

气候变化和人类活动对径流变化的影响程度或者说贡献率大小一直是生态水文学研究的热点和难点。研究手段多为水文模型、敏感性分析及气候弹性模型等。为量化气候变化和人类活动对海河流域径流减小的贡献率，收集计算上游山区 1982 ~ 2010 年的植被覆盖度月数据（每月两期），依据植被覆盖度，按照 8km×8km 的栅格，计算海河上游山区 6 个子流域月叶面积指数（LAI），不同的土地覆被叶面积指数计算公式如表 5-15 所示（Feng et al.，2012），结果如图 5-31 所示。

表 5-15　NDVI 和 LAI 的换算关系

土地覆盖	公式
农田	LAI=0.7271×exp（3.0236×NDVI）
阔叶林	LAI=0.5628×（1+NDVI）/（1-NDVI）+0.3817
针叶林	LAI=3.482×NDVI+0.4378
灌丛	LAI=1.1273×（1+NDVI）/（1-NDVI）-0.3468
草地	LAI=0.8253×exp［0.3309×（1+NDVI）/（1-NDVI）］
其他	0

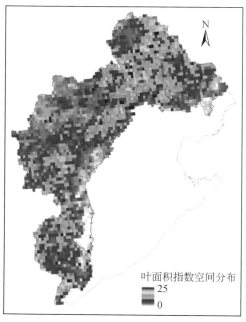

图 5-31　月 LAI 结果示意图

　　按照同样的栅格，对收集的月降水数据和月平均气温数据在考虑地形等影响因素的条件下进行空间插值（图 5-32、图 5-33），利用插值产生的月平均气温，按照式（5-15）计算每个栅格的潜在蒸散发（PET）（Sun et al.，2011），计算结果示意图如图 5-34 所示。

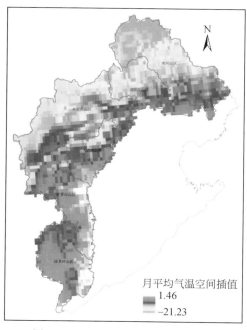

图 5-32　月均气温空间插值示意图

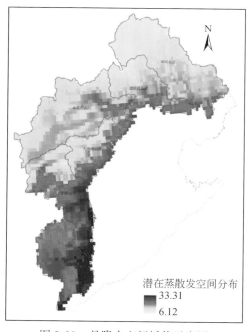

图 5-33　月降水空间插值示意图

$$PET = 0.1651 \times Ld \times RHOSAT \times Nd \qquad (5-15)$$

图 5-34　月潜在蒸散发计算结果示意图

其中

$$Ld = arcos(-\tan\psi\tan\delta) \qquad (5-16)$$
$$\delta = 0.4093\sin[(2\pi/365) \times J - 1.405] \qquad (5-17)$$
$$RHOSAT = 216.7ESAT/(T+273.3) \qquad (5-18)$$
$$ESAT = 6.108\exp[17.26939T/(T+237.3)] \qquad (5-19)$$

式中，Ld 为每月平均日常时间；RHOSAT 为月平均温度下的饱和蒸汽压（T，C）；Nd 为每月的实际天数；ψ 为纬度；δ 为太阳赤纬角；J 为儒略日。

依据流域水文站年径流量数据将其换算成径流深，根据水量平衡方程：

$$Q = PPT - ET \qquad (5-20)$$

计算每个栅格的年实际蒸散发 ET。同时月实际蒸散量 ET 是潜在蒸散量 PET、降水 PPT 和叶面积指数 LAI 的函数，即

$$ET = f(PET, PPT, LAI) \qquad (5-21)$$

通过潜在蒸散量、降水和叶面积指数回归计算，其计算公式如式（5-22）所示（Feng et al.，2012）。

$$ET_i = k_1 + k_2 \times PET_i \times PPT_i + k_3 \times PPT_i \times LAI_i + k_4 \times PET_i \times LAI_i \qquad (5-22)$$

首先计算出每一个 8km×8km 栅格上每月的 $PET_i \times PPT$、$PPT_i \times LAI$ 和 $PET_i \times LAI_i$，每个栅格的年蒸散发为

$$\mathrm{ET}_{\text{年}} = 12k_1 + k_2 \sum_{i=1}^{i=12} (\mathrm{PET}_i \times \mathrm{PPT}_i) + k_3 \sum_{i=1}^{i=12} (\mathrm{PET}_i \times \mathrm{LAI}_i) + k_4 \sum_{i=1}^{i=12} (\mathrm{LAI}_i \times \mathrm{PPT}_i)$$

$$(5\text{-}23)$$

依据水文循环陆地阶段的水量平衡方程：

$$Q = \mathrm{PPT} - \mathrm{ET} \pm \Delta S \tag{5-24}$$

式中，Q 为流域径流量；PPT 为流域年降水量；ET 为流域年实际蒸散量；ΔS 为土壤蓄水（mm/a）。在长时间序列上，假定土壤水年际间变化不大，忽略不计。根据式（5-24）即可计算出实际的 ET。

结合水量平衡方程及构建的年 ET 计算模型，将准备好的 17 个流域（图 5-35）1982～2010 年每月的 PPT、PET、LAI、年径流和实际计算的年 ET 等数据在流域尺度上形成一个数据集，其中 12 个流域的数据采用回归程序求取 k_1、k_2、k_3、k_4，即率定方程。经回归分析后求得式（5-22）中的 k_1、k_2、k_3、k_4 分别为 16.95、0.0004、-0.2607 和 0.7351，即海河流域月 ET、PPT、LAI 和 PET 之间的关系为

$$\mathrm{ET} = 16.95 + 0.0004\mathrm{PET} \times \mathrm{PPT} - 0.2607\mathrm{PPT} \times \mathrm{LAI} + 0.7351\mathrm{PET} \times \mathrm{LAI} \tag{5-25}$$

图 5-35　月 ET 模型率定和验证流域

通过上述海河 ET 计算公式计算 5 个用于验证流域 1982～2010 年的月尺度 ET，通过月实际蒸散量加和求取年实际蒸散量，与根据水量平衡方程计算的 ET 和通过降水、气温和 LAI 计算的 ET 对模型进行验证，其结果如图 5-36 所示。

各项参数及详细计算过程参见文献 *Regional Effects of Vegetation Restoration on Water Yield Across the Loess Plateau，China*（Feng et al.，2012）。

通过构建的 ET 模型核算出海河流域植被变化和气候变化（降水及气温）对径流减小的贡献率，其具体步骤如下。

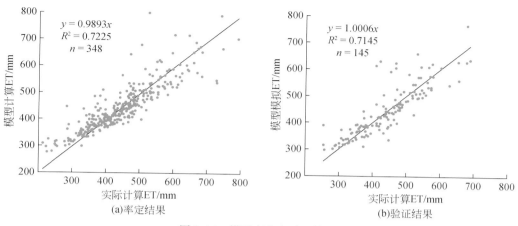

图 5-36　模型率定和验证结果

将 1982～2010 年共计 29 年的数据按照突变分析结果（2000 年为可能突变点），以 2000 年为时间节点分为 1982～2000 年和 2001～2010 年两个时间段进行计算，过程如下。

第一步：分别计算 2001～2010 年和 1982～2010 年的年平均 PPT 和 ET，记为 PPT_2、ET_2 和 PPT_1、ET_1，计算年径流实际减少量 ΔR：

$$\Delta R = R_2 - R_1 = (PPT_2 - ET_2) - (PPT_1 - ET_1) = PPT_2 - PPT_1 - ET_2 + ET_1 \quad (5\text{-}26)$$

第二步：以 1982～2000 年的月平均 PPT、PET，2001～2010 年的月平均 LAI，计算 ET_3。

土地利用变化带来的径流变化效应：

$$(R_3 - R_1)/\Delta R = (ET_1 - ET_3)/\Delta R \quad (5\text{-}27)$$

第三步：将 1982～2000 年的月平均 LAI，以及 2000～2010 年的月平均 PPT 和 PET，计算 ET_4。

气候变化带来的径流变化效应：

$$(R_4 - R_1)/\Delta R = (PPT_2 - PPT_1 + ET_1 - ET_4)/\Delta R$$

根据海河流域的 ET、PPT、植被覆盖度和 PET 关系式求得海河流域山区 1982～2010 年气候变化对径流变化的贡献率为 79%、植被变化的贡献率为 24%，三北防护林区域内 4 个子流域的气候变化和土地利用变化对径流变化的贡献率如图 5-37 所示。

Xu 等（2013）采用 geomorphology-based hydrological model（GBHM）大尺度水文模型和气候弹性模型研究滦河潘家口水库上游 1956～2005 年人类活动对年径流的影响，土地利用/覆被变化使径流减少 2.5mm，占整个流域径流量减少的 8.8%。潮河和白河土地利用变化对径流变化的贡献率分别为 42% 和 24%，潮白河各嵌套流域森林植被变化引起的径流量变化占径流量变化的 60%～70%（郑江坤，2011）。Xu 等（2014）分析了海河上游山区 33 个集水区 1956～2005 年径流变化，在突变前后，年平均径流量减少了 43mm，气候变化因素（主要是降水减少）占 26.9%、土地利用变化因素（植被增加）占 73.1%。赵阳等（2012）利用 annual water yield（AWY）模型及分离评判法定量分析了 1956～2010

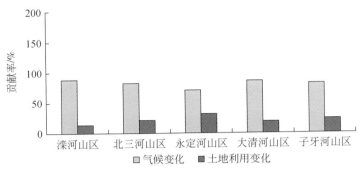

图 5-37　海河流域气候变化和植被变化对径流变化的贡献率

年气候和土地利用变化对潮白河流域年径流的影响（下会和张家坟站），认为气候变化是潮河、白河流域年径流减少的主要原因，贡献率分别为 59.3% 和 93.5%；土地利用变化的贡献率相对较小，分别为 40.7% 和 6.5%；不同土地利用类型对流域年径流变化的影响差异较大：林地对径流变化的贡献率平均达到 67%，耕地和草地分别为 18% 和 15%，水域、未利用地因所占面积比例小，与流域年径流变化相关性不显著。Wang 等（2009）认为，在潮河流域，气候变化引起 35% 的径流减少，人类活动引起 68% 的径流减少；在白河流域，气候变化引起 31% 的径流减少，人类活动引起 70% 的径流减少。Ma 等（2010）在密云水库上游采用 GBHM 水文模型和气候弹性模型模拟的结果显示，气候变化的贡献率为 55% 和 51%，GBHM 模拟人类活动间接影响（土地利用和植被变化）水库入库流量变化的贡献率为 18%。

　　Bao 等（2012b）选取滦河流域的桃林口水文站、白河流域的张家坟水文站和漳河流域的观台水文站，研究海河流域气候变化和人类活动对径流的影响。结果表明，气候变化对桃林口、张家坟和观台的径流影响分别为 58.5%、40.1% 和 26.1%，人类活动对径流的影响分别为 41.5%、59.9% 和 73.9%，说明气候变化是桃林口水文站径流减少的主要原因，人类活动是引起张家坟和观台水文站径流较少的主要原因。

　　Wang 等（2013）选取滦河、潮河、滹沱河、漳河，分析了 1957～2000 年气候变化和人类活动对径流的影响，采用降水-径流双累积曲线和 Pettitt's 检验后发现，1977 年前后径流发生突变，采用水文模型、敏感性分析和气候弹性模型三种方法分析气候变化和人类活动对径流减少的贡献率，在滦河、潮河和漳河流域人类活动的贡献率均超过了 50%。水文模型、敏感性分析和气候弹性模型三种方法计算出人类活动对径流减少的贡献率分别为滦河 61%、67% 和 57%，潮河 54%、66% 和 65%，漳河 69%、65% 和 64%；气候变化对滹沱河径流减少的贡献率为 70%、72% 和 69%。Zeng 等（2014）在漳河的研究表明，气候变化对漳河年径流影响要大于人类活动，但在季节尺度上则变化较大，在雨季，人类活动贡献率达到 57%，高于气候变化的贡献率；而在旱季，气候变化的贡献率占到了 72%，高于人类活动的贡献率。在气候变化背景下，优化土地利用结构与方式是实现潮河流域水资源科学管理的有效途径之一（郭军庭等，2014）。海河流域气候变化和人类活动对径流变化影响的相关结果如表 5-16 所示。

表 5-16　气候变化和人类活动对海河流域径流变化的影响

河系	集水区	研究时间段	方法/模型	人类活动贡献率/%	气候变化贡献率/%	参考文献
海河	海河山区 33 个子流域	1956~2005 年	基于 Budyko 假设 Choudhury-Yang 公式	73.1	26.9	Xu et al.，2014
滦河	滦县站以上（44 100 km²）	1957~2000 年	水文模型和回归模型	57~67	33~43	Wang et al.，2013
	潘家口水库以上（33 700 km²）	1956~2005 年	分布式水文模型（GBHM）	61	39	Xu et al.，2013
	青龙河桃林口水库以上（5060 km²）	1957~2000 年	VIC 模型	58.5	41.5	Bao et al.，2012b
潮白河	密云水库以上（15 800 km²）	1956~2005 年	分布式水文模型（GBHM）	41	55	Ma et al.，2010
	潮河	1961~2001 年	分布式月水量平衡模型（DTVGM）	68.6	35.1	Wang et al.，2009
	潮河戴营水文站以上（4701km²）	1957~2000 年	水文模型、敏感性分析、弹性模型	54~66	34~66	Wang et al.，2013
	潮河	1961~2001 年	基于 Budyko 曲线分解法	64.7	35.3	Wang and Hejazi，2011
	潮河下会	1956~2009 年	SWAT 模型	42（土地利用/覆被变化）		郑江坤，2011
	潮河下会	1956~2008 年	AWY 模型及分离评判法	40.7（土地利用/覆被变化）	59.3	赵阳等，2012
	白河	1954~2004 年	VIC 模型	52.8	47.2	Bao et al.，2012b
	白河	1961~2001 年	基于 Budyko 曲线分解法	70.4	30.7	Wang and Hejazi，2011
	白河张家坟水文站以上（8506km²）	1954~2004 年	VIC 模型	59.9	40.1	Bao et al.，2012b
	白河张家坟	1956~2008 年	AWY 模型及分离评判法	6.5（土地利用/覆被变化）	93.5	赵阳等，2012
	白河张家坟	1956~2009 年	SWAT 模型	24（土地利用/覆被变化）		郑江坤，2011

河系	集水区	研究时间段	方法/模型	人类活动贡献率/%	气候变化贡献率/%	参考文献
永定河	官厅水库水文站以上（44 700km²）	1956～2000年	分布式水文模型	7.9（土地利用/覆被变化）		Wang et al.，2010
漳河	观台水文站以上（17 800km²）	1957～2000年	VIC 模型	73.9	26.1	Bao et al.，2012b
	观台水文站以上（17 800km²）	1957～2000年	水文模型和回归模型	64～69	31～36	Wang et al.，2013

5.3.3　地表径流减小的影响

5.3.3.1　河流断流

流域地表径流下降到一定程度时就会引起河流断流，严重影响流域生态系统平衡，损害流域生态健康。依据资料掌握情况，选取 21 条河流 1980～2010 年统计的断流天数，采用 M-K 检验法进行断流趋势分析。结果显示，1980～2010 年，参加分析的 21 条河流，断流天数显著上升的河流共 11 个，占 52%，其中，0.1 水平上 3 条、0.05 水平上 5 条、0.001 水平上 3 条；显著下降的站点共 1 条（0.05 水平），占 5%；变化趋势不明显的 9 条，占 43%，其结果如图 5-38 所示。

在子流域水平上，滦河断流天数变化趋势不明显。海河北系北四河下游平原的 4 条河流，除蓟运河变化趋势不明显外，潮白河、北运河、永定河均在 0.05 水平上显著增加。海河南系大清河山区的唐河断流天数在 0.001 水平上显著增加；大清河淀西平原的白沟河和南拒马河分别在 0.05 水平和 0.001 水平上显著增加；大清河淀东平原的独流减河变化不明显，子牙河断流天数在 0.05 水平上显著减少；子牙河平原的潴龙河在 0.1 水平上显著增加，滹沱河、洚阳河断流天数变化趋势不明显；黑龙港及运东平原的卫运河、漳卫新河变化趋势不明显，南运河在 0.05 水平上显著增加。漳卫河平原的漳河变化趋势不明显。其他子流域因数据原因未作分析。

1980～2010 年，海河流域 50% 以上河流断流天数在不同程度上呈现增加趋势，仅子牙河在 0.05 水平上显著减少。

5.3.3.2　入海水量变化

地表径流减少最直接的影响就是入海水量减少。选取 1980～2010 年入海水量进行 M-K 趋势分析。整个海河流域，入海水量变化不明显，海河南系在 0.05 水平上显著增加，滦河及冀东沿海河北省入海水量在 0.05 水平上显著减少，海河北系天津市变化不明显，海河南系天津市在 0.01 水平上显著增加，海河南系河北省在 0.05 水平上显著增加，海河南系山东省在 0.01 水平上显著减少，徒骇马颊河山东省在 0.05 水平上显著增加（图 5-39）。

图 5-38　1980～2010 年海河流域断流天数趋势变化

图 5-39　1980～2010 年海河流域各省入海流量变化趋势

5.3.3.3　地下水位下降

地表径流减少或河流发生断流后，切断了地表水和地下水之间的纵向联系，对地下水的补给减小，地下水抽取后地下水位不能及时回升。海河流域已经形成我国最大的地下水漏斗区，地下水过度开采是导致地下水漏斗形成和不断扩大的主要原因，而径流减少使地下水无法得到及时充分补给也是其形成的重要原因，它对地下水位下降和地下水漏斗形成及扩大起到了推波助澜的作用。

5.3.3.4　泥沙变化

流量减小直接引起输沙量减小，造成河口造陆速率降低，河口三角洲湿地发生变化。根据资料掌握情况，选择数据序列较好、相对具有代表性的 30 个水文站点 1990～2010 年的泥沙数据，采用 M-K 检验法进行输沙量变化趋势分析。

参与分析的 30 个水文站点中，显著下降的站点共 25 个，占 83.3%，其中，0.1 水平上 1 个、0.05 水平上 6 个、0.01 水平上 3 个、0.001 水平上 15 个。显著上升的站点共 1 个（0.05 水平），占 3.3%。没有显著变化的站点 4 个，占 13.3%（图 5-40）。

图 5-40　1990～2010 年海河流域输沙量趋势变化

在子流域尺度上（水资源三级区），滦河山区 11 个站点参与评估，9 个站点呈现显著下降趋势，其中 7 个站点在 0.001 水平上显著下降、0.01 和 0.05 水平上各 1 个、2 个站点变化趋势不明显。滦河平原及冀东沿海诸河 3 个站点参与评估，2 个站点在 0.001 水平上显著下降、1 个站点在 0.01 水平上显著下降。北三河山区 1 个站点参与评估，在 0.001 水平上显著下降。北四河下游平原 3 个站点参与评估，分别在 0.05 水平、0.01 水平和 0.001 水平上显著下降。永定河册田水库至三家店区间 5 个站点参与评估，3 个站点在 0.001 水平上显著下降、

1个站点在0.05水平上显著下降、1个站点变化趋势不明显。大清河淀西平原3个站点参与评估，2个站点在0.05水平上显著下降、1个站点在0.1水平上显著下降。永定河册田水库以上1个站点参与评估，在0.001水平上显著下降。子牙河山区1个站点参与评估，在0.05水平上显著下降。黑龙港及运东平原1个站点参与评估，在0.05水平上显著增加。漳卫河平原1个站点参与评估，变化趋势不明显。大清河山区、大清河淀东平原、子牙河平原、漳卫河山区、徒骇马颊河平原5个子流域因数据原因没有分析。

1990~2010年，海河流域参与评估的泥沙站点83.3%输沙量出现不同水平的下降，海河流域输沙量整体呈现下降趋势，仅黑龙港及运东平原1个站点有增大趋势。

第6章 海河流域地表水环境及农田生态系统氮素平衡变化特征

生态系统类型、岸边带生态系统类型及自然植被覆盖度、农业活动状况、产业结构状况，以及工业废水和生活污水排放强度等共同影响地表水环境质量。在海河流域，耕地面积比例、1000m 岸边带自然植被覆盖度、农村人口密度、第二产业总产值密度和工业氨氮排放强度是影响地表水环境质量的关键因素。海河流域农田生态系统氮素输入、输出持续增加，氮素盈余强度不断加大，环境风险增加。

6.1 地表水环境变化特征及驱动力

6.1.1 地表水环境与排污强度变化特征

选取 2002 年、2004～2010 年 8 年子流域尺度上Ⅰ、Ⅱ、Ⅲ类水体，Ⅳ、Ⅴ类水体和劣Ⅴ类水体河段长度占参评河流河段长度的比例数据，进行 M-K 趋势分析（图6-1）。8 年间，海河流域各子流域上、下游的水质变化不大，滦河山区Ⅰ、Ⅱ、Ⅲ类水在 0.05 水平上显著增加，水质明显好转；漳卫河山区Ⅳ、Ⅴ类水质在 0.05 水平上显著增加，劣Ⅴ类水质在 0.1 水平上显著增加，水质变差；北四河下游平原及大清河淀西平原劣Ⅴ类水质在 0.1 水平上显著增加，水质有恶化趋势。其他区域水质没有明显变化。海河流域在社会经济高速

(a) 2002~2010年Ⅰ、Ⅱ、Ⅲ类水变化趋势

(b) 2002~2010年Ⅳ、Ⅴ类水变化趋势

(c) 2002~2010年劣Ⅴ类水变化趋势

图 6-1 2002 年、2004～2010 海河流域水资源三级区水质趋势变化

发展的同时，地表水质基本处于稳定状态。

海河流域排污强度也呈现出明显的空间异质性。选取 2000～2010 年 11 年间海河流域水资源三级区工业污水排放强度、工业 COD 排放强度、工业氨氮排放强度、生活污水排放强度、生活 COD 排放强度、生活氨氮排放强度 6 个指标进行 M-K 趋势分析，其结果如图 6-2 所示。

(a) 2000～2010年工业COD排放强度变化趋势

(b) 2000～2010年工业氨氮排放强度变化趋势

(c) 2000～2010年工业污水排放强度变化趋势

(d) 2000～2010年生活污水COD排放强度变化趋势

(e) 2000~2010年生活污水氨氮排放强度变化趋势

(f) 2000~2010年生活污水排放强度变化趋势

图6-2　2000～2010年海河流域水资源三级区排污强度变化趋势

工业污水排放强度在北三河山区（0.1水平）、黑龙港及运东平原（0.01水平）、滦河山区（0.1水平）、徒骇马颊河平原（0.001水平）、永定河册田水库以上（0.1水平）、漳卫河平原（0.01水平）、漳卫河山区（0.05水平）7个水资源三级区呈现不同水平上的显著增加；北四河下游平原、永定河册田水库至三家店区间两个水资源三级区均在0.05水平上显著下降；其他6个水资源三级区变化不显著。

工业COD排放强度仅永定河册田水库以上在0.01水平上显著增大；北四河下游平原（0.1水平）、大清河淀东平原（0.01水平）、大清河山区（0.01水平）、黑龙港及运东平原（0.05水平）、滦河平原及冀东沿海诸河（0.05水平）、漳卫河山区（0.001水平）、漳卫河平原（0.01水平）、子牙河平原（0.001水平）8个水资源三级区在不同程度上显著下降；其他6个水资源三级区变化不显著。

工业氨氮排放强度仅永定河册田水库以上在0.05水平上显著增大；变化不显著的仅子牙河山区；其他13个三级区均在不同水平上呈现下降趋势，分别为滦河山区（0.05水平）、滦河平原及冀东沿海诸河（0.05水平）、北三河山区（0.01水平）、北四河下游平原（0.05水平）、永定河册田水库至三家店区间（0.01水平）、大清河山区（0.01水平）、大清河淀西平原（0.01水平）、大清河淀东平原（0.05水平）、子牙河平原（0.05水平）、黑龙港及运东平原（0.1水平）、漳卫河山区（0.01水平）、漳卫河平原（0.05水平）、徒骇马颊河平原（0.05水平）。

生活污水排放强度除漳卫河山区和漳卫河平原2个三级区变化趋势不明显外，其他13个三级区均呈现不同水平的显著增加，分别为滦河山区（0.01水平）、滦河平原及冀东沿海诸河（0.001 水平）、北三河山区（0.05 水平）、北四河下游平原（0.01 水平）、永定河册田水库以上（0.01 水平）、永定河册田水库至三家店区间（0.05 水平）、大清河山区（0.1 水平）、大清河淀西平原（0.05 水平）、大清河淀东平原（0.001 水平）、子牙河山区（0.001 水平）、子牙河平原（0.001 水平）、黑龙港及运东平原（0.05 水平）、徒骇马颊河平原（0.05 水平）。

生活 COD 排放强度漳卫河山区和漳卫河平原 2 个三级区均在 0.05 水平上显著下降；北三河山区、北四河下游平原、大清河淀西平原、大清河山区、徒骇马颊河平原、永定河册田水库至三家店区间 6 个三级区变化趋势不明显；其他 7 个三级区均在不同水平上显著增大，分别为滦河山区（0.05 水平）、滦河平原及冀东沿海诸河（0.05 水平）、大清河淀东平原（0.1 水平）、永定河册田水库以上（0.1 水平）、子牙河山区（0.05 水平）、子牙河平原（0.01 水平）、黑龙港及运东平原（0.05 水平）。

生活氨氮排放强度北三河山区（0.05 水平）、大清河山区（0.1 水平）、永定河册田水库至三家店区间（0.01 水平）3 个三级区在不同水平上显著下降；北四河下游平原、大清河淀西平原、大清河淀东平原、漳卫河山区、漳卫河平原、子牙河山区 6 个三级区变化趋势不明显；滦河山区（0.05 水平）、滦河平原及冀东沿海诸河（0.05 水平）、永定河册田水库以上（0.05 水平）、子牙河平原（0.05 水平）、黑龙港及运东平原（0.05 水平）、徒骇马颊河平原（0.1 水平）6 个三级区在不同水平上显著上升。

6.1.2 地表水环境变化驱动力分析方法

流域水质对人类健康和社会经济发展发挥着重要的作用。人类活动通过多种方式，如土地利用变化（Lee et al.，2009；Wan et al.，2014）及社会经济活动，强烈的改变着水文循环和流域地表水质。人类社会经济活动，如快速城市化和工业化，造成土地利用异质性，土地利用反过来也会对社会经济活动发展产生制约，土地利用类型与社会经济活动相互作用，共同作用于河流生态系统，显著改变流域地表水质（Uriarte et al.，2011；Liu et al.，2013；Teixeira et al.，2014），因此综合考虑土地利用类型和社会经济特征能更准确地反映其与水质的关系（Wang et al.，2012）。研究发现，常规水质物理化学指标（如水温、pH、DO、COD、BOD_5、SS、电导率、浊度、Ca^{2+}、Mg^{2+}、SO_4^{2-} 等）（Buck et al.，2004；Chattopadhyay et al.，2005；Yue et al.，2006；Zampella et al.，2007；Yue et al.，2008；Amiri and Nakane，2009；Guo et al.，2009；Lee et al.，2009；Carroll et al.，2013）、营养元素（如 TN、TP、NH_3-N、NO_3-N、PO_4-P 等）（Johnson and Gage，1997；Jones et al.，2001；Caccia and Boyer，2005；Galbraith and Burns，2007；Moreno-Mateos et al.，2008；Lee et al.，2009；Carroll et al.，2013）、重金属和可溶性有机污染物（如 Hg、Ni、Zn、Pb、Ag、总镉、总铅、总铁、总锌等）（Paul et al.，2002；Frost et al.，2006；Xiao and Ji，2007；Lee et al.，2009；Kang et al.，2010）、细菌（Kang et al.，2010），以及水生生物与河流健康状况（Wang et al.，2001；Morse et al.，2003）等均与流域不同尺度的土地利用格局存在或正或负的显著相关。

然而，流域管理机构面临的最大问题是如何识别主要因素对流域地表水质的影响，以及如何获取这些复杂多元影响因素对流域地表水质变异的贡献率。目前常用的方法（Zhao et al.，2011；Hu，2013）一种是多元统计分析技术，包括传统的相关分析（correlation analysis）、回归分析（stepwise regression）、方差分析及从植物生态学研究领域引入的梯度分析方法［如冗余分析（redundancy analysis，RDA）、对应分析（correspondence analysis，CA）及典范对应分析（canonical correspondence analysis，CCA）］等；另一种是采用水文模型模拟的方法分析流域生态系统格局变化对水环境的影响（Ortolani，2013）。通过这些方法和手段能有效的识别影响流域地表水的主要因素，计算其对地表水质变异的贡献率，为流域水资源管理提供决策支持。然而由于流域在自然特性、社会经济上的差异，不同的流域采取的控制污染和改善水质的措施不尽相同，因此特定流域水资源管理策略研究亟待加强，这些研究能为区域地表水质改善和保护提供有效的管理经验。

为揭示点源和非点源对流域水质的负面影响及岸边带对流域水质的保护作用，以2010年为例，收集分析海河流域15个水资源三级区陆地生态系统格局、不同宽度岸边带生态系统格局及自然植被覆盖率、产业结构比例、工业及生活污水排放、农业生产活动等数据，借助canoco软件，采用冗余分析法分析这些因素对水质的影响程度。本章的主要目标是量化评估不同的土地利用、产业结构、工农业生产活动对流域水质的影响，为大流域水资源管理指导方针制定提供土地覆盖、工业结构调整等方面的基础信息，期望找出相似地区水资源管理的经验和改善水质的措施。

以2010年水质为例，采用冗余分析法分析陆地生态系统（包括岸边带）、社会经济水平、污染物排放、农业生产活动对流域水质的影响。将2010年水质、生态系统格局、岸边带格局、农业生产活动、社会经济发展及污染物排放5个方面作为一级指标体系，其中水质作为因变量，其他5类指标作为自变量，分析其对水质变化的影响。将海河流域水资源三级区Ⅰ类、Ⅱ类、Ⅲ类水质，Ⅳ类、Ⅴ类水质，以及劣Ⅴ类水质的河段长度占监测总河段长短的比例作为水质的3个二级指标。生态系统格局包括林地、湿地、耕地、草地、人工表面及其他6种类型所占的比例，共6个二级指标。岸边带格局包括河流两岸500m、1000m和2000m范围内岸边带的林地、湿地、耕地、草地、人工表面和其他6种土地利用分别所占的比例，同时考虑500m、1000m和2000m范围内岸边带中自然植被覆盖度对水质的影响，共21个二级指标。农业生产活动包括农业总产值密度、种植业总产值密度、畜牧业总产值密度、农村居民人均纯收入、总人口密度、农业人口密度、农药施用强度、化肥施用强度8二级指标。社会经济发展包括第一产业国内生产总值密度、第二产业国内生产总值密度、第三产业国内生产总值密度3个二级指标。污染物排放包括工业污水排放强度、工业COD排放强度、工业氨氮排放强度、生活污水排放强度、生活COD排放强度、生活氨氮排放强度6个二级指标。

6.1.2.1 数据收集

根据中国水资源分区结果（水利部水利水电规划设计总院），海河流域共分为4个二级区（滦河及冀东沿海诸河、海河北系、海河南系和徒骇马颊河）、15个三级区（分别为北三河山区、北四河下游平原、大清河淀东平原、大清河淀西平原、大清河山区、黑龙港及运东平原、滦河平原及冀东沿海诸河、滦河山区、徒骇马颊河平原、永定河册田水库以上、永定河册田水库至三家店区间、漳卫河平原、漳卫河山区、子牙河平原、子牙河山区）。

水质分级（water grade explanation）依据地表水环境质量标准（GB3838—2002），地表水共分为6类，分别为Ⅰ类、Ⅱ类、Ⅲ类、Ⅳ类、Ⅴ类和劣Ⅴ类水质。本章将Ⅰ类、Ⅱ类和Ⅲ类水质归为优良水质，Ⅳ类和Ⅴ类水质归为一般污染水质，劣Ⅴ类水质归为污染水质。书中所用数据见表6-1。

表6-1 数据来源及说明

数据类型	数据项	数据尺度	数据来源
水质图	Ⅰ类、Ⅱ类、Ⅲ类、Ⅳ类、Ⅴ类和劣Ⅴ类水质占监测河段长度的比例	海河流域	水利部海河水利委员会官方网站2010年水质分布图
土地利用	森林、草地、湿地、耕地、人工表面和其他土地利用类型所占的比例	海河流域	中国科学院遥感与数字地球研究所
岸边带	500m、1000m和2000m岸边带土地利用类型及自然植被覆盖度	海河流域	中国科学院遥感与数字地球研究所
农业活动强度	农业总产值密度、种植业总产值密度、畜牧业总产值密度、农民人均纯收入、农业人口密度、农药施用强度和化肥施用强度	县域	中国农业科学研究院
产业结构	第一产业国民经济生产总值密度、第二产业国民经济生产总值密度及第三产业国民经济生产总值密度	县域	环境保护部
排污强度	工业废水排放强度、工业废水COD排放强度、工业废水氨氮排放强度、生活污水排放强度、生活污水COD排放强度、生活污水氨氮排放强度	县域	环境保护部

6.1.2.2 空间分析

根据生态十年环境遥感监测土地覆盖分类系统（2013年版）中的一级土地覆被类型要求，将海河流域生态系统分为林地、草地、湿地、耕地、人工表面及其他，共6个生态系统类型。利用ArcGIS软件"Tabulate Area"工具按照海河流域水资源三级区生态系统格局，分区统计各类生态系统面积，以及其在所在区域所占的面积比例。

根据海河流域河流空间数据，利用ArcGIS软件"Buffer Wizard"工具划分500m、1000m及2000m岸边带，分别与海河流域2010年土地利用覆盖数据叠加，形成2010年海河流域500m、1000m、2000m岸边带生态系统空间格局。

农业活动、产业结构及排污数据按照县（区）统计，依据水资源三级区的边界进行汇总，三级区内数据缺失的县（区）以三级区内其他县（区）的数据平均值代替，为便于比较，以单位面积上的强度或密度进行表征。

6.1.2.3　数据分析

当收集的数据不符合正态分布时，将数据值加 1 后取以 10 为底的对数。冗余分析等梯度分析法是 2000 年后采用较多的一类分析水环境质量与其影响因素之间关系的数据分析方法，最初主要用于分析植被与环境之间的关系，揭示植被或物种的分布与环境因子之间的关系，它能评价一个或一组变量与另一组变量数据之间的关系，其最大优势在于能独立解释各变量对水环境质量参数变异的贡献率，实现定量解析某变量对水质空间分异的解释能力。在 RDA 排序图中，箭头夹角的余弦值大小表示二者相关性的大小，余弦值越大相关性越大；箭头同向表示正相关，箭头异向表示负相关，箭头垂直表示不相关（Lepš and Šmilauer，2003）。

分别将海河流域 15 个水资源三级区生态系统类型（森林、草地、湿地、耕地、人工表面和其他），500m、1000m 和 2000m 岸边带生态系统类型（森林、草地、湿地、耕地、人工表面和其他）和自然植被覆盖度，农业活动状况（农业总产值密度、种植业总产值密度、畜牧业总产值密度、农村居民人均纯收入、农业人口密度、农药施用强度和化肥施用量强度），产业结构（第一产业生产总值密度、第二产业生产总值密度及第三产业生产总值密度）和工业废水及生活污水排放（工业废水排放强度、工业废水 COD 排放强度、工业废水氨氮排放强度、生活污水排放强度、生活污水 COD 排放强度、生活污水氨氮排放强度）数据作为自变量，海河流域 15 个水资源三级区 2010 年水质（I 类、II 类、III 类、IV 类、V 类水质和劣 V 类水质占监测河段的比例）作为因变量进行 RDA 分析，分别筛选出生态系统类型、岸边带生态系统类型及自然植被覆盖度、农业活动状况、产业结构状况和工业废水及生活污水排放中对水质影响最大的变量（$P<0.05$）。以筛选出来的指标作为解释变量，再次与水质进行 RDA 分析，计算各变量对水质变异的解释量。在数据分析之前首先基于趋势对应分析（DCA）对采用何种模型进行筛选。冗余分析采用 CANOCO（v.4.5）软件包完成。

6.1.3　地表水环境与人类社会经济活动关系

6.1.3.1　流域地表水环境空间格局

海河流域的上游山区，如滦河山区、北三河山区、永定河册田水库至三家店区间、大清河山区、子牙河山区和漳卫河山区水质较好（I 类、II 类、III 类水质比例大于 60%），仅永定河册田水库以上水质较差。而在下游平原区，如北四河下游平原、大清河淀西平原、大清河淀东平原、子牙河平原、黑龙港及运东平原、徒骇马颊河平原和漳卫河平原水质普遍较差（劣 V 类水质比例大于 60%），仅滦河平原及冀东沿海诸河水质较好［表 6-2，图 6-3（a）］。

表 6-2　海河流域水资源三级区水质及陆地生态系统格局

水资源三级区名称	面积/km²	水质比例/%			土地利用类型比例/%					
		I 类、II 类、III 类	IV 类、V 类	劣 V 类	林地	草地	湿地	耕地	人工表面	其他
北三河山区	22 845.9	83.55	14.35	2.10	70.74	8.91	1.23	15.02	3.98	0.12
北四河下游平原	15 462.0	11.16	8.17	80.67	4.59	1.47	6.15	62.06	25.52	0.22
大清河淀东平原	13 555.8	15.23	2.82	81.95	1.87	1.05	8.97	66.94	21.00	0.18
大清河淀西平原	12 708.6	38.66	4.40	56.94	3.59	1.15	2.01	74.31	18.82	0.14
大清河山区	18 564.6	85.56	12.53	1.92	66.46	13.21	0.50	16.52	3.15	0.15
黑龙港及运东平原	22 532.4	3.80	6.61	89.58	1.08	0.16	4.17	81.74	12.80	0.04
滦河平原及冀东沿海诸河	10 843.1	75.31	0.00	24.69	13.88	4.15	8.80	58.14	14.74	0.29
滦河山区	43 530.4	90.58	2.82	6.60	60.05	18.01	1.37	16.62	2.28	1.67
徒骇马颊河平原	31 920.1	0.02	36.38	63.60	7.26	0.10	4.28	68.99	18.88	0.48
永定河册田水库以上	17 540.3	25.34	36.94	37.72	15.71	27.91	0.47	46.63	4.59	4.69
永定河册田水库至三家店区间	27 456.8	65.89	15.06	19.04	29.04	30.69	0.44	35.31	3.81	0.71
漳卫河平原	9 193.5	32.23	2.36	65.41	2.73	0.26	0.44	78.86	17.68	0.03
漳卫河山区	26 136.6	63.15	0.00	36.85	38.18	18.29	0.54	37.10	5.82	0.06
子牙河平原	15 144.9	38.22	0.00	61.78	3.84	1.36	0.52	75.34	18.86	0.07
子牙河山区	30 842.3	73.85	13.66	12.49	37.37	29.90	0.50	26.94	5.05	0.23

6.1.3.2　流域土地利用空间格局及社会经济因素

（1）土地利用格局

2010 年海河流域生态系统构成中，耕地面积比例最大，占流域总生态系统类型面积的 45%；林地次之，占 29%；其他类型所占比例从高到低依次为草地 13%、人工表面 10%、湿地 2%、其他类型 1%。15 个水资源三级区中，北三河山区、大清河山区和滦河山区森林生态系统所占比例较大（大于 60%）；北四河下游平原、大清河淀东平原、大清河淀西平原、徒骇马颊河平原、子牙河平原、漳卫河平原、黑龙港及运东平原耕地所占比例较大（大于 60%）；子牙河山区和永定河册田水库至三家店区间草地所占比例较高（大于 30%）；漳卫河平原、大清河淀西平原、子牙河平原、徒骇马颊河平原、大清河淀东平原及北四河下游平原的人工表面所占比例较大（17.68%～25.52%）；流域内湿地所占比例不多，大清河淀东平原 8.97%、滦河平原及冀东沿海诸河 8.8%、北四河下游平原 6.15%、其他湿地所占比例均小于 5%［图 6-3（b）］。

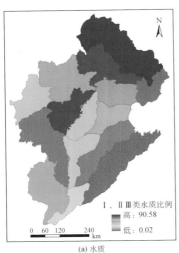
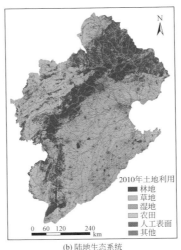
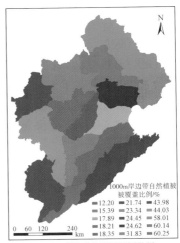

(a) 水质   (b) 陆地生态系统   (c) 1000m岸边带自然植被覆盖比例

图6-3　海河流域水质、陆地生态系统和1000m岸边带生态系统格局

　　2010 年海河流域500m 岸边带生态系统构成中，耕地占55%、林地占14.5%、草地占8.5%、湿地占10%、人工表面占11%、其他类型占1%；1000m 岸边带生态系统构成中耕地占54%、人工表面占13%、林地占17%、草地占9%、湿地占6%、其他类型占1%；2000m 岸边带生态系统构成中，耕地占53%、林地占20%、草地占9%、湿地占4%、人工表面占13%、其他类型占1%。三级区详细的生态系统格局见表6-3，1000m 岸边带自然植被覆盖度如图6-3（c）所示。

表6-3　海河流域水资源三级区岸边带生态系统格局　　　　　　（单位:%）

岸边带宽度	水资源三级区	林地	草地	湿地	耕地	人工表面	其他	自然植被覆盖度
500m	北三河山区	34.42	11.51	12.05	33.78	6.06	2.18	50.18
	北四河下游平原	39.58	13.11	6.12	33.12	7.81	0.26	27.53
	大清河淀东平原	13.55	21.52	4.52	53.45	6.76	0.20	18.79
	大清河淀西平原	5.43	6.47	13.49	58.22	16.28	0.11	19.69
	大清河山区	9.61	18.87	5.14	57.08	6.23	3.07	52.81
	黑龙港及运东平原	4.94	3.41	11.79	58.64	20.78	0.44	14.46
	滦河平原及冀东沿海诸河	51.01	10.52	3.36	28.94	5.52	0.64	24.47
	滦河山区	4.49	3.56	8.92	70.31	12.44	0.27	48.71
	徒骇马颊河平原	1.92	1.83	12.54	62.87	20.49	0.33	27.81
	永定河册田水库以上	19.98	25.24	3.02	41.57	9.21	0.98	22.11
	永定河册田水库至三家店区间	1.20	0.26	8.11	79.26	11.14	0.02	26.60
	漳卫河平原	8.58	0.24	9.06	62.92	18.76	0.44	20.56
	漳卫河山区	2.83	4.63	2.02	74.85	15.37	0.31	40.90
	子牙河平原	26.41	16.21	5.39	43.72	8.23	0.04	16.30
	子牙河山区	6.15	2.87	3.09	73.41	14.31	0.16	40.20

岸边带宽度	水资源三级区	林地	草地	湿地	耕地	人工表面	其他	自然植被覆盖度
1000m	北三河山区	41.70	12.83	8.70	28.79	5.68	2.31	60.14
	北四河下游平原	46.11	13.11	4.68	28.04	7.78	0.27	24.62
	大清河淀东平原	15.28	23.48	3.56	50.31	7.14	0.23	17.89
	大清河淀西平原	6.54	5.84	11.40	58.68	17.45	0.09	18.35
	大清河山区	8.81	19.66	3.78	57.13	7.14	3.48	60.25
	黑龙港及运东平原	4.59	2.71	9.76	59.58	22.82	0.54	12.2
	滦河平原及冀东沿海诸河	56.00	10.21	2.70	25.20	5.48	0.41	23.34
	滦河山区	4.46	2.81	6.70	71.28	14.52	0.22	58.01
	徒骇马颊河平原	1.93	1.51	11.66	63.35	21.26	0.30	24.45
	永定河册田水库以上	22.43	24.78	2.34	40.41	9.18	0.86	21.74
	永定河册田水库至三家店区间	1.17	0.28	5.73	80.79	11.99	0.04	31.83
	漳卫河平原	8.40	0.16	6.64	64.38	20.06	0.36	18.21
	漳卫河山区	2.68	3.76	1.53	75.49	16.29	0.25	43.98
	子牙河平原	28.11	15.69	4.11	43.53	8.52	0.03	15.39
	子牙河山区	5.17	1.77	2.05	74.31	16.60	0.10	44.03
2000m	北三河山区	49.68	14.23	5.49	23.54	4.68	2.38	55.17
	北四河下游平原	53.24	12.41	3.62	23.40	7.12	0.20	26.59
	大清河淀东平原	17.47	25.40	2.42	47.14	7.28	0.29	18.48
	大清河淀西平原	7.51	4.65	9.28	59.98	18.51	0.08	19.22
	大清河山区	8.89	20.92	2.34	56.76	7.14	3.95	56.14
	黑龙港及运东平原	4.27	2.04	7.72	61.12	24.46	0.39	13.14
	滦河平原及冀东沿海诸河	62.12	10.19	2.00	20.90	4.55	0.24	24.24
	滦河山区	4.18	2.03	4.79	72.60	16.22	0.17	53.09
	徒骇马颊河平原	1.87	1.28	10.04	64.30	22.16	0.36	26.48
	永定河册田水库以上	26.98	24.19	1.69	38.33	8.23	0.58	21.72
	永定河册田水库至三家店区间	1.14	0.22	4.49	81.67	12.43	0.05	29.08
	漳卫河平原	7.99	0.10	4.33	66.99	20.27	0.31	19.45
	漳卫河山区	2.40	2.76	1.10	76.43	17.14	0.16	41.55
	子牙河平原	31.75	15.78	2.64	41.79	8.01	0.03	16.02
	子牙河山区	4.03	0.93	1.23	75.44	18.31	0.05	41.5

（2）社会经济因素

2010 年，海河流域第一、二、三产业生产总值密度空间分布格局大致相同。流域上游的山区较低，下游的平原区相对较高。但需要引起流域管理机构重视的是漳卫河山区第二产业国民生产总值密度显著高于其他上游山区。在徒骇马颊河平原区，其第三产业国民生产总值密度低于其他下游平原区［图 6-4（a）］。

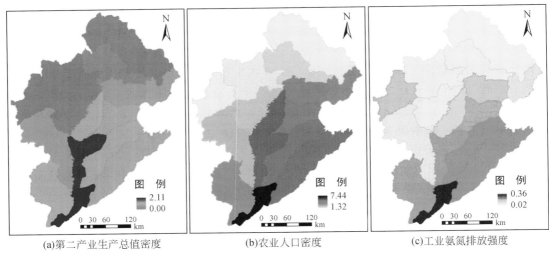

(a)第二产业生产总值密度　　　　(b)农业人口密度　　　　(c)工业氨氮排放强度

图 6-4　海河流域第二产业生产总值密度、农业人口密度和工业氨氮排放强度

　　农业活动强度分布格局与第一、二、三产业空间格局基本一致，农业产值密度、种植业产值密度、畜牧业产值密度、农村人口密度、农药施用强度和化肥施用强度均为下游平原区高于上游山区［图 6-4（b）］。

　　流域内工业废水和生活污水排污强度空间格局与农业活动强度基本一致，单位面积工业废水排放量、COD 排放量、氨氮排放量、单位面积生活污水排放量、COD 排放量、氨氮排放量都是下游平原区大于上游山区，但需要注意的是在漳卫河山区，这 6 个指标都高于其他上游山区，甚至高于部分下游平原区［图 6-4（c）］。

6.1.3.3　流域地表水质和土地利用及社会经济发展之间的关系

　　冗余分析结果表明，自变量能够解释总水质变异的比例为 67.2%（图 6-5）。第一坐标轴解释了流域 I 类、II 类、III 类水质变异的 46.2%。解释变量中，1000m 河岸带自然植被覆盖度与流域 I 类、II 类、III 类水质比例呈强烈正相关，即 1000m 宽度河岸带自然植被覆盖度越高，流域水体 I 类、II 类、III 类比例就越高、水质就越好，解释水质变异的比例达 36.2%（$P<0.05$）。工业氨氮排放强度、耕地面积、农业人口密度及第二产业生产总值密度与流域 I 类、II 类、III 类水质比例呈强烈负相关。

　　第二坐标轴解释了流域劣 V 类水质变异的 19.1%。解释变量中，工业氨氮排放强度、耕地面积比例、农业人口密度及第二产业生产总值密度与流域劣 V 类水质比例呈显著正相关，其相关程度大小顺序为工业氨氮排放强度>流域耕地面积>流域农业人口密度>第二产业国内生产总值密度。解释水质变异的比例分别为耕地（43%）、工业氨氮排放强度（31.6%）、农村人口密度（31.4%）、第二产业总产值密度（26.6%）（$P<0.05$）。

　　从图 6-5 中可以看出，与第一坐标轴呈强烈正相关的区域大部分位于流域上游或山区（1 北三河山区、5 大清河山区、8 滦河山区、11 永定河册田水库至三家店区间、13 漳卫河山区、15 子牙河山区），而与第一坐标轴呈强烈负相关的区域大部分位于流域下游或平原地区

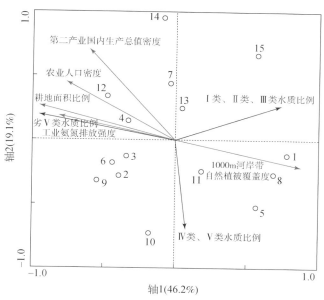

图 6-5　影响因素（红线）和流域地表水质（蓝线）冗余分析结果

1~15 为海河流域水资源三级区，分别对应 1 北三河山区、2 北四河下游平原、3 大清河淀东平原、4 大清河淀西平原、5 大清河山区、6 黑龙港及运东平原、7 滦河平原及冀东沿海诸河、8 滦河山区、9 徒骇马颊河平原、10 永定河册田水库以上、11 永定河册田水库至三家店区间、12 漳卫河平原、13 漳卫河山区、14 子牙河平原、15 子牙河山区

（2 北四河下游平原、3 大清河淀东平原、4 大清河淀西平原、6 黑龙港及运东平原、7 滦河平原及冀东沿海诸河、9 徒骇马颊河平原、10 永定河册田水库以上、12 漳卫河平原、14 子牙河平原、15 子牙河山区）。另外，流域上游或山区在Ⅰ类、Ⅱ类、Ⅲ类水质，以及Ⅳ类、Ⅴ类水质向量附近聚集，然而流域下游平原地区多聚集在劣Ⅴ类水质向量附近。

　　海河流域水质的空间分布格局与 Sun 等（2013）的研究结果一致，整个流域水质可以分为两大部分，上游山区水质普遍好于下游平原区水质。本研究的分析结果显示，在上游山区也出现了个别水质较差的区域，如永定河册田水库以上，该区域的水质以Ⅳ类、劣Ⅴ类为主，占 74.66%；该区域的下游平原区也有水质较好的区域，如滦河平原及冀东沿海诸河，其Ⅰ类、Ⅱ类、Ⅲ类水质河段占 75.31%。海河上游的漳卫河山区，其第二产业生产总值密度、单位面积工业废水排放量、COD 排放量、氨氮排放量、单位面积生活污水排放量、COD 排放量、氨氮排放量都高于其他的上游山区，甚至高于下游部分平原区。坐落于该区的岳城水库承担着安阳、邯郸等地的城市、工业和农业供水任务，类似于北京的官厅水库。官厅水库作为北京的第二大水库，在 1997 年因污水排放、化肥和农药使用被迫关闭（Zheng et al.，2013），岳城水库作为全国首批重要饮用水水源地，应引起流域管理部门的高度重视和关注。

　　引起流域地表水质退化的因素很多，进入流域水体的污染物由点源和非点源两部分构成。点源排放，如工业废水及城市生活污水集中排放。研究发现，地表水中硝酸盐氮的负荷与农田、草地比例及区域内是否有污水处理厂均相关（Ahearn et al.，2005）。非点源来源复杂，土地利用格局变化显著改变了流域的非点源负荷，不同的土地利用类型对流域水质的影响不同，某些土地利用类型能保护和改善水质，有些则会造成水质退化。在海河流域，影响水质退化的主要因素包括工业氨氮排放强度、耕地面积、农业人口密度和第二产业生产总值密度4个指标。工业氨氮排放强度与海河流域地表水质相关性最显著，直接反映工业点源污染负荷对水质的影响；第二产业生产总值密度反映某一区域工业发展水平，能间接体现这一区域的工业点源负荷大小；耕地面积比例是造成水质退化的第二大原因，反映的是农业生产过程中非点源负荷对水质的影响；农业人口密度也能显著改变地表水质，反映的是农村非点源污染负荷对水质的影响，类似于城市用地对水质的影响。Sun 等（2013）在海河流域研究土地利用与地表水总氮之间的关系时也得出类似的结论，农业和住宅用地，以及畜禽养殖是引起上游山区水质退化的主要因素；而在下游的平原地区，生活污水、人畜粪便、固体废弃物排放显著影响水质。Sun 等（2013）推测工业废水排放可能是下游平原地区水体污染的一个主要因素，这一点在本研究中得到证实。在整个海河流域的尺度上，耕地比例是引起水质退化非常重要的因素，尤其是下游平原地区地表水质退化，而 Sun 等（2013）的研究发现，上游农业区与地表水质的全氮含量相关性不显著。

农业和城市用地比例显著改变地表水质，造成水质恶化（Mehaffey et al.，2005；Lee et al.，2009；Tsatsaros et al.，2013）。本研究中的 15 个三级区中，下游平原区均受到这两个因素的影响，在上游山区永定河册田水库以上水质较差，究其原因也是城市用地比例增加导致，山西省大同市就位于该区。水体中的多种污染物含量与城镇用地的比例呈显著正相关（Zhao et al.，2012），农田和城市用地是水体中总氮（TN）和总磷（TP）的重要来源（Wan et al.，2014），能解释回归模型中 25% ～ 75% 的水质变异（Mehaffey et al.，2005），而硝酸盐氮的含量与农田、草地比例关系密切（Ahearn et al.，2005）。Wang 等（2001）研究发现，森林和耕地比例大小对地表水质的好坏有重要的影响，增加森林和草地比例能显著改善地表水质（Huang et al.，2013）。在海河流域，上游山区的植被覆盖较好，人口相对较少，农业活动没有下游平原地区剧烈，工业发展相对较薄弱，这些区域不论是来源于工业的点源污水排放强度还是来源于农业的非点源污染负荷都较小。同时，这些上游山区岸边带保存相对完整，自然植被覆盖较好，有效的削弱了农业活动对水质的不利影响。

完整的岸边带可有效的保护和改善流域地表水质（Collins et al.，2013；Randhir and Ekness，2013），农业和城市地区 200m 岸边带能有效削减非点源负荷（Tran et al.，2010），森林河岸带能显著保护和改善流域地表水质（Fernandes et al.，2014），降低岸边带植被密度就会增加地表水中粪便细菌的数量（Ragosta et al.，2010）。Ding 等（2013）研究发现，在 100 ～ 500m 尺度上，岸边带草地能显著降低水体中电导率和总溶解固体的浓度；在 25 ～ 500m 尺度上，农田和居民用地与水质参数呈显著负相关。岸边带植被和岸边带森林结构对水体的电导率和氨氮浓度均产生影响，岸边带森林结构对总磷和溶解态磷产生影响（de Souza et al.，2013）。本研究发现，1000m 河岸带的自然植被覆盖度显著影响地表水质，而不是某种单纯的岸边带生态系统（如耕地、林地或草地）影响水质，这可能与海河流域岸边带的年龄、宽度和连通性有关（Sutton et al.，2010）。Li 等（2009）也认为地表水中大多数离子与岸边带土地利用显著相关，但是 100m 河岸带不能解释大多数诸如温度、pH、浊度和 COD_{Mn} 的变异。

海河流域的水质空间格局及驱动力研究结果表明，引起海河流域水质退化的主要因素是快速工业化和城市化发展带来的污染物排放，尤其是氨氮排放引起的点源污染。另外，农业生产活动也同样强烈的影响着流域水质，在农村人口比较密集的区域和耕地面积比例较大的区域其水质相对较差，说明农业耕作及农村面源污染也是引起流域水质退化的重要因素。因此保护和改善海河流域水环境质量需要：①加大污水处理厂的建设力度，提高污水处理率和污水处理效果，严格控制流域内工业氨氮的排放强度，减小点源污染负荷对流域水质的影响；②合理调整产业结构，严格限制发展高耗水、高污染的产业，积极推行清洁生产，促进流域经济的可持续发展；③实施分区域降低流域内农业活动强度、通过减少耕地面积、降低流域内农业人口密度等相关措施，削减农业非点源污染负荷；④建立基于流域与区域分区管理相结合的适合海河流域特点的流域水资源管理体制，强化水功能区监督管理，尤其是饮用水水源地保护；⑤加强河岸带立法，提高 1000m 范围河岸带的自然植被覆盖率，实施退耕还林、退耕还草、退耕还湿工程，加强岸边带建设，让河岸带真正成为保护和改善流域水质的最后一道屏障。

需要说明的是，本研究是基于海河流域的大尺度研究，因尺度和数据收集等多方面原因，研究结果存在一定的不确定性，但基础数据来源可靠，研究区在我国的华北地区具有相当的代表性，研究结果具有典型的意义。

本章在一个生态系统格局复杂、农业活动剧烈、工业化和城镇化飞速发展的大流域中，采用我国流域水质综合评价结果，分析了流域水质与生态系统格局、产业结构、工农业生产活动强度等人类活动联合作用对流域地表水质的影响。这些因素对流域水质的影响程度是不同的。耕地对流域水质影响最大，能解释水质变异的 43%；1000m 自然植被覆盖度次之，为 36.2%；工业氨氮排放强度和农村人口密度分别解释水质变异的 31.6% 和 31.4%；第二产业生产总值密度解释量为 26.6%。5 个指标总解释量为 67.25%。影响海河流域水质的主要因素分别是工业点源负荷和农业非点源负荷。

6.2 农田生态系统氮平衡时空变化特征

氮是作物正常生长发育必需的营养元素之一，同时也是农业生产中最受限制的营养元素之一。大部分自然生态系统中，土壤溶解的无机氮浓度一般较低，很少大于 1mmol/L，高浓度的土壤溶解无机氮仅发生在一些特定的季节或地区。所以，为了增加作物产量来满足日益增长的世界人口对粮食和经济作物的需求，施加氮肥作为一种农艺管理措施被广泛应用在世界各国农业生态系统中，成为农业获得高产的重要措施之一。

1950 年以前中国农田养分的投入几乎全部来源于有机肥。20 世纪 50 年代才开始有了化肥的施用，进入 60 年代，氮肥用量逐步增加。根据 2003 年农户调查，中国各种作物，包括粮食作物（小麦、玉米、水稻、豆类、薯类、杂粮等）、大宗经济作物（糖料、果树、蔬菜、茶叶、烟草、麻类、棉花、油料等）、特种经济作物（药材、橡胶、草地、苗木、饲料、花卉等）在内，大部分作物的氮肥施用面积已经达到90%以上，平均达到87%，只有豆类作物和一些饲料作物由于本身具有固氮能力而氮肥施用面积略低。海河流域作为我国三大粮食主产区之一，开展农田生态系统氮平衡研究意义重大。

6.2.1 氮肥施用与作物产量

海河流域1990年、2000年和2010年的作物播种面积分别为157.3×10^5hm²、169.1×10^5hm²、170.9×10^5hm²，农田面积增加。主要粮食作物中，小麦播种面积有所下降，玉米播种面积增加，固氮作物豆类播种面积下降（表6-4）。

表6-4 海河流域农田播种面积

作物品种	面积/10^5hm²		
	1990 年	2000 年	2010 年
小麦	47.0	47.9	45.2
玉米	36.1	42.7	60.2
水稻	2.5	2.4	1.8
豆类	13.9	10.5	4.0
马铃薯	7.1	8.6	5.1
棉花	18.9	6.9	11.0
油料作物	9.0	12.1	7.6
麻类	0.1	0.0	0.0
烟草	0.2	0.1	0.0
甜菜	0.3	0.2	0.2
蔬菜	5.3	20.6	19.4
水果	8.7	14.1	14.5
其他作物	8.2	2.9	2.0
总量	157.3	169.1	170.9

1990～2000年与2000～2010年两个时间段，化肥氮输入与主要作物产量都在持续增加。海河流域农田1990年化肥氮输入为149kg/hm²，增长至2010年的310kg/hm²，增长超过1倍。同时，主要作物（小麦、玉米）产量由1990年的4253kg/hm²增加至2010年的6286kg/hm²，增长了47.8%，接近一半。作物产量的增长速率赶不上化肥氮的输入速率，从图6-6可以看出，柱形条随着时间的推移相差逐渐缩小，化肥氮输入强度的增加没有带来更多主要作物产量的增加。

虽然在过去20年间化肥氮输入持续增加，但是相对于第一个10年时间段而言，化肥氮输入在后10年的增长速率有所放缓，这可能与海河流域农田施肥结构发生变化有关。海河流域农民施用的化肥主要有氮肥、磷肥、钾肥、复合肥，氮肥所占比例由1990年的64%降至2010年的45%，与此同时，钾肥和磷肥施用总量所占比由21%提高到26%，复合肥所占比例由16%提高到29%（图6-7）。

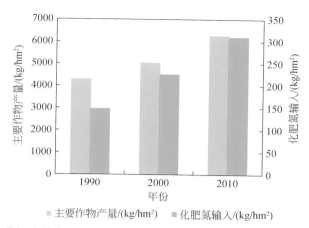

图 6-6　海河流域农田生态系统 1990~2010 年主要作物产量与化肥氮输入

主要作物包括小麦和玉米。化肥氮输入是指施于小麦、玉米、水稻、豆类、蔬菜、水果、油料作物及其他作物的总氮肥

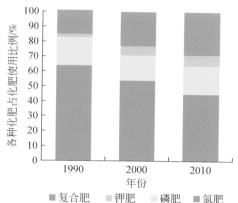

图 6-7　海河流域农田生态系统 1990~2010 年施肥结构

海河流域作物产量不断增加，1990~2010 年的 20 年间，产量由 672.7×10^8 kg 增加到 1994.5×10^8 kg，但是增加速率放缓。主要粮食作物小麦、玉米的产量不断增加。海河流域人口密集，作物产量增加有助于解决流域内的食物需求。豆类作物产量下降（表 6-5）。

表 6-5　海河流域农田作物产量

作物品种	产量/10^8 kg		
	1990 年	2000 年	2010 年
小麦	187.0	239.0	273.9
玉米	165.9	216.0	386.2
水稻	15.9	13.5	13.8
豆类	22.9	16.1	7.7
马铃薯	23.0	29.6	20.3
棉花	12.8	7.5	12.3
油料作物	12.6	28.1	23.4
麻类	0.3	0.1	0.0

续表

作物品种	产量/10^8kg		
	1990 年	2000 年	2010 年
烟草	0.3	0.2	0.1
甜菜	6.1	5.0	5.8
蔬菜	200.1	781.0	1094.8
水果	25.8	88.6	156.1
其他作物			
总量	672.7	1424.6	1994.5

6.2.2 农田氮输入特征

1990 年流域总体氮输入强度为 238kgN/($hm^2 \cdot a$)、2000 年为 337kgN/($hm^2 \cdot a$)、2010 年为 420kgN/($hm^2 \cdot a$)，第二个 10 年的氮输入强度增加速率较第一个 10 年的氮输入强度增加速率有所放缓（由 42% 降至 25%）。耕地面积变化不大，1990~2010 年耕地面积仅仅增加了 1%。过去 20 年间，总氮素输入从 1990 年的 30.50×10^8kg 增长到 2010 年的 54.14×10^8kg，增长 77.5%，第一个 10 年间增长 49.8%、第二个 10 年间增长 18.5%。总氮输入强度从 1990 年的 238kg/hm^2 增长到 2010 年的 420kg/hm^2，增长 76%，第一个 10 年间增长 42%、第二个 10 年间增长 25%，氮输入总量与总氮输入强度增长速率均放缓。氮素输入强度与氮素输入总量呈相似的变化趋势，这是因为耕地面积变化不大，变幅在 5% 左右（表6-6）。

表6-6 1990~2010 年研究指标变化

指标	1990 年	2000 年	2010 年	1990~2000 年[a]/%	2000~2010 年[b]/%	1990~2010 年[c]/%
总人口/10^6人	114	122.3	140.2	7	15	23
农村人口/10^6人	92.2	94.6	99.7	3	5	8
耕地面积/$10^6$$hm^2$	12.8	13.6	12.9	6	-5	1
主要作物播种面积/$10^6$$hm^2$	8.3	9.1	10.5	10	15	27
主要作物产量/10^9kg	35.3	45.5	66.0	29	45	87
作物产量/10^9kg	69.5	142.5	199.7	105	40	187
作物收获氮/(kg/hm^2)	111	140	177	26	26	59
化肥氮输入/(kg/hm^2)	149	226	310	52	37	108
总氮输入/(kg/hm^2)	238	337	420	42	25	76
总氮输出/(kg/hm^2)	149	200	261	34	31	75
氮盈余强度/(kg/hm^2)	89	137	159	54	16	79
氮利用效率	0.46	0.42	0.42	-9	0	-9

a. 1990~2000 年变化率 = ［（2000 年数值－1990 年数值）/1990 年数值］×100%；b. 2000~2010 年变化率 = ［（2010 年数值－2000 年数值）/2000 年数值］×100%；c. 1990~2010 年变化率 = ［（2010 年数值－1990 年数值）/1990 年数值］×100%。

1990 年流域总体氮输入为 30.5×10^8 kg、2000 年为 45.7×10^8 kg、2010 年为 54.14×10^8 kg。氮输入量排名前三的输入源包括化肥、牲畜粪便、生物固氮。相较于普通农作物，如小麦、玉米而言，农村居民往往为经济作物施用更多的化肥，以获得更高的经济利益。例如，随着生活水平的提高，人们对蔬菜瓜果的需求增多，2010 年蔬菜产量为 1094.8×10^8 kg、水果产量为 156.1×10^8 kg，相对于 1990 年而言产量均增长了 4 倍。所有输入项目（除生物固氮由 2.73×10^8 kg 降低到 1.76×10^8 kg 外）的输入总量都逐年递增，其中化肥氮输入占优势，1990 年、2000 年、2010 年化肥氮输入量占总氮输入量比例分别为 62.7%、67.0%、73.8%。与此同时，化肥氮输入强度也随之增大，分别为 149kg N/($hm^2 \cdot a$)、226kg N/($hm^2 \cdot a$)、310kg N/($hm^2 \cdot a$)。豆类播种面积和产量则呈下降趋势，即分别为 $13.9 \times 10^5 hm^2$、$10.5 \times 10^5 hm^2$、$4.0 \times 10^5 hm^2$ 和 22.9×10^8 kg、16.1×10^8 kg、7.7×10^8 kg，而豆类是主要的农田土壤固氮作物，播种面积和产量的下降会导致固氮总量随之下降（表6-7）。

表 6-7　海河流域农田生态系统 1990~2010 年农田氮输入　（单位：10^8 kg N）

途径	1990 年	2000 年	2010 年
化肥	19.12	30.61	39.94
大气氮沉降	2.78（1.50~4.22）	3.84（1.49~4.19）	3.85（1.47~4.12）
生物固氮	2.73	2.64	1.76
旱地	0.71	0.72	0.68
水田	0.11	0.11	0.08
共生固氮	1.58	1.19	0.46
花生	0.33	0.63	0.54
灌溉	1.06（0.33~1.91）	1.2（0.37~2.15）	1.36（0.39~2.21）
牲畜粪便	3.32	5.66	4.85
猪粪便	0.27	0.62	0.86
羊粪便	1.13	1.84	1.52
牛粪便	1.92	3.2	2.47
人类粪便	0.54	0.55	0.58
作物秸秆	0.94	1.19	1.8
小麦	0.38	0.49	0.56
玉米	0.52	0.68	1.21
水稻	0.04	0.03	0.03
氮输入总量	30.5（28.49~32.79）	45.7（42.52~47.00）	54.14（50.79~55.26）
氮平衡（输入-输出）	11.37	18.54	20.48
氮盈余强度/(kg/hm^2)	88.83	136.32	158.76

1990 年海河流域农田氮输入强度主要位于 400kg N/($hm^2 \cdot a$) 以下级别，西部地区、北部地区、西南部地区、中东部地区诸县，以及东北部的 3 个县，农田氮素输入低于

200kg N/（hm² · a），流域中部地带由北向南农田氮素输入值主要位于200～300kg N/（hm² · a）级别，形成一个东北—西南指向的宽阔地域。中北部、中部有两个农田氮输入为300～400kgN/（hm² · a）的县形成的团块，东南部有农田氮输入为300～400kg N/（hm² · a）的县形成的东北—西南指向的条带。东南部和中部有10个县的农田氮输入强度位于400～500kg N/（hm² · a）级别，流域南部有两个县的农田氮输入强度超过600kg N/（hm² · a）。总体上看，西部一带的氮输入强度低于中部和东部（图6-8）。

2000年流域总体氮输入强度为337kg N/（hm² · a）（表6-6）。海河流域农田氮输入强度西部地区低于200kg N/（hm² · a），部分县的氮输入强度位于200～300kg N/（hm² · a）级别，流域中部地带由北向南农田氮素输入值主要位于300～400kg N/（hm² · a）级别，部分县的氮输入强度超过500kg N/（hm² · a）。东南部大部分县和中部部分县的氮输入强度位于400kg N/（hm² · a）以上级别。流域中部呈现小团块，流域南部零星分散着氮输入强度超过600kg N/（hm² · a）的部分县。总体上看，2000年流域氮输入强度大于1990年，且开始呈现破碎化分布（图6-9）。

2010年流域总体氮输入强度为420kg N/（hm² · a）（表6-6）。海河流域农田氮输入强度西部地区低于200kg N/（hm² · a）级别，沿流域西部边界分布并较1990年、2000年显著变窄。流域中部和南部出现4个由氮素输入值高于600kg N/（hm² · a）的诸多县形成的团块。东南部、中部、东北部有5个氮素输入值位于400～500kg N/（hm² · a）级别的条带。中部、东部、南部共有20个县的氮素输入强度值位于500～600kg N/（hm² · a）级别。总体上看，流域氮输入强度呈团块化、条带化破碎分布（图6-10）。

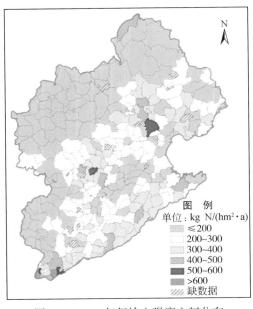

图6-8 1990年氮输入强度空间分布

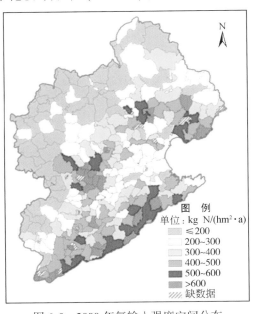

图6-9 2000年氮输入强度空间分布

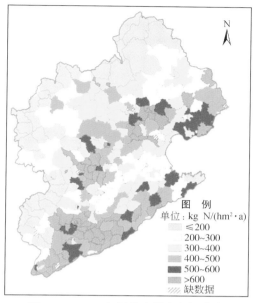

图 6-10 2010 年氮输入强度空间分布

6.2.3 农田氮输出特征

1990 年流域总氮输入强度为 149kg N/（hm² · a）、2000 年为 200kg N/（hm² · a）、2010 年为 261kg N/（hm² · a），第二个 10 年的氮输入强度增加速率较第一个 10 年的氮输入强度增加速率有所放缓（由 34% 降至 31%）（表 6-6）。1990 年流域总氮输出为 19.13×10⁸kg，2000 年为 27.16×10⁸kg，2010 年为 33.66×10⁸kg。各种输出途径中，氮输出量占输出总量的比例由大到小排序为作物收获、氨挥发损失、淋溶损失、反硝化损失（表 6-8）。

表 6-8 海河流域农田生态系统 1990～2010 年农田氮输出 （单位：10^8 kg N）

途径	1990 年	2000 年	2010 年
作物收获	14.15	18.98	22.79
小麦	4.6	5.98	6.74
玉米	4.28	5.67	9.06
水稻	0.23	0.2	0.2
豆类	1.76	1.31	0.63
蔬菜	0.93	3.61	4.97
水果	0.68	0.32	0.54
油料作物	0.55	1.22	0.09
其他作物	1.12	0.67	0.56

途径	1990 年	2000 年	2010 年
氨挥发损失	3.65	5.98	7.83
化肥	3.05	5.01	6.95
人粪便	0.11	0.11	0.12
猪粪便	0.07	0.16	0.2
羊粪便	0.19	0.31	0.25
牛粪便	0.23	0.39	0.31
淋溶损失	0.95（0.10~2.30）	1.57（0.16~3.79）	2.17（0.22~5.26）
反硝化损失	0.38	0.63	0.87
氮输出总量	19.13（18.28~20.48）	27.16（25.75~29.38）	33.66（31.71~36.75）

海河流域主要粮食作物（小麦和玉米）收获氮输出逐年攀升。水稻的氮输出在
1990~2000年降低，2000~2010年保持稳定；豆类作物的氮输出逐年下降，蔬菜的氮输出
逐年升高，水果的氮输出先降低后升高。海河流域人口密集，对蔬菜、水果的需求量大。
随着人们生活水平的提高，对蔬菜、水果的种类要求多样化、品质要求期望值增加，除了
本流域自产水果之外，还有很多进口的热带水果，如芒果、木瓜等，也有从国外进口的水
果。有些年份本流域产出的水果降低是可以理解的，市场是一个重要因素。

氨挥发损失中，化肥的氨挥发损失占绝对优势，这提示我们可以从降低化肥的氨挥发
损失入手降低肥料浪费，同时控制化肥和有机肥的施用比例，发挥两者的互补作用。有机
氮肥能对化学氮肥中易淋失的氮素养分吸附和保存，减少氨挥发的气态损失和淋溶损失。
另外，化学氮肥的施用能补充有机氮肥肥效缓慢的缺点，充分补充作物在最大营养效率期
对养分的需求，目前的研究普遍认为有机氮肥以占总施氮量的50%为好。从表5-24可以
看出，农田生态系统有机氮输入仅占总氮素输入的约16%，有机氮肥只占氮肥投入总量的
15.3%~20.0%。1990~2010年，淋溶损失、反硝化损失总量持续增加。有效控制氮的损
失，保证作物产量氮输出在输出总量中的持续攀升，有利于降低氮素盈余强度、提高氮素
利用效率、降低环境风险。

海河流域氮素输出从1990年的19.13×10^8kg增长到2010年的33.66×10^8kg，增长
76.0%，其中1990~2000年增长42.0%、2000~2010年增长23.9%，氮素输出增长速率
有所放缓。氮素输出强度呈现相似的变化趋势，1990年、2000年、2010年分别为
149kgN/（hm^2·a）、200kgN/（hm^2·a）、261kgN/（hm^2·a）（表6-6）。化肥氮投入逐年递
增有利于维持较高的农田生产力水平，但是作物收获带走的氮素占氮素总输出的比例下
降，投肥结构也会影响作物生长所需养分（如氮、磷、钾）作用的有效发挥，致使作物收
获带走的氮不能持续提高，反而下降。尽管作物输出氮在氮素输出总值中比例占优势，但
是这种优势在逐年下降，分别为74.0%、69.9%、67.7%，即通过反硝化、氨挥发、淋溶
损失的氮素渐渐增加（表6-8）。

需要采取合理措施遏制这种趋势，从而使越来越多的氮输出是由作物收获带走。氨挥
发是最主要的损失途径，淋溶损失次之，反硝化再次。这就提示我们，要注意肥料，特别

是易挥发化肥的运输、保存、科学施用方法。海河流域农田生态系统属半干旱区，水资源短缺较严重，作物需水主要来源于灌溉，合理安排灌溉时间，不仅可以节约用水，而且作物可以有效利用灌溉水。合理安排灌溉时间与施肥时间，保持和加强农田肥力，最大限度提高作物的水肥资源利用率，这是农业可持续发展的一条途径。

1990 年流域总氮输出强度为149kg N/（hm² · a）（表6-6）。海河流域农田氮输入强度西北部地区主要位于100kg N/（hm² · a）以下级别，西南部地区和东部地区农田氮素输入强度位于100~200kg N/（hm² · a）级别。流域中部地带和东南部地区由北向南有 4 个农田氮素输入值高于200~300kg N/（hm² · a）级别的团块。东部和南部零星分布着 2 个氮素输出强度位于400~500kg N/（hm² · a）级别的县。流域中部团块状分布着氮素输出强度位于300~400kg N/（hm² · a）级别的两个中心地带。总体而言，流域西部的氮输出强度较低，中部由北向南诸县形成的条带，以及东南部东北—西南指向的条带氮输出强度较高。流域内个县的氮输出强度级别空间上分布较为集中，基本上被低于300kg N/（hm² · a）以下的氮输出强度覆盖。不存在氮输出强度高于500kg N/（hm² · a）的县（图6-11）。

2000 年流域总氮输出强度为200kg N/（hm² · a）（表6-6）。海河流域农田氮输出强度北部、西部、中东部地区主要位于200kg N/（hm² · a）以下级别。中部地区和东南部地区农田氮素输入位于200~400kg N/（hm² · a）级别。流域中部地带由北向南零星分布着 10 个农田氮输出强度高于400 kg N/（hm² · a）级别的县。氮输出强度高于500kg N/（hm² · a）的县开始出现，并且有 4 个分布在流域中部。300~400kg N/（hm² · a）级别的县主要分布在流域的中北部、中部、东南部、南部。1990 年氮输出强度为400~500kg N/（hm² · a）级别的县仅有两个，且主要分布在北部，2000 年这个级别开始南移。400~500kg N/（hm² · a）级别的县在东北部有 1 个，中部分布着 6 个，东南部及南部分布着 6 个（图6-12）。

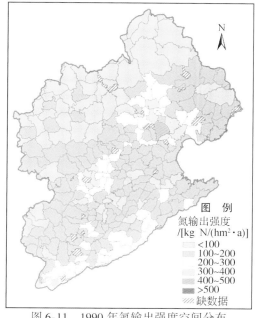

图6-11　1990 年氮输出强度空间分布

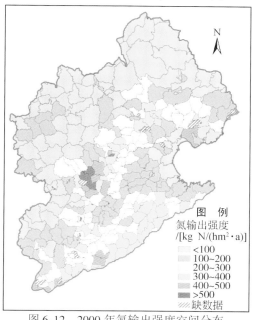

图6-12　2000 年氮输出强度空间分布

　　2010 年流域总体氮输出强度为 261kg N/(hm² · a)（表 6-6）。海河流域西部和东部小部分农田氮输入强度主要位于 200kg N/(hm² · a)以下级别。中部和东南部地区形成 4 个氮素输出位于 300～400kg N/(hm² · a)的不规则团块，流域中部地带和东南部地区农田氮素输出值高于 400kg N/(hm² · a)，其中中部地区有一个高于 500kg N/(hm² · a)的团块，流域南部有两个县的氮输入强度超过 600kg N/(hm² · a)（图 6-13）。

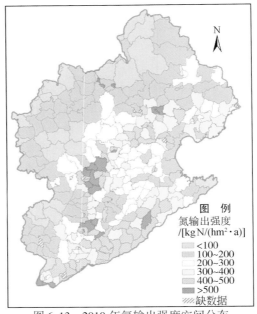

图 6-13　2010 年氮输出强度空间分布

6.2.4　农田氮盈余时空变化

　　氮素进入农田生态系统后，一部分被作物吸收，一部分存留在土壤中，还有一部分以氨挥发等各种形式损失。残留在土壤的氮素以何种形式存在取决于土壤本身的特性，华北及北方旱作土壤极易累积硝态氮，累积在土壤中的硝态氮随着灌溉、降水不断发生运移，最终进入地下水。

　　1990 年流域总体氮盈余强度（NSI）为 89kg N/(hm² · a)（表 6-6）。东部、中部和北部主要位于 0～100kg N/(hm² · a)级别。东南部的条带、中部和东部的团块位于 100～200kg N/(hm² · a)级别。北部、中部和西部零星分布着几个氮素盈余强度值为负值的县。中部和东南部有 5 个县的氮素盈余值为 200～300kg N/(hm² · a)（图 6-14）。

　　2000 年流域总体氮盈余强度为 137kg N/(hm² · a)（表 6-6）。东部、中部和北部主要位于 0～100kg N/(hm² · a)级别。东部、北部、东南部、南部位于 100～200kg N/(hm² · a)级别。西部和中部位于 0～100kg N/(hm² · a)级别。中部和南部有 2 个氮素盈余值为负值的县。中部、东北部、东南部氮盈余强度位于 200～300kg N/(hm² · a)级别的团块有 7 个。中部和东部有 4 个县的氮盈余强度（NSI）高于 300kg N/(hm² · a)（图 6-15）。

2010 年流域总氮盈余强度为 137kg N/（hm² · a）（表 6-6）。西部、中部和北部主要位于 0～100kg N/（hm² · a）级别。西北部主要位于 100～300kg N/（hm² · a）级别。中部和南部有 2 个团块的氮素盈余值超过 400kg N/（hm² · a）。中部、西部、西北部有 10 个县的氮盈余强度（NSI）为负值（图 6-16）。

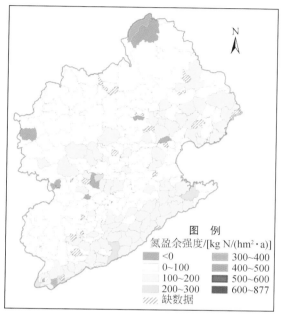

图 6-14　1990 年氮盈余强度空间分布

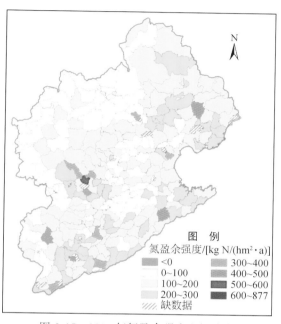

图 6-15　2000 年氮盈余强度空间分布

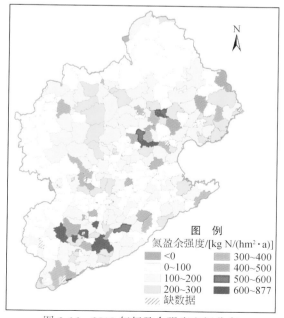

图 6-16　2010 年氮盈余强度空间分布

综合氮输入、输出情况发现，海河流域农田生态系统总体处于氮素盈余状态，1990年、2000年、2010年氮盈余总量为 $11.37×10^8kg$、$18.54×10^8kg$、$20.48×10^8kg$，20年来增长了 80.1%，其中 1990~2000 年增长了 63.1%、2000~2010 增长了 10.5%。1990 年、2000年、2010 年氮盈余强度为 89kg N/(hm² · a)、137kg N/(hm² · a)、159kg N/(hm² · a)，20年来增长了 80.1%，其中 1990~2000 年增长了 63.1%、2000~2010 年增长了 10.5%（表6-6）。虽然过去 20 年间氮素盈余总量和氮素盈余强度不断攀升，但速率有所放缓。有效利用这部分盈余氮素，不仅关系到控制土壤污染威胁，而且涉及肥料资源节约，也会影响肥料工业和相关企业的发展规模及效益。

20 世纪 90 年代，海河流域各个县的氮盈余强度主要集中在 0~100kg N/(hm² · a) 级别；氮盈余强度为 100~200kg N/(hm² · a) 的级别主要分布在流域东部和东南部；有 5个县的氮盈余强度为 200~300kg N/(hm² · a)；氮盈余强度为 300~400kg N/(hm² · a) 的级别有 1 个县。2000 年开始，3 个县的氮盈余强度呈现 400~500kg N/(hm² · a) 级别；1个县的氮盈余强度呈现 500~600kg N/(hm² · a) 级别；到 2010 年流域中部和南部有些县的氮盈余强度甚至高于 600kg N/(hm² · a)。东北部诸县的氮盈余强度在第一个 10 年由0~100kg N/(hm² · a) 级别转为 100~200kg N/(hm² · a) 级别，第二个 10 年中氮盈余强度降低，降至 0~100kg N/(hm² · a) 级别。中东部和南部诸县氮盈余强度逐渐加大，并形成两个中心地带。整个流域农田生态系统的氮盈余强度级别分布呈现多样化、破碎化。过去的 20 年中，只有很少的县氮盈余强度为负值。随着时间推移，氮素盈余强度的等级呈现多样化：1990 年 5 个级别、2000 年 7 个级别、2010 年 8 个级别。1990 年，氮盈余强度较高值分布在流域东部，2000 年开始高强度氮盈余值开始向西部蔓延（数据缺失除外，图 6-17）。

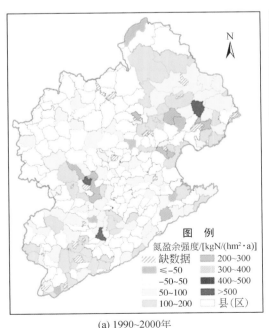

(a) 1990~2000年

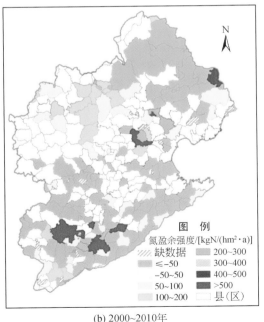

(b) 2000~2010年

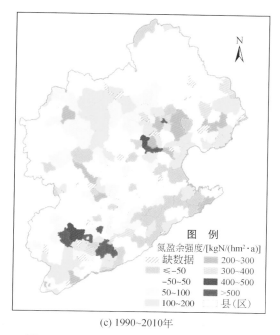

(c) 1990~2010年

图 6-17　氮盈余强度（NSI）空间分布变化

在中国，化肥施用存在地区上的差异（Ju et al.，2004；Sun et al.，2008）。总体上来看，1990~2010 年海河流域农田生态系统的氮盈余强度逐渐增强，1990 年、2000 年、2010 平均值分别为 89kg N/（hm² · a）、137kg N/（hm² · a）、159kg N/（hm² · a），然而具体到流域内部各县单元的农田生态系统，并不是每个县都与流域整体水平上的氮盈余强度趋势一致，如流域南部的某些县氮盈余强度有所缓解。

1990~2010 年整个海河流域农田生态系统水平上，氮素盈余总量和强度逐年攀升。然而，细分到县域水平，不是所有县的氮素盈余强度都是逐年递增的，各县之间由于经济社会发展状况、运输条件、农民施肥习惯、农田土壤质地、农田地势、农田排水、作物种植结构、降水、灌溉设施等诸多方面的差异，氮素输入强度、氮素输出强度及氮盈余强度在空间上必然会出现差异；氮输入强度、氮输出强度、氮盈余强度的年际变化趋势（变小、不变、变大）及变化程度也会不同。

海河流域东北部大部分县 1990~2000 年氮素盈余强度增加了 50~200kg N/（hm² · a），2000~2010 年氮盈余强度降低〔≤50kg N/（hm² · a）〕，这与化肥氮素输入强度增加有所放缓相吻合，即 1990~2000 年化肥氮素输入增长 51.7%、2000~2010 年化肥氮素输入增长 37.2%，20 年间氮盈余强度保持平衡〔±50kg N/（hm² · a）〕。2000~2010 年西部部分县的氮盈余强度增加 100~200kg N/（hm² · a）。流域南部和东部，两个氮盈余强度逐年递增的中心扩散带逐渐形成，氮盈余强度增加值超过 400 kg N/（hm² · a）（图 6-18）。

6.2.5 氮利用效率时空变化

1990年氮利用效率（NUE）总体上为0.46。东北部、西北部、南部地区大部分县氮利用效率低于0.5，西北部和东部有2个县的氮利用效率低于0.2。东北部、西部、南部东南部共零星分布着8个氮利用效率为0.2~0.3的县（图6-18）。

2000年氮利用效率总体上为0.42。东北部大部分县、西部部分县、西南部部分县的氮利用效率低于0.2。西北部和东部部分县的氮利用效率（NUE）为0.2~0.3。中部和东南部部分县的氮利用效率为0.5~0.6，并聚集分布（图6-19）。

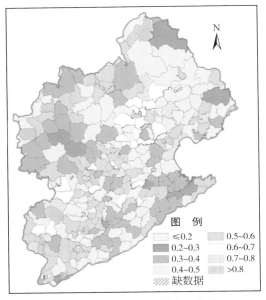

图6-18　1990年氮利用效率空间分布

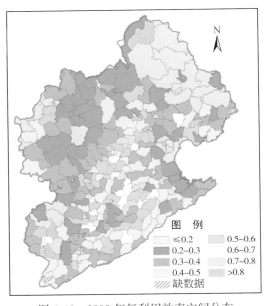

图6-19　2000年氮利用效率空间分布

2010年氮利用效率总体上为0.42。东北部地区各县氮利用效率为0.2~0.5。西部地区氮利用效率集中于0.2~0.3，个别县的氮利用效率低于0.2（图6-20）。

通过对每年海河流域所有有数据县的作物氮输出量与总氮输入量进行相关分析，得到了较好的线性关系（图6-21）。其中，1990年的点群在图上反映最为集中，拟合效果最好；2010年点群相对来说较为分散，R^2仅为0.69。1990~2000年，氮素利用效率由0.46下降到0.42；2000~2010年保持稳定，这与氮素盈余强度增加趋缓相吻合。1990~2000年氮素盈余强度增加54%，2000~2010年氮素盈余强度增加16%，氮素盈余强度降低有利于氮素利用效率的提高。尽管作物输出氮增加到了2010年的177kg N/（hm²·a），但这种增加是通过更多的氮输入实现的，达到420kg N/（hm²·a），农田生产力提高的同时氮素利用效率却在下降，也就是获得相同产量的农作物需要更多的氮素输入。

1990~2000年大部分县的氮素利用效率呈现下降态势，下降范围集中于0.1~0.4，只有中部和东部零散的十多个县的氮素利用效率增加值高于 0.1。2000 ~ 2010 年大部分县的氮素利用效率呈现下降态势，但相对于第一个 10 年，下降程度有所减轻，下降范围集中于 0.1 ~ 0.3（图 6-22）。1990 年、2000 年、2010 海河流域诸县的氮素利用效率主要集中于 0.5 以下级别。流域东北部氮素利用效率在第一个 10 年中降低，在第二个 10 年中有所升高，1990 年氮素利用效率主要集中于 0.4 ~ 0.5、2000 年氮素利用效率低于 0.2、2010 年氮素利用效率主要集中于 0.2 ~ 0.5。流域西部 1990 年氮素利用效率主要是 0.3 ~ 0.6 级别，2000 年和 2010 年位于 0.3 以下级别。流域东南部氮素利用效率有所升高，有些县的氮素利用效率达到 0.5 ~ 0.6 级别（图 6-22）。

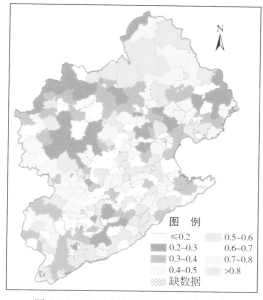

图 6-20　2010 年氮利用效率空间分布

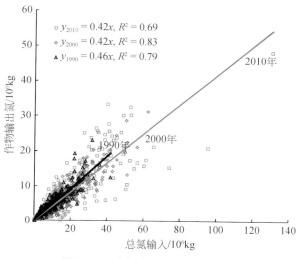

图 6-21　总氮输入与作物氮输出

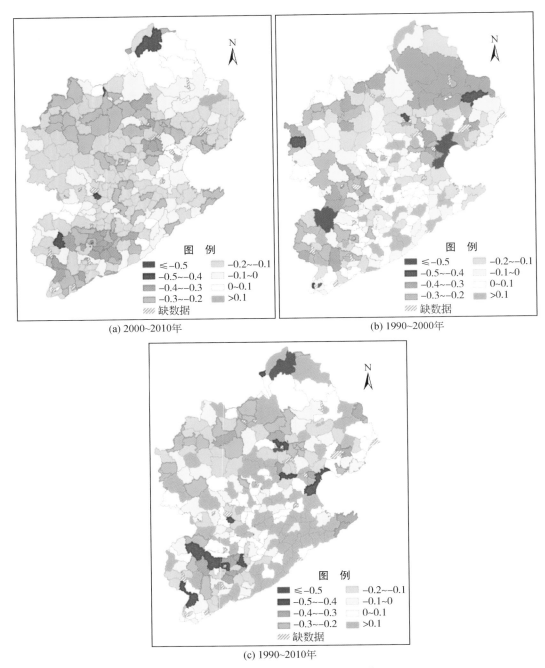

(a) 2000~2010年

(b) 1990~2000年

(c) 1990~2010年

图 6-22　氮素利用效率空间分布变化

　　东北部诸县的氮素利用效率在第一个 10 年中降低了 0.1 ~ 0.5，其中 0.3 ~ 0.4 占优势，图 6-22 中呈现出很明显的大团块 ［图 6-22（a）］；第二个 10 年在降低或提高 0.1 范围内波动 ［图 6-22（b）］。西北部诸县的氮素利用效率在过去 20 年中以降低 0.1 ~ 0.3 为主。第一个 10 年中,南部诸县的氮素利用效率以降低 0.1~0.4 为主,第二个 10 年有的县氮素利用效率降低了 0.4~0.5。1990~2000 年,流域内有些县的氮素利用效率升高值大于 0.1,并呈现破碎化分布;1990~2010 年,这种分布有逐渐去破碎化的趋势,也就是呈现集中的趋势。

第7章 | 海河流域地下水演变特征及调控策略

海河流域地下水超采严重、平原浅层地下水水位下降明显、降水量减少，以及农业灌溉、工业和城市化发展等因素是地下水持续降低的主要驱动因素。本章介绍了海河流域水文地质特征及地下水系统，分析了海河流域地下水埋深、水质演变特征及驱动机制，提出了面向地下水超采控制的海河流域农业调整灌溉策略和面向海河流域地下水安全的综合调控管理策略。

7.1 海河流域水文地质特征及地下水系统

7.1.1 含水层组划分

海河流域地下水资源可以分为山区和平原区两个主要的水文地质单元。山区水资源与平原区相比较少，地下水主要赋存于岩石裂隙和寒武–奥陶系碳酸盐岩岩溶含水层中。平原区由第四系冲洪积层组成，厚度近千米，可分为4个主要含水层。遍布海河平原的浅层潜水含水层第Ⅰ含水层组得到垂向的降水入渗补给，其下依次为第Ⅱ含水层组、第Ⅲ含水层组和第Ⅳ含水层组。第四系含水层组的划分及分组地层特征见表7-1。

表7-1 第四系含水层组的划分及分组地层特征表

分区	组别	底板深度/m	水文地质单元	含水层组主要岩性
单层结构区		100～300	山前平原顶部	砾卵石、中粗砂含砾、中粗砂、中细砂
多层结构区	第Ⅰ含水层组	10～50	山前平原下部	砾卵石、中粗砂含砾、中粗砂、中细砂
			中部平原	中细砂及粉砂细砂、粉细砂
			滨海平原	粉砂为主
	第Ⅱ含水层组	120～210	山前平原下部	砾卵石、中粗砂、中细砂
			中部平原	中细砂及粉砂
			滨海平原	粉砂为主
	第Ⅲ含水层组	250～310	山前平原下部	砾卵石、中粗砂
			中部平原	中细砂及细砂
			滨海平原	粉细砂及粉砂
	第Ⅳ含水层组	第四系基底	山前平原下部	砾卵石、中粗砂
			中部平原	中细砂及细砂
			滨海平原	粉细砂及粉砂

7.1.2 水文地质参数特征

一般平原区的地下水资源量是分项计算的，主要参数有降水入渗补给系数（α）、给水度（μ）、释水（储水）系数（μ_e）、渗透系数（k）、灌溉渗漏补给系数（β）、潜水蒸发系数（C）、越流系数（σ'）等，这些参数与岩层岩性、不同岩层地层组合、地下水埋藏条件和降水情势等密切相关。

降水入渗补给系数（α）取值黏土一般为 0.15～0.26、亚黏土一般为 0.12～0.25、亚砂土一般为 0.14～0.32、粉砂一般为 0.22～0.40、粉细砂一般为 0.28～0.41、中粗砂一般为 0.30～0.45、砂砾石一般为 0.45～0.61。

给水度（μ）取值亚黏土一般为 0.029～0.06、亚砂土一般为 0.044～0.08、粉砂一般为 0.05～0.11、粉细砂一般为 0.055～0.15、细砂一般为 0.06～0.17、中砂一般为 0.075～0.18、粗砂一般为 0.10～0.21、砂砾石一般为 0.20～0.23、砂卵石一般为 0.23～0.26。

含水层的储水（或释水）系数（μ_e）山前冲洪积平原和中部冲湖积平原取值为 1×10^{-3}～8×10^{-3}、黄河冲积平原取值为 1.67×10^{-4}～6.68×10^{-4}、滨海海积平原取值为 4×10^{-4}～5×10^{-4}。

渗透系数（k）根据岩性不同，除了黏土和砂砾石之外，大多取值为 0.9～190m/d。

7.1.3 地下水系统

海河流域地下水系统划分为山区地下水系统和平原区地下水系统。山区地下水系统主要由相间的山间盆地组成；平原区地下水系统按成因和形态特征可分为山前冲洪积倾斜平原，中、东部冲积平原，滨海冲积、海积平原。

根据海河平原地下水埋深特征，其第四系孔隙含水层组划分为浅层地下水系统和深层承压地下水（简称为深层地下水）系统，其中浅层地下水系统遍布整个海河平原，而深层地下水系统在山前平原缺失。

海河平原浅层地下水系统可划分为 8 个亚区，即潮白蓟运浅层地下水系统、滦河浅层地下水系统、冀东沿海诸河浅层地下水系统、永定河浅层地下水系统、大清河浅层地下水系统、子牙河浅层地下水系统、漳卫河浅层地下水系统、徒骇马颊河浅层地下水系统。

第四系深层承压地下水系统划分为 6 个亚区，即滦河–还乡河深层地下水系统区、永定河–拒马河深层地下水系统区、唐河–滹沱河深层地下水系统区、北沙河–大沙河深层地下水系统区、漳卫河深层地下水系统区、湖泊三角洲深层地下水系统区。

浅层地下水系统底界一般为 40～60m。在山前平原，由于人为沟通、混合开采，浅层地下水系统实际已经延伸到 120～150m。深层地下水系统在山前平原包括第Ⅲ含水层组和第Ⅳ含水层组，预界深度由西向东约由 80m 增加到 120～150m，底界为第四系底板，深度一般为 140～350m。中东部平原是指咸水体以下的深层地下淡水，包括第Ⅱ含水层组下部和第Ⅲ含水层组，预界深度一般为 120～160m，底界深度一般为 270～360m。

7.2　海河流域地下水埋深、水质的演变特征及驱动机制

7.2.1　地下水开采及埋深研究方法和数据来源

本章从《中国水资源公报》《海河流域水资源公报》《海河流域水资源评价》《变化环境下海河流域地下水响应及调控模式研究》等众多文献中查询获得大量地下水资源开采量、地下水埋深方面的数据，使用 ArcGIS 对地下水开采量、地下水水位等数据进行加工以研究地下水埋深动态及开采现状，以图片的形式直观显示海河流域地下水漏斗的分布和演变情况，以及地下水埋深的时空分布等内容。从《海河流域水资源质量公报》等文献中查取水质资料，通过《中华人民共和国地下水质量标准 GB/T 14848—93》分析地下水水质类别，研究地下水水质的时空变化特征。本章农业、工业和城市化方面的数据从《北京市国民经济和社会发展统计公报》《天津市国民经济和社会发展统计公报》等海河流域内各省市历年统计公报中获得，通过分析数据相关性等数据处理方法分析农业、工业和城市化等因素对地下水的驱动机制。

7.2.2　地下水埋深动态及开采现状

7.2.2.1　海河流域地下水开采现状

海河流域主要是开采矿化度小于 3g/L 的浅层地下水。20 世纪以来，随着海河平原经济社会的发展和人口数量的增加，对地下水资源的需求量也不断增长，经历了初期、扩大、大力发展和超采 4 个阶段。初期阶段：60 年代以前，开采仅限于埋藏较浅的地下水，开采量有限，开采资源完全满足开采需水要求，除天津（1907 年第一眼机井，1948 年市区共有机井 51 眼）等开采地下水较早的地区外，区域地下水净储量基本处于自然状态。扩大开采阶段：60 年代初，浅层地下水开采量迅速扩大，到 1969 年海河平原有机井近 20 万眼，局部地区浅层地下水储量出现消耗，地下水位持续下降。大力发展阶段：70 年代，需水量逐年增加，地下水资源开采采用浅、中、深相结合的方式分层开采地下水，地下水开发利用程度也明显加大。到 1979 年机井已有近 60 万眼，地下水开采量突破了 100×10^8 m^3/a，开始出现过量消耗地下水储量的问题，一些地区形成了较大的地下水水位降落漏斗。这个时期，地下水资源已经成为社会发展和经济建设的主要供水水源。超采阶段：自 80 年代至今，由于多年干旱，地下水天然资源量减少，需求量又迅速增加，长期无序过量开采地下水资源，地下水开采量超过 260×10^8 m^3/a，导致地下水严重超采，大量消耗地下水储量，区域地下水水位降落漏斗逐年扩大，并出现严重的地面沉降、海水入侵、水质污染等环境地质问题。

（1）地下水开采量动态

地下水资源是海河流域至关重要的资源，1985～1998 年多年平均地下水资源量为

233.66 亿 m³，1999～2010 年多年平均地下水资源量为 253.41 亿 m³。地下水供水量占总供水量的 2/3，已成为供给工业、农业和城市生活用水的重要水源，在一定程度上对流域的经济社会可持续发展起支撑作用。1985～2000 年，海河流域各分区地下水累计开采量为 3792.5×10⁸ m³，平原区累计开采量为 2671.3×10⁸ m³，占流域总开采量的 81.7%。其中浅层地下水累计开采量为 3280.5×10⁸ m³，占总开采量的 86.5%；深层地下水开采量为 512.0×10⁸ m³，占总开采量的 13.5%。

海河流域多年平均开采量为 242.34×10⁸ m³，平原区多年平均开采量为 190.8×10⁸ m³，占流域总开采量的 78.7%。其中浅层地下水多年平均开采量为 159.7×10⁸ m³，占总开采量的 83.7%；深层地下水多年平均开采量为 31.1×10⁸ m³，占总开采量的 17.3%。

根据海河平原区水资源公报统计资料显示，1999～2010 年，海河平原区地下水实际年平均开采量为 253.41 亿 m³。其中海河南系地下水开采量最大（表 7-2），多年平均开采量为 144.16 亿 m³，占海河流域总开采量的 56.9%；次之为海河北系，多年平均开采量为 49.72 亿 m³，占海河流域总开采量的 19.6%；滦河及东沿海和徒骇马颊河地区多年平均开采量分别为 24.88 亿 m³ 和 23.39 亿 m³，分别占海河流域总开采量的 9.82% 和 9.23%（图 7-1，图 7-2）。

表 7-2　海河流域分区地下水开采量　　　　　　　（单位：亿 m³）

二级分区	滦河及其东沿海	海河北系	海河南系	徒骇马颊河	流域总计
1985～1998 年均值	25.46	47.84	137.99	22.00	233.65
1999 年	21.69	53.98	165.09	17.96	258.72
2000 年	23.80	54.20	154.70	30.00	262.70
2001 年	24.50	55.20	159.30	29.00	268.00
2002 年	24.07	52.35	163.55	30.19	270.16
2003 年	24.13	53.30	154.90	29.06	261.39
2004 年	25.35	50.67	146.91	23.84	246.97
2005 年	25.00	52.25	151.54	23.06	251.85
2006 年	25.00	52.25	151.54	23.06	251.85
2007 年	25.27	52.17	148.21	24.37	250.02
2008 年	24.74	49.88	140.99	24.98	240.59
2009 年	23.47	48.56	141.07	22.79	235.89
2010 年	23.74	49.07	141.17	22.35	236.33
1999～2010 年均值	24.13	52.11	152.01	25.17	253.41
多年平均	24.88	49.72	144.16	23.39	242.34
各分区所占比例/%	10.26	20.52	59.49	9.65	100.00

资料来源：《海河流域水资源公报》2000～2010 年。

以石家庄地区为例，从图 7-3 可以看出，1978 年以前地下水平均开采量较小，1956～1959 年仅为 9.85×10⁸ m³，20 世纪 60 年代平均为 11.63×10⁸ m³，70 年代平均为 22.62×10⁸ m³；

1979 年之后地下水开采量较大，80 年代平均为 $25.45 \times 10^8 \, m^3$，90 年代为 $26.57 \times 10^8 \, m^3$；进入 21 世纪以来地下水开采量有所减小，2000～2005 年平均为 $24.66 \times 10^8 \, m^3$。天津地区从 1981 年开始地下水开采有下降趋势，至 1990 年开采量稳定在 $7 \times 10^8 \, m^3$ 左右，2000 年之后有回升趋势（图 7-4）。

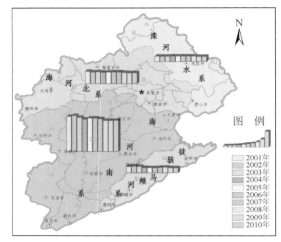

图 7-1　海河流域历年地下水开采量

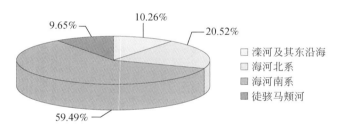

图 7-2　海河流域各二级分区地下水多年平均开采量所占比例

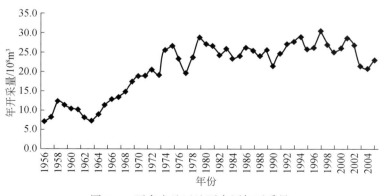

图 7-3　石家庄地区地下水历年开采量

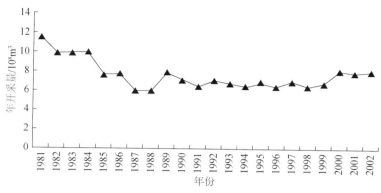

图 7-4　天津地区地下水历年开采量

（2）地下水超采状况

海河平原地下水开采量不断增加，造成地下水系统长期处于超采状态。从地下水超采的区域分布特征来看，海河平原中南部平原区呈现大范围区域性超采地下水资源分布区，冀东沿海平原区属局部超采；城镇或工业区周围的地下水开采程度都比较高，开采系数比较大，普遍形成常年性地下水水位降落漏斗区，多属于严重超采区。浅层地下水超采区主要分布在山前及中部平原淡水区域，深层地下水超采区域主要分布在东部及滨海平原有咸水覆盖的深层淡水层。

据 1980～2000 年评价结果，海河流域水资源总开发利用程度为 98%，其中海河南系和海河北系开发利用率最高，分别高达 109% 和 105%；滦河、冀东沿海和徒骇马颊河的开发利用率为 74%。全流域浅层地下水超采严重，总开发利用程度高达 110.4%，其中海河南系超采最为严重，开发利用率高达 133.7%，滦河及冀东沿海开发利用率为 113.5%，海河北系开发利用率为 111.9%，这三个区域浅层地下水均处于超采状态（任宪韶，2007）。据分析，1995～2005 年海河流域水资源总开发利用率为 108%，海河北系和南系均超过 100%，平原区浅层地下水开发利用率为 122%，除徒骇马颊河外，其他 3 个二级区地下水总体上均处于严重超采状态，其中海河南系浅层地下水开发利用率高达 149%（刘德民，2011）。此外，平原地区深层承压水平均每年开采约 39 亿 m³。海河流域地下水开发利用率远远超过国际公认的合理开发程度 30% 及极限开发程度 40% 的标准。至 1998 年，累计超采地下水 900 亿 m³，其中浅层 460 亿 m³、深层 440 亿 m³。大规模的开采地下水，形成了大面积的下降漏斗，中心水位埋深达到 70m，地下水位也在持续下降。不同年代地下水位的变化见表 7-3。

表 7-3　海河流域平原区不同年代地下水水位的变化情况

分区	平均降速/(m/a)				平均降深/m
	1960～1969 年	1970～1979 年	1980～1989 年	1990～1999 年	
滦河及冀东沿海	0.12	0.21	0.14	0.19	6.40
海河北系	0.11	0.40	0.40	−0.04	9.00

分区	平均降速/(m/a)				平均降深/m
	1960～1969 年	1970～1979 年	1980～1989 年	1990～1999 年	
海河南系	0.16	0.25	0.36	0.61	12.77
全流域	0.17	0.28	0.36	0.46	11.50

资料来源：张水龙和冯平，2003。

从海河平原区域水量均衡角度来看，1998 年海河平原地下水资源总超采量达 44.9×$10^8 m^3/a$，其中浅层地下水资源超采量达 24.2×$10^8 m^3/a$、深层达 20.7×$10^8 m^3/a$。1985～1998 年，海河平原多年平均超采量达 36.7×$10^8 m^3/a$，其中浅层地下水资源超采量为 18.6×$10^8 m^3/a$、深层为 18.1×$10^8 m^3/a$。

至 2011 年海河流域受水区浅层地下水超采区面积为 5.83 万 km^2，占海河流域总面积的 45.54%。其中，一般超采区面积占流域面积的 28.22%、严重超采区占流域总面积的 17.32%。超采区面积占流域面积比例较大的省份是北京市和河北省，分别为 89% 和 48%。流域深层承压水开采区分布面积为 9.46 万 km^2，占流域总面积的 73.91%。

从海河流域地下水超采区域分布来看，浅层地下水超采区主要分布在河南、河北。流域浅层地下水超采区现状开采量为 139.07 亿 m^3，可开采量为 82.67 亿 m^3，超采量为 56.40 亿 m^3。超采量主要集中在河北省，其超采量占总超采水量的 65.64%。深层地下水不合理利用的重点区域在河北、山东，分别为 3.59 万 km^2、3.29 万 km^2，分别占深层承压水开采区总面积的 34.3% 和 31.5%。

海河流域受水区由于近 10 年遭遇持续枯水年，地下水超采有明显加剧趋势，成为地下水超采最为严重的区域。按 1998～2005 年浅层地下水蓄变量（亏损量）和深层承压水开采量之和作为海河平原近期地下水总亏损量，8 年累计亏损 575 亿 m^3，其中浅层地下水 264 亿 m^3、深层承压水 311 亿 m^3；年平均亏损 72 亿 m^3，其中浅层地下水亏损 33 亿 m^3、深层承压水亏损 39 亿 m^3。图 7-5 和图 7-6 显示了 2010 年海河平原区浅层地下水与深层承压水超采区分布情况。

7.2.2.2 海河流域地下水位及埋深变化

（1）浅层地下水位变化状况

海河平原区浅层地下水开发主要经历了 20 世纪五六十年代中期、60 年代中期至 1980 年和 1980 年至今三个阶段。

20 世纪 60 年代中期以前，平原区浅层地下水开发是在局部地区进行的，采水设施和设备一般是人工井（砖石井），供给对象主要是人畜饮用、菜田和极少量的农田灌溉。浅层地下水埋深较浅，海河流域山前平原区浅层地下水水位为 23～82m、中部平原区为 5～23m、滨海平原区为 0～5m。其中潮白河-蓟运河平原浅层地下水系统水位为 5～35m、永定河平原为 10～30m、大清河平原为 20～82m、子牙河平原为 5～25m、漳河-卫河平原为 5～60m，那时的地下水流场基本保持着天然状态。

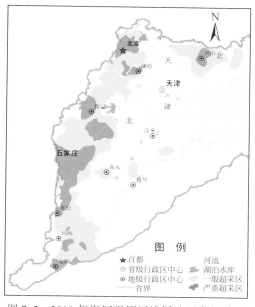

图 7-5　2010 年海河平原区浅层地下水超采区
示意图

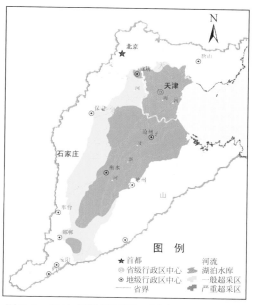

图 7-6　2010 年海河平原区深层承压水超采区
示意图

20 世纪 60 年代中期以后，海河流域相继在 1965 年、1972 年发生了旱灾，水资源供需矛盾日趋紧张，水危机已显端倪，机井建设在海河平原区形成高潮，由 1969 年的 20 万眼增加到 1970 年的 60 余万眼。平原区浅层地下水的年开采量达到 140 亿 m^3。总体上看，浅层地下水开采量依然小于总补给量，但以城市为中心的地下水位降落漏斗已开始形成。海河流域山前平原区浅层地下水水位下降了 5 ~ 20m，地下水位为 20 ~ 60m；中部平原区浅层地下水水位下降幅度较小，地下水水位为 0 ~ 18m。

1980 年以后，海河流域进入枯水期，地表水资源严重不足，地下水开采量增加，2000 年时浅层地下水超采量已达 39 亿 m^3，区域地下水水位降落漏斗急剧扩大，并出现严重的环境地质问题，至 2009 年，海河流域山前平原区浅层地下水位下降 15 ~ 40m，地下水水位为 7 ~ 45m；中部平原区浅层地下水水位埋深下降 5 ~ 15m，地下水位埋深为 −3 ~ 10m；滨海平原区浅层地下水位下降 0 ~ 7m，地下水位为 −2 ~ 5m。

海河流域统计范围内浅层地下水埋深空间分布大致呈南北相对较浅、中部较深的特征。1998 ~ 2000 年，山前和中部平原浅层地下水水位下降剧烈，平均下降 5m，唐山、保定、石家庄、邢台、邯郸等城市水位下降了 20 ~ 35m，安阳、鹤壁、新乡、焦作、濮阳等城市下降了 10 ~ 15m。东部滨海平原浅层地下水多为咸水或微咸水，开采量小，水位变化幅度相对较小，但也有明显下降，1980 年埋深一般为 2 ~ 3m，到 2000 年多数地区已达到 4 ~ 5m。1985 ~ 1998 年海河平原浅层地下水水位变化见表 7-4。

表 7-4　1985～1998 年海河平原浅层地下水埋深变化　　　　　（单位：m）

研究区域		分布范围	1985 年水位埋深	1998 年水位埋深
滦河冀东沿海平原		唐山，秦皇岛	5.46	15.79
海河北系平原		北京，唐山，廊坊	8.08	45.30
海河南系平原	淀西清北平原	北京	9.50	10.40
	淀东清北平原	廊坊，保定	6.52	12.48
	淀西清南平原	保定，石家庄	16.72	26.20
	淀东清南平原	保定，沧州，衡水	6.60	18.12
	滹滏平原	邢台，衡水，石家庄	1.53	25.18
	滏西平原	邯郸，邢台，石家庄	8.37	18.50
	漳卫平原	邯郸，安阳，鹤壁，新乡，焦作，濮阳	5.10	19.80
	黑龙港平原	邯郸，邢台，衡水	0.92	12.06
徒骇马颊河平原		邯郸，濮阳，聊城	3.00	15.34

　　近 50 年来，随着降水量的减少和开采量的增加，海河流域浅层地下水水位下降明显，海河流域山前平原区浅层地下水历年埋深如图 7-7 所示。据不完全统计，2000 年年底与年初比较，北京市近 90% 的平原区地下水位下降，降幅一般为 1～4m，密云、怀柔两区超过 5m；河北省地下水位上升区占该省平原区面积的 53.6%，升幅为 0.4～0.9m，下降区占该省平原区面积的 46.4%，降幅为 0.9～1.7m；河南省 95% 以上的平原区地下水位上升，升幅一般为 0.8～1.8m。

　　2003 年，北京市除石景山地区外，地下水位均处于下降状态，全市平均下降 1.88m。其中，平谷、顺义降幅最大，达 4.70m 和 3.49m。天津市浅层地下水位平均下降 0.16m。下降区主要分布在北部的宝坻、宁河、武清等地，面积占监控面积的 63%，水位平均下降 0.44m；上升区水位平均上升 0.30m。河北省平原区地下水位平均下降 0.19m，下降区主要分布在石家庄、保定、唐山、廊坊一带，下降面积占监控面积的 44%，水位平均下降 1.12m；上升区主要分布在邢台、邯郸和衡水，水位平均上升 0.53m。河南省该平原区地下水位基本稳定。山东省该平原区地下水位全面上升，平均升幅为 1.27m。

　　2006 年，地下水位下降区主要分布在平原区的中部和西部，上升区位于平原区的中东部及东南部，面积约 1.7 万 km²。北京市地下水位平均下降 1.2m，总体呈中等下降态势。下降区主要分布在中部，面积占监控面积的 94%；西部及东部各有小范围的地下水位上升区域。天津市地下水位总体基本稳定，下降区主要分布在西南部和北部，面积占监控面积的 66%，水位平均下降幅度小于 0.15m；上升区主要位于西部的宝坻，南部的静海和东北部的宁河亦有零散分布，水位平均上升幅度小于 0.2m。河北省平原区地下水位全面下降，全区平均下降 0.58m。下降趋势自西向东逐渐减缓，西部的邯郸、石家庄等地水位平均下降幅度大于 1.0m，呈中等下降趋势；中部的邢台、保定、衡水等地水位平均下降幅度为 0.5～1.0m；廊坊、唐山等地平均地下水位略有下降，平均降幅小于 0.2m。流域内山东省平原区地下水位以上升为主，平均升幅 0.21m，上升区面积占监控面积的 56%，主要分布在南部。

2008 年北京地下水位平均下降 0.13m，下降区主要分布在北部，其中平谷、海淀和怀柔平均降幅较大，分别下降了 2.31m、1.33m、1.19m。顺义、昌平地下水位基本稳定，其他地区水位上升，除石景山地下水位平均升幅达 1.16m 之外，上升区中其他地区的水位平均升幅均小于 0.8m，呈弱上升态势。天津地下水位以上升为主，平均上升 0.34m。全市除蓟县西南部、宝坻西北部和东北部、武清北部局部地区水位下降外，其余地区水位均呈上升态势，其中武清中南部和静海西北部局部地区地下水位升幅大于 1.0m。河北地下水位以上升为主，平均上升 0.43m，省内各市地下水平均水位除石家庄下降 0.44m 外，其余全部上升。地下水位上升区主要分布在冀东平原、廊坊、保定东部、沧州、衡水、邯郸、邢台东部地区，平均升幅小于 1.0m，其中饶阳至肃宁一带升幅大于 2.0m。地下水位下降区主要分布在邢台、石家庄、保定西部山前平原区及廊坊北三县，均为弱下降区，平均降幅小于 1.0m。

2009 年年底，北京市平原区浅层地下水埋深为 1.70~58.61m，平均埋深为 23.76m，最小埋深在怀柔区，最大埋深在平谷区；天津市平原区浅层地下水埋深为 1.62~12.84m，平均埋深为 4.54m，最小埋深在武清区，最大埋深在蓟县；河北省平原区浅层地下水埋深为 0.35~69.3m，平均埋深为 20.56m，最小埋深在衡水市深州市，最大埋深在邢台市柏乡县；河南省平原区浅层地下水埋深为 2.15~31.43m，平均埋深为 12.78m，最小埋深在焦作市修武县，最大埋深在鹤壁市浚县；山东省平原区浅层地下水埋深为 0.87~23.52m，平均埋深为 5.48m，最小埋深在德州市庆云县，最大埋深在滨州市无棣县；山西省盆地区浅层地下水埋深为 1.43~73.42m，平均埋深为 11.45m，最小埋深在朔州市应县，最大埋深在忻州市繁峙县。

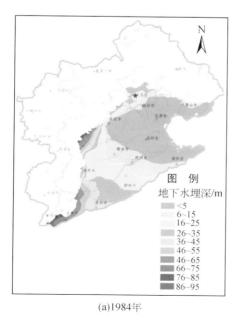

(a)1984年

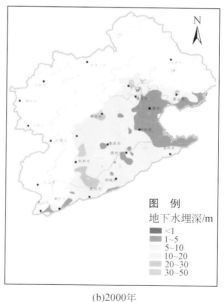

(b)2000年

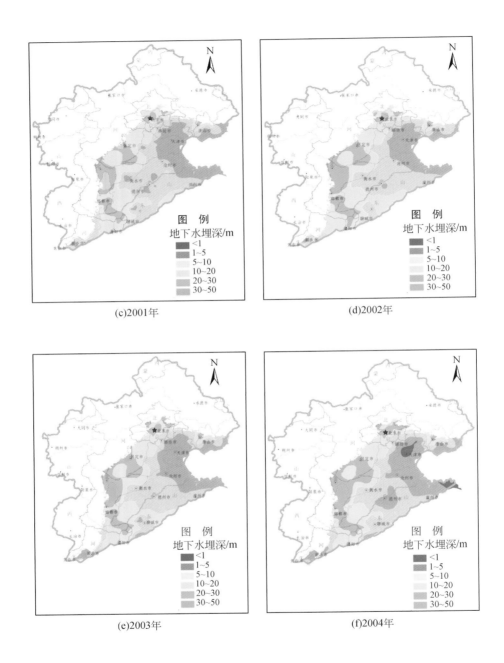

(c)2001年

(d)2002年

(e)2003年

(f)2004年

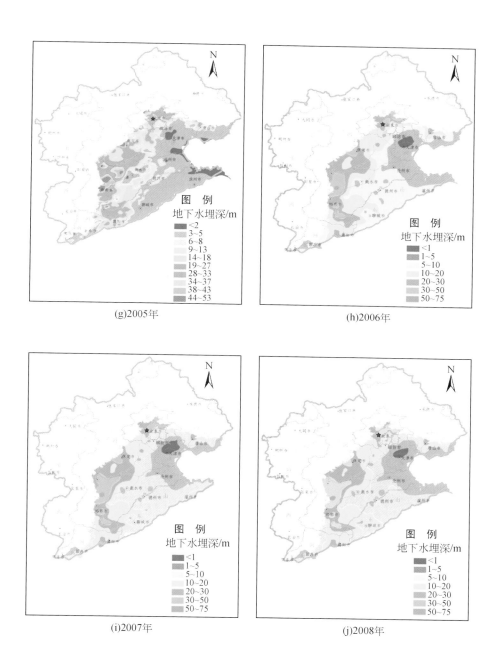

(g)2005年

(h)2006年

(i)2007年

(j)2008年

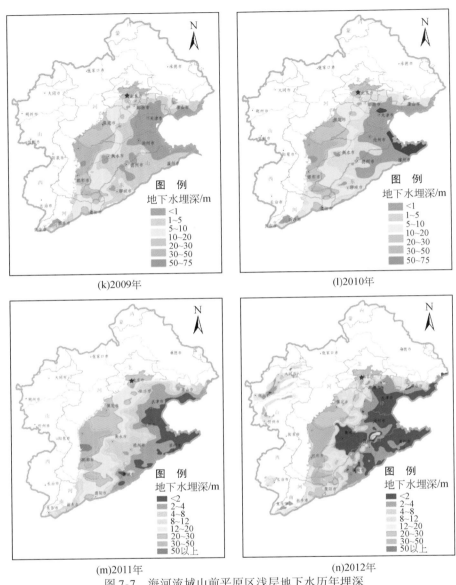

(k)2009年

(l)2010年

(m)2011年

(n)2012年

图 7-7 海河流域山前平原区浅层地下水历年埋深

2010 年北京地下水位平均降幅为 1.11m，除朝阳区地下水位回升 0.55m 以外，全市其余 13 个区地下水位均下降，平谷、昌平下降值最大，降幅为 2.11m、2.06m，其余区降幅为 0.39～1.85m。天津地下水位普遍下降，平均降幅为 0.28m，蓟县、宁河的平均降幅为 0.44m、0.62m，其中蓟县中西部地区水位降幅大于 1m，呈中等下降态势，其他地区水位降幅小于 0.30m。河北地下水位平均降幅为 0.30m，邯郸、邢台、石家庄、保定、廊坊、唐山的水位以下降为主，平均降幅为 0.31～1.30m；保定市水位平均降幅为 1.30m，整体呈中等下降态势；邢台、保定、邯郸局部地区水位降幅大于 2m；沧州、衡水、秦皇岛的水位以上升为主，平均升幅为 0.51～0.64m，零星地区水位升幅大于 2m。

  由于地下水的持续严重超采,海河平原浅层地下水超采区面积达 6 万 km^2,形成了唐山、北京顺义—通州、北京房山、保定、石家庄、邢台、高邑、邯郸、肃宁、安阳-鹤壁-濮阳、莘县-夏津 11 个较大的地下水漏斗,面积达 1.82 万 km^2。

  河北省山前平原区地下水水位在持续下降,形成了大范围的地下水漏斗。局部地区含水层已被疏干。2010 年河北省平原区有浅层地下水降落漏斗 11 个,总面积 3313km^2,其中,形成最早、发展最快、影响较大的是石家庄地下水降落漏斗,现状漏斗中心地下水埋深已超过 50m。据不完全统计,河北省太行山前平原区含水层疏干面积已达 2100km^2,河北省山前平原浅层地下水埋深变化情况及天津市区第Ⅳ含水组漏斗中心水位埋深见图 7-8 和图 7-9。

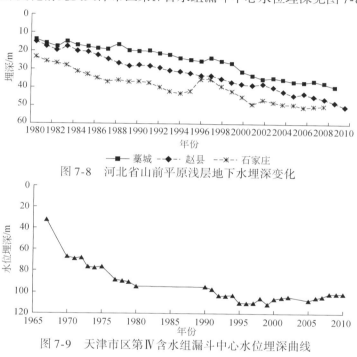

图 7-8 河北省山前平原浅层地下水埋深变化

图 7-9 天津市区第Ⅳ含水组漏斗中心水位埋深曲线

(2)深层地下水位变化状况

  海河平原大规模开采深层承压水始于 20 世纪 60 年代末,主要在滨海平原及黑龙港中下游地区,由于缺乏浅层淡水,只能依靠大量超采深层承压水来满足生产生活用水需要。1980 年开采量达到 28.8 亿 m^3,2000 年深层机井数量达 14 万眼,开采量增加到 37.6 亿 m^3。

  深层地下水赋存于第Ⅲ含水岩组和第Ⅳ含水岩组,顶界深度由西向东约由 80m 增加到 120~150m,底界为第四系底板,深度一般为 140~350m。在平原中部和东部,深层地下水位于咸水体下部,包括第Ⅰ含水岩组下部和第Ⅲ、第Ⅳ含水岩组。第Ⅱ、Ⅲ含水岩组顶界深度一般为 120~160m,底界深度一般为 270~360m。第Ⅳ含水岩组底界深度为 350~550m。

  20 世纪五六十年代,海河流域山前平原区深层地下水水头为 25~75m,埋深为 3~5m;中部平原深层地下水头为 5~25m,埋深为 0~2m,在滨海平原分布近 5000km^2 的自流区,深层地下水位高出地表面 3~5m。80 年代,海河流域山前平原区深层地下水头下降 5m,埋深为 4~8m,中部及滨海平原区深层地下水位为 0~20m,下降 5~20m。这期间,冀枣衡深层地下水位降落和沧州漏斗都达到较大规模，其中沧州漏斗中心水位埋深 69.99m，-39m 等水头线封闭面积 587.8km²，1980～1985 年和 1985～1990 年该漏斗中心水位下降至-90～-10m，埋深 30～100m。天津、文安—大成、冀枣衡、沧州和德州深层地下水漏斗彼此相连，深层地下水位埋深 50～70m 的分布区面积达 32 106km²，大于 70m 的分布区面积为 7145.34km²。1985～1998 年海河流域深层地下水埋深变化见表 7-5。

表 7-5　1985～1998 年海河流域深层地下水埋深变化　　　　　　　（单位：m）

区域		分布范围	1985 年水位埋深	1998 年水位埋深
滦河冀东沿海平原		唐山	4.20	33.20
海河北系平原		天津，唐山	-12.30	66.20
海河南系平原	淀西清北平原		0.00	0.00
	淀东清北平原	廊坊	4.90	75.90
	淀西清南平原	保定	5.00	32.50
	淀东清南平原	天津，廊坊，保定，沧州，衡水	-11.60	95.00
	漳滏平原	邢台，衡水，石家庄，沧州	4.10	52.97
	滏西平原	邯郸，邢台	6.90	46.40
	漳卫平原	邯郸，安阳，	6.80	34.60
	黑龙港平原	邯郸，邢台，衡水，沧州	1.40	79.60
	运东平原	沧州	5.80	92.80
徒骇马颊河平原		邯郸，濮阳，德州，滨州，济南	-3.00	89.50

天津市自 20 世纪 70 年代末大规模开采深层承压水以来，开采量不断增加，由于南部地区深层承压水长期处于超采状态，造成承压水头持续大幅度下降，形成了市区及西青、汉沽、津南大港和静海等几个地下水位降落漏斗，且市区及滨海地区有连成一片的趋势。近年来，由于市区和塘沽已将引滦水作为替代水源，深层承压水开采强度减小，各组含水层水头有所回升，但无外来替代水源的汉沽、大港和静海等地，水头仍在持续下降。至 2008 年天津市主要有两个较大的承压含水组漏斗，第二承压含水层漏斗中心在汉沽杨家泊镇，2008 年年底漏斗中心埋深 87.83m，漏斗面积 3142km²；第三承压含水组漏斗中心在西青区中北镇，2008 年年底漏斗中心埋深 97.13m，漏斗面积 6709km²。

2009 年天津市北四河下游平原Ⅱ组承压水水位呈下降态势，宝坻中南部和宁河西部水位下降 1.20m，宝坻西北部水位上升 0.53m，宝坻南部和武清西部水位下降幅度为 0.50～0.80m，其余地区水位变幅均为-0.50～0.50m。大清河淀东平原Ⅱ组承压水水位总体呈上升态势，其中静海县和西青区水位上升，其余区县水位总体呈下降态势。静海南部和西青中北部地区水位上升幅度为 3.15～3.85m，西青北部水位上升 1.30m，东丽中部地区水位上升 1.00m；塘沽北部地区水位下降 4.30m，武清南部和塘沽西部地区水位下降幅度为 1.20～1.45m，其余地区水位变幅均为-1.00～1.00m。

河北省中东部平原区影响较大、形成时间较长的深层承压水降落漏斗主要有冀枣衡漏斗和沧州漏斗，并向多中心的复合型漏斗演变。冀枣衡漏斗形成于 20 世纪 60 年代末，开采时（1958 年）水位埋深只有 1.92m。开采初期（1968 年）漏斗中心水位埋深 2.96m。

随着大规模开采，地下水漏斗逐渐形成，且由原来衡水市东滏阳一个漏斗中心，演变为衡水市东滏阳和邢台市南宫琉璃庙两个漏斗中心，并向邢台市的南宫、新河、威县、广宗和巨鹿一带延伸。2003 年年底，−35m 等水头线封闭面积 3348km²。目前，仍在继续向南扩展。沧州漏斗形成于 1967 年，未开采时（1958 年）水位埋深只有 0.88m。70 年代后大规模开发深层地下水，导致水位持续下降，漏斗面积逐年扩大。1985 年沧州漏斗中心埋深 75.7m，1990 年达到 82.1m。到 1995 年，青县和黄骅两个漏斗与沧州漏斗连接，2000 年达到 94m，到 2006 年年底，−55m 等水头线封闭面积 1663km²，漏斗中心埋深 95.62m，比 1980 年同期下降 26.88m。

至 2009 年，河北省邢台深层承压水水位平均下降 0.46m，下降幅度较大的县(市)有邢台市区 5.27m、柏乡 1.69m、南宫 1.26m。衡水深层承压水水位平均下降 0.48m，下降幅度较大的县(市)有故城 1.40m、武强 1.31m。海河流域深层承压水水位变幅情况见图 7-10。

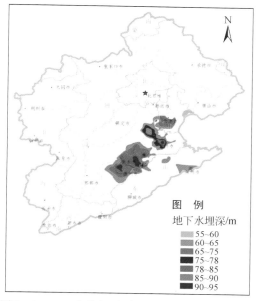

图 7-10 2005 年海河流域平原区深层地下水埋深

2010 年海河平原区深层承压水超采面积达 5.6 万 km²，严重超采区在河北沧州和衡水、天津塘沽和汉沽、山东德州等地，形成了唐山、天津、廊坊、冀枣衡、邢台巨新、沧州、德州 7 个较大的深层水漏斗，面积达 2.44 万 km²。其中冀枣衡、沧州、德州、邢台巨新等漏斗已形成了巨大的复合漏斗群，地下水埋深 50m 等值封闭面积已超过 2 万 km²。近几年，由于深层承压水开采强度减小，相比 2000 年之前，中心地区的承压水头有所回升。沧州、衡水、南宫承压含水层水头变化情况如图 7-11 所示。

7.2.2.3 地下水水质及其变化特征

(1) 海河流域地下水水质现状

据统计，自 20 世纪 70 年代大规模开发地下水以来，海河流域地下水资源的开发利用

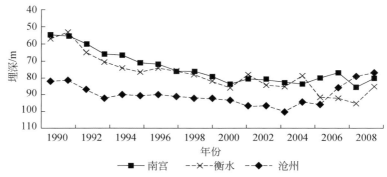

图 7-11   沧州、衡水、南宫深层含水层水头变化情况

程度高达 80%。海河流域总用水量 377 亿 m³，其中地下水为 218.2 亿 m³，占流域总用水量的 58%；在工业及城镇生活用水量中，地下水占 70%，达 46.0 亿 m³。地下水已成为海河流域的主要供水水源。海河流域平原区（含盆地）地下水大多数受到不同程度的污染，污染面积达 114 348km²，占平原区（含盆地）面积的 76.45%，主要污染物为氨氮、矿化度、总硬度、硝酸盐氮、高锰酸盐指数、亚硝酸盐氮、铁、锰等。顺义、涞水、定州、内丘、高邑、邢台等地区水质较好，为Ⅲ类，呈带状分布。纵向上，海河地下水水质总体呈浅层比深层差的趋势。

例如，北京市平原区地下水分为浅层、承压水主要开采层、深层三部分，而三部分地下水的水质状况分别如图 7-12 ～图 7-14 和表 7-6 所示。

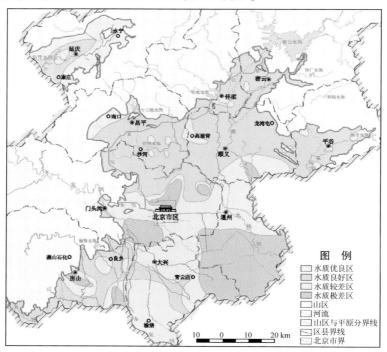

图 7-12   北京市平原区浅层水质分区图

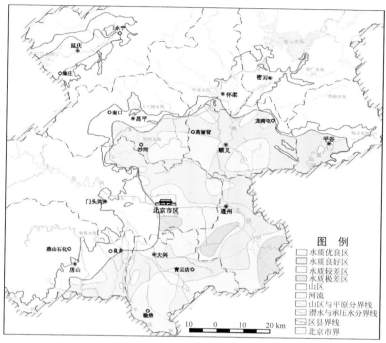

图 7-13 北京市平原区承压水主要开采层水质分区图

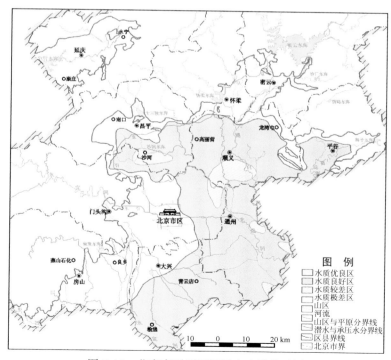

图 7-14 北京市平原区深层水水质分区图

表 7-6　北京市平原区地下水质量情况

分层	分期	I类水面积比例/%	II类水面积比例/%	IV类+V类水面积比例/%
浅层	丰水期	0.03	45.18	54.79
浅层	枯水期	0.26	45.99	53.75
中层	丰水期	0.84	51.76	47.40
中层	枯水期	1.68	54.81	43.51
深层	丰水期	0.71	80.00	19.29
深层	枯水体	2.41	84.58	13.01

可以看出,北京市平原区的地下水由浅到中再到深,水质逐渐变好。总体上北京市平原区第三、四含水层组地下水水质好于第二含水层组,第二含水层组水质好于单一层区和多层区的第一含水层组,北部地区水质好于南部地区。

(2)海河流域地下水水质变化特征

海河流域地下水大面积开发利用是从 1972 年北方大旱之后,到了 20 世纪 70 年代末,工业用水集中的地方,由于地表水补给不足和地下水的大量开采,地面沉陷和地下水水质变坏的恶果开始出现。到了 80 年代初,根据《海、滦河流域水资源调查评价初步分析报告》,工业用水的 60%、城市生活用水的 80% 引用地下水,每年排入河道的废污水量达到 30 多亿 m³,地下水受到了进一步污染,但是污染主要还是以浅层地下水为主。例如,河南焦作日排放废污水 6 万余吨绝大部分渗入地下,保定、石家庄等城市地下水污染问题突出,北京市郊区等地下水普遍检出有毒物质。表明了在这一时期,工业的快速发展和水资源的不合理开发利用加速了对地下水的污染程度。

到 20 世纪 80 年代中期,海河流域地下水水质继续恶化。以北京、天津、唐山地区为例,根据《京津唐地区水资源综合评价》,1986 年北京市地下水开始受到废污水的影响,郊区的地下水总硬度,以及硝酸盐、铬的含量再度增长,永定河高井电站下游地区和丰台地区地下水硫酸盐含量持续增高,西郊区工业区地下水开始受到酚、氰等毒素的污染。除了山区地下水还保持较好的水质外,其余地区的地下水污染问题已经显现,并且日益加重。此时,地下水环境问题已经得到了一定的重视。

到了 20 世纪 90 年代上半期,海河流域总用水量达到 376 亿 m³,其中地下水为 218.4 亿 m³,占流域总用水量的 58%,在工业和城镇生活用水量中地下水约占 70%。从全流域的 2015 个监测站井评价结果中可以看出,仅有 628 个检测井符合生活饮用水卫生标准,超标项目包括总硬度、矿化度、锰、铁、氟化物、硫酸盐、挥发酚、汞等。据统计,1994 年 I 类、II 类、III 类地下水只占到了评价总量的 36.8%,符合农田灌溉水质标准但有一定污染的地下水占到 37%,受到严重污染的地下水大约超过 26%。大中城市污染最为严重,一些供水水源地也受到污染和影响。地下水污染范围和程度都有继续扩大和加强的趋势。

近年来,海河流域大部分河流水质达到 V 类甚至超过 V 类。2009 年全流域污水排放总量为 49.0 亿 t。全年期、汛期和非汛期劣 V 类水评价河长分别占 51.5%、49% 和 52.3%。各水系中,滦河及冀东沿海水质状况最好,I ~ III 类水评价河长在 60% 以上;永定河、大清河水质状况相对较好,而子牙河、漳卫南运河和徒骇马颊河水质状况较差,劣 V 类水评价河长占 70% 左右。

以北京为例，由于从历史上来看北京市地下水主要污染指标为总硬度和硝酸盐氮，2000~2005 年，北京平原区地下水总硬度超标面积从 820km² 增大到 840km²，增加了 20km²，年增幅 4.0km²；硝酸盐氮超标面积由 2000 年的 184km² 增大到 185km²，与 20 世纪八九十年代相比，增幅有较大的降低，地下水污染逐渐得到控制。

北京市平原区地下水主要超标指标——总硬度和硝酸盐氮的总面积呈增加趋势。而对于硝酸盐氮指标来说，2005 年北京市城区东北部超标面积情况甚至要比 1990 年有所好转。说明通过不断对污染物的控制和治理，可以使地下水水质恶化速率减缓甚至改善（图 7-15 和图 7-16）。

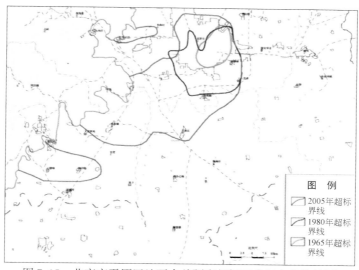

图 7-15　北京市平原区地下水总硬度超标区多年变化趋势图

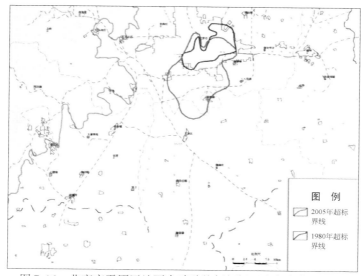

图 7-16　北京市平原区地下水硝酸盐氮超标区多年变化趋势图

7.2.3 地下水持续超采伴生的生态环境问题

适度的开发利用地下水，有利于地表和地下水的交换，弥补地表水时空分布不均匀而不能满足用水需要的缺点，对生态、环境变化有利，尤其在地下水位较高的地区，开发利用地下水可防止或减轻土壤盐渍化。但是，过度开采利用地下水，开采量超过总补给量，则会带来一系列的生态环境问题。对于海河流域，多年来，随着工农业的迅猛发展，海河流域地下水开采量始终呈上升趋势。结果导致地下水位的大幅度持续下降，引发了地面沉降、湿地湖泊萎缩、河流断流、土地沙化和海水入侵等多种伴生生态环境问题。

7.2.3.1 地面沉降

深层地下水不能直接接受降水补给，其补给来源一般是同层侧向补给、相邻含水层越流补给或以地面沉降来换取挤压释水等补给。对于侧向补给，距离补给源比较远，导水系数小，水平方向上水的运动缓慢，故侧向补给量受到限制，不能满足开采后对补给水量的需求。由于受到人工开采的强烈影响，开采区水位下降速率很快、幅度很大，而补给滞后于开采，且量上不能满足，于是在开采区便形成了水位下降漏斗。当漏斗形成后，地层的应力由于水量的减少而降低，长期处于这种状态，地层势必要下沉压密以增加应力来达到新的平衡，地层的压密外在体现是地面沉降的产生，地层的压缩可以将地层的孔隙水挤压释放出来，一方面增加了水量的补给，另一方面增大了地层的应力，当达到动态平衡时，地层便不再压缩，地面沉降产生。

据测绘部门观测，在海河流域平原区内（图7-17），大于1000mm的沉降面积达8510km²，大于500mm的沉降面积达33 386km²。北京地区主要沉降中心为东八里庄–大郊亭、通州区、朝阳区来广营、昌平沙河–八仙庄、顺义平各庄、大兴区，最大累积沉降量分别为0.75m、0.487m、0.608m、0.798m、0.41m和0.791m。天津地区主要沉降中心为塘沽、汉沽、市区、武清，中心最大累积沉降量分别为3.187m、3.065m、2.913m和2.898m。河北地区主要沉降中心为沧州、泊头、任丘、河间、献县、冀枣衡、饶阳、唐海、廊坊，最大累积沉降量分别为2.457m、0.84m、1.23m、1.28m、0.834m、1.214m、0.72m、0.851m和0.48 m。山东德州沉降区的最大累积沉降量达0.936m。海河流域的沉降中心仍在不断发展，并且有连成一片的趋势。

7.2.3.2 湿地、湖泊萎缩

湿地被称为"地球之肾"，湿地的萎缩大大降低了其调节气候、调蓄洪水、净化水体、提供野生动物栖息地和作为生物基因库的功能。由于水资源过度开发和不适当的土地开垦，使海河流域平原区湖泊、洼淀等湿地面积已由20世纪50年代的3000km²左右降至2000年的600km²左右，天然湖泊、洼淀大多已经干涸，水乡泽国的景象不复存在。现存湿地白洋淀、北大港、南大港、团泊洼、七里海、大浪淀等，均面临着水源匮乏、水污染加剧的困境。21世纪以后，社会对湿地、湖泊的生态作用认识增强，积极采取措施恢复、

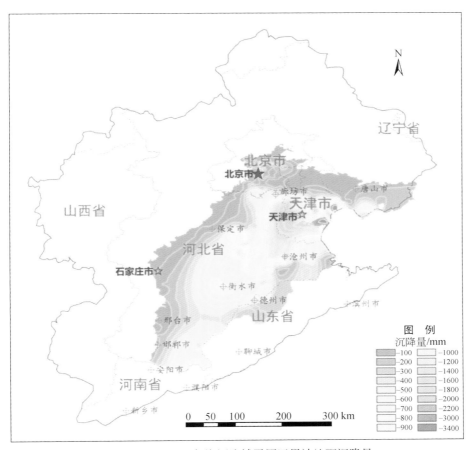

图 7-17　至 2008 年海河流域平原区累计地面沉降量

治理湿地、湖泊，使湿地、湖泊面积有所增加（图 7-18），但现状面积仍比 50 年代减少 40% 左右。

7.2.3.3　河流断流

地下水对河流的补给作用对维护河流健康，以及流域生态系统的平衡和稳定有着重要的意义。由于多年集中超采地下水，使地下水位大幅度下降，导致依赖地下水补给的河流断流，在雨季河流水体反而补给地下水，从而缩短了河流丰水期的时间，加速了河流的断流。

根据对流域中下游 5787km 河道的调查统计（图 7-19），常年断流（断流时间超过 300 天）河段占 45%，常年有水河段仅占 16%。大清河、子牙河近 30 年来几乎年年断流；漳卫南运河系，除卫河尚有少量基流外，漳河、漳卫新河年断流 280 天以上。

7.2.3.4　海水入侵

海水入侵是一种人为的地质灾害，其形成的主要原因是过量开采滨海地带浅层地下水

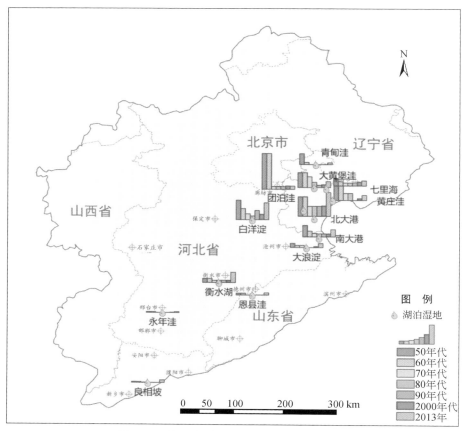

图 7-18　海河流域主要湿地湖泊面积变化图

导致了地下淡水水面低于与其有紧密水力联系的地下咸水面，促使咸淡水界面向内陆逐步推进。此外，通过渠道向内陆输送海水也会破坏咸淡水界面的水力平衡，使咸水向内陆地下含水层推进引起海水入侵。由于滨海城市的经济发展，城市化速率加快，城市中硬化道路等不透水下垫面降低了降水入渗地下含水层的能力，地下淡水补充不足，也是海水入侵发生的一个诱因。

　　位于冀东沿海基岩海岸和沙质海岸地带的秦皇岛市及周边地区，20 世纪 70 年代开始出现海水入侵现象。进入 80 年代，海水入侵迅速扩延，以 16～22m/a 的速率推进。现阶段海水入侵面积已达到 350km² （图 7-20）。

　　冀中平原中东部咸水区，因深层地下淡水水位急剧下降，与上覆咸水形成了 40～80m的水位差，加之凿井开采深层水，使上层咸水与下层淡水局部连通，造成咸水界面下移，并入侵深层淡水，使深层淡水局部遭到水质破坏。据沧县和阜城县两个典型研究区观测，咸水界面下移量超过 10m 的面积分别占研究区面积的 73.6% 和 90.2% 、超过 20m 的面积分别占研究区面积的 31% 和 51.4% 。据实测，唐山沿海地下淡水埋深漏斗区中心，地下淡水静水位已达 43～50m，而浅层的咸水水位只有 3～7m，如此大的水位差造成了咸水层向淡水层的快速越流补给。由于地下水的超采，唐山沿海地区南部边缘的地下水流从由北向南变成了由南向北，即渤海线海区的地下含水层正在给陆地地下供水。因浅层咸水数量有限而且在深水区与海水相连通，长此下去将会形成地下海水倒灌，其后果是该区地下淡水不复存在。

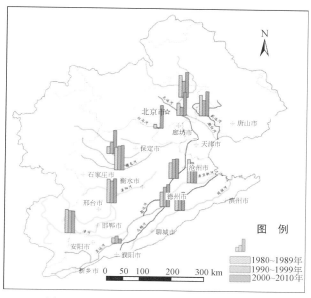

图 7-19　海河流域不同年代河流断流天数

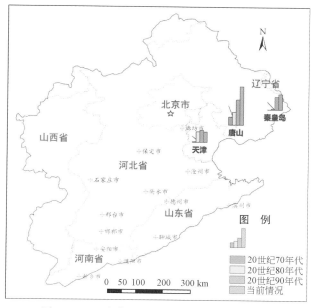

图 7-20　三个典型城市海水入侵面积变化图

7.2.4 地下水演变的驱动机制分析

7.2.4.1 降水量变化影响

区域性降水量减少（表 7-7）是海河流域地下水资源数量减少的主要气候因素。从图 7-21 可以看出，20 世纪 50 年代至 2010 年，无论是海河北系或海河南系的年降水量，还是海河全流域的年降水量都呈递减变化，1956～2011 年海河流域降水量系列平均减少 2.48mm/a，海河北系减少 3.48mm/a，海河南系减少 2.26mm/a。2000～2011 年降水量有所增加，但是与 50 年代相比较，海河流域降水量减少 124mm，海河北系降水量减少 174mm，海河南系减少 113mm。由于陆地水资源的源泉——降水量的不断减少，特别是平原区地下水补给量的减少，势必造成海河流域陆地总水资源量的减少。

表 7-7 海河流域分区不同系列地下水资源量及降水量对比

分区	1999～2011 年平均降水量/mm	1985～1998 年平均降水量/mm	1985～1998 年系列与1956～1984 年系列比较值		1999～2011 年与1985～1998 年系列比较值	
			降水量差/mm	降水量差比率/%	降水量差/mm	降水量差比率/%
滦河及冀东沿海	470	590	32	5.73	−120	−20.33
海河北系	423	569	−5	−0.71	−146	−25.66
海河南系	507	523	−42	−7.43	−16	−3.06
徒骇马颊河系	550	543	−46	−7.81	7	1.29
海河流域	482	543	−22	−3.89	−61	−11.23

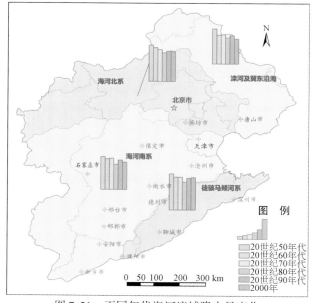

图 7-21 不同年代海河流域降水量变化

海河流域地下水农业开采量与降水量存在互动关系。降水量变化驱动农作物灌溉量相应变化，从而驱动地下水农业开采量变化。例如，以小麦为主的夏粮作物因其发育生长期处于春旱季节，降水量明显少于以玉米为主的秋粮作物同年灌溉水量，以至夏粮作物灌溉用水量远大于同一地区域秋粮作物同年灌溉用水量。再如，同一地区极端干旱年份或连续偏枯水年份的夏粮作物灌溉用水量明显大于偏丰水年份灌溉用水量（图 7-22）。

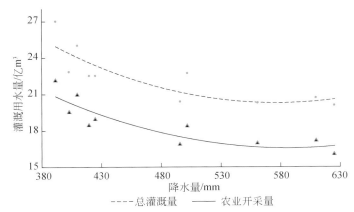

图 7-22　石家庄山前平原区农业开采量与总灌溉量和降水量之间的关系

7.2.4.2　农业发展影响

2011 年，海河流域农业用水量占流域总用水量的 64.7%，农业生产相对集中于平原区。海河流域平原区每逢极端干旱年份或连续偏枯年份，农业开采量都急剧增大，同时区域地下水补给量急剧减小，二者叠加导致区域地下水位大幅度下降。海河流域平原区地下水位不断下降，根本原因是灌溉农田农业开采量远超过了当地地下水资源承载力，大部分地区的耗水作物种植规模及其灌溉用水总量都远大于当地农业可利用的地下水资源承载能力（指 70% 的地下水可开采量作为现状农业灌溉用水基值），尤其是近 10 年来蔬菜作物的种植规模和产量持续大幅度增加，导致农业开采强度不断增大，进一步加剧了已处于超采状态的灌溉农田井灌区地下水资源紧缺情势。

海河流域平原区多为半干旱、以地下水作为灌溉水源的农田区，1956～2010 年多年平均降水量为 538mm，水面蒸发量大于 1200mm。近 10 年来气候干旱事件频繁发生，干旱范围不断扩大，农业旱情越来越严峻。2001～2010 年平均年降水量距平为−52.5mm，自然降水难以满足粮食作物和蔬菜作物生长的需求，鲜果林灌溉用水量也不断增大。相关试验结果表明，自然降水仅能满足冬小麦生育期作物耗水量的 33.8%、春玉米的 58.8% 和冬小麦-夏大豆的 55.1%。

海河流域平原区地表水可利用资源匮乏，其中大清河系淀西平原和子牙河系平原地表水模数仅为 0.49 万～0.97 万 $m^3/(a \cdot km^2)$，不足当地农作物灌溉用水强度 [20.74 万 $m^3/(a \cdot km^2)$] 的 5.0%。黑龙港平原地表水资源模数为 1.51 万 $m^3/(a \cdot km^2)$，仅占当地农作物灌溉用水强度 [14.71 万 $m^3/(a \cdot km^2)$] 的 10.27%。

相对于近 20 年来多年平均地表水资源量，灌溉水源最为紧缺的地区是子牙河系平原区，石家庄山前平原属于该地区，每平方千米农田灌溉缺水 23.84 万 m^3/a。其次是大清河系淀西平原、漳卫平原和黑龙港及运东平原，保定、邢台、邯郸、安阳、衡水和沧州平原区属于该地区，每平方千米农田灌溉缺水 11.94 万 ~ 19.23 万 m^3/a。海河北系平原和大清河系淀东平原，包括北京、天津和廊坊平原区，以地表水作为灌溉水源，农业缺水量较小，为 4.01 万 ~ 4.45 万 m^3/a。

山前平原（包括大清河系淀东平原、子牙河系平原和漳卫河系平原）和中部的黑龙港平原区是海河流域平原区粮食和蔬菜的主要产区，它们的夏粮、秋粮、蔬菜和鲜果的总产量分别占海河流域平原区相应作物总产量的 79.54%、78.64%、79.56% 和 77.54%。由于两个平原区的地表水资源严重短缺，无疑加重了两个粮、蔬、果主产区农田灌溉用水对地下水开采的依赖程度，以致这两个平原区地下水超采情势日趋严峻，尤以京津以南的山前和中部平原井灌区更为严峻。故地表水资源不足和灌溉农田农业的灌溉需求驱动农业开采量和开采强度增加。

水浇地是指有水源保证和灌溉设施，在一般年景能正常灌溉、种植旱生农作物的耕地。在过去的 50 多年中，虽然海河流域平原区耕地面积不断减少，但是水浇地面积却不断扩大。水浇地灌溉用水对地下水演变有驱动作用，见图 7-23。

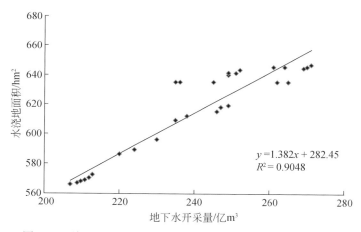

图 7-23　海河流域平原区水浇地面积与地下水开采量关系图

7.2.4.3　工业发展影响

海河流域是我国重要的工业基地和高新技术产业基地。2010 年地区生产达 5.58 万亿元，工业增加值 2.36 万亿元，第一、二、三产业比例分别为 10%、49%、41%。工业门类众多，技术水平较高，主要行业有冶金、电力、化工、机械、电子、煤炭等，形成了以京津冀和京广、京沪铁路沿线城市为中心的工业生产布局。20 世纪 90 年代以来，以电子信息、生物技术、新能源、新材料为代表的高新技术产业发展迅速，在海河流域经济比例中逐年增加，形成了北京中关村、天津开发区等高新技术产业基地。20 世纪 80 年代至 21

世纪最初 10 年流域工业发展指标见表 7-8。

表 7-8　海河流域 1990 ~ 2010 年 GDP、工业产值及工业增加值统计

年份	GDP/亿元	工业产值/亿元	工业增加值/亿元	年平均增长率			
				统计时段	GDP/%	工业产值/%	工业增加值/%
1980	1 592	1 205	481	—	—	—	—
1985	2 650	2 023	789	1980 ~ 1985	10.7	10.9	10.4
1990	3 821	3 379	1 194	1985 ~ 1990	7.6	10.8	8.6
1995	7 052	8 277	2 585	1990 ~ 1995	13.0	19.6	16.7
2000	11 633	16 683	4 771	1995 ~ 2000	10.5	15.0	13.0
2010	36 991	—	15066	2000 ~ 2010	12.3		12.2

随着工业的发展，工业生产总值的不断增加，工业生产用水对地下水驱动的机制逐步显现。以北京市为例，北京平原区地下水埋深不断加大，累计超采量增多，分析城市化水平与地下水埋深及地下水开采量的相关系数（图 7-24），发现工业生产总值与地下水埋深的相关系数为 0.9025，与累计超采量的相关系数为 0.9005，即随着工业产值的增长地下水埋深加大，开采量增多。

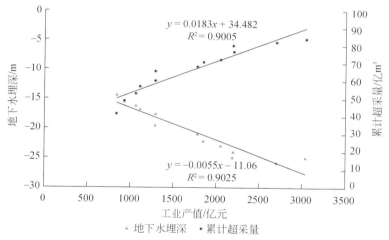

图 7-24　工业产值与地下水埋深、地下水累计超采量的关系

7.2.4.4　城市化影响

城市区因强烈的人为活动及其特殊的地表结构，对地下水演变有独特的影响。2011 年北京市城市化率为 86.2%，位列全国第二，海河流域第一，故以北京为例研究城市化对地下水演变的驱动机制。

北京的城市化水平从新中国成立以来一直处于加速发展阶段，到 1996 年才进入城市化后期阶段，发展开始缓慢。长期以来北京市的城市化水平超过工业化水平。城市化发展，城市人口增多，各种企业增多，用水增加，导致地下水开采量增多，由于城市发展，

城市建筑物及沥青或混凝土路面增多，使不透水层面积的比例增大，一般可达到80%以上。降水后，雨水除少量的截留与蒸发外，大部分通过地下水管道排出，成为径流，城市地区的土壤入渗量不多，因而降水补给地下水资源的量大为减少。对于各种屋面、混凝土和沥青路面，地表径流系数为0.90左右，也就是说约10%的雨水（还需扣去截留与蒸发的损失）才能渗入土壤，有可能补给地下水。2011年北京市用水量为35.96亿 m³，其中地下水20.90亿 m³，占总用水量的58.12%。在开采量增加的同时，地下水又不能得到及时有效的补给，所以导致地下水资源超采现象严重。

随着城市化的发展，北京平原区地下水埋深不断加大，累计超采量增多，分析城市化水平与地下水埋深及地下水开采量的相关系数，发现城市化水平与地下水埋深的相关系数为0.9696，与地下水开采量的相关系数为0.9707，即随着城市化水平与地下水埋深加大，开采量增多（图7-25）。

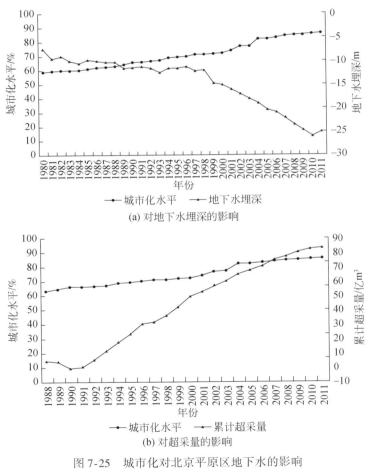

(a) 对地下水埋深的影响

(b) 对超采量的影响

图 7-25　城市化对北京平原区地下水的影响

将城市化水平与地下水埋深进行 $\alpha=0.01$ 的 F 检验，得 $F=771.7>F_{1-0.01}(1,60)=7.8$，即城市化水平对地下水埋深的影响是高度显著的。同样，对城市化水平与累计地下

水超采量进行 $\alpha=0.01$ 的 F 检验，得 $F=29.2>F_{1-0.01}$（1，44）$=7.25$，城市化水平对累计地下水超采量的影响也是高度显著的。

7.3　面向地下水超采控制的海河流域农业调整灌溉策略

7.3.1　典型区选择及其农业灌溉现状

　　海河平原是海河流域的山前平原区，与海河平原有大部分面积重合。海河平原大部分区域都处于海河流域以内，除了河南省的濮阳、新乡和安阳等部分地区不属于海河流域以外，其余部分地区都属于海河流域，是中国开发较早、人为活动影响较大地区，亦为现时中国经济发达地区之一。平原及其邻近地区拥有丰富的煤、铁、石油等矿藏，煤炭、电力、石油、化工、钢铁、纺织、食品等工业在中国占重要地位。海河平原以北京为中心的铁路、公路、航空等交通网与中国各地沟通。平原城镇密布，除北京、天津两市外，人口在 20 万以上的城市有 20 多座。

　　海河平原粮食、棉花的产量已分别占中国总产量的 18.4% 和 40%，油料作物在中国也占很大比例。海河平原的面积约占整个海河流域面积的 41.17%，粮食生产及地下水蕴含量等都占有重要的地位，共有大小河流近 60 条。发源于山区的河流经水库拦蓄后进入海河平原，据统计，共有 22 座入平原河道的大中型水库，调蓄 83.5% 的地表径流。随着近 20 多年降水量减少及上游水库拦蓄，全区大部分河道常年干涸，或仅在汛期短时过流，或成为城市及工业的排污河。

　　海河平原多年平均水资源总量约为 370 亿 m³，其中地表水资源量约为 216 亿 m³。多年平均地下水资源量约为 235 亿 m³。人均占有水资源量不足全国水平的 1/7、世界平均水平的 1/24，远远低于国际公认的人均 1000m³ 的水资源紧缺标准；耕地每亩水资源占有量不足全国平均亩均水资源量的 1/8。总体来说，海河平原属于资源性严重缺水地区，水资源供需矛盾十分突出。

　　地下水是海河平原的主要供水水源，占总用水量的 67.4%。2003 年海河平原地下水总开采量约为 206.09×10⁸m³。其中，浅层地下水开采量为 176.64×10⁸m³，约占总开采量的 85.71%；深层地下水开采量为 29.45×10⁸m³，占总开采量的 14.29%。北京地区地下水开采总量为 24.18×10⁸m³，天津地区开采量为 5.42×10⁸m³，河北平原开采量约为 123.46×10⁸m³，豫北平原开采量约为 28.65×10⁸m³，鲁北平原开采量约为 24.38×10⁸m³。

　　近 50 年来，随着经济建设的发展，地表径流被拦蓄，地下水在海河平原的工农业发展中起着重要的支撑作用。在地下水开发利用技术不断进步的带动下，形成了浅层、深层地下水立体开采的格局，开采量大大增加。地下水开采的同时伴随着地下水位持续下降，引发湿地干涸、水质恶化、降落漏斗产生、地面沉降与土壤沙化等一系列的生态环境问题，严重影响了区域可持续发展。

　　由于地下水灌溉引起的一系列地下水问题尤为严重，本节选择海河平原与海河流域交又的区域，即海河平原作为典型区来分析地下水超采控制的海河流域农业调整灌溉策略（图7-26）。

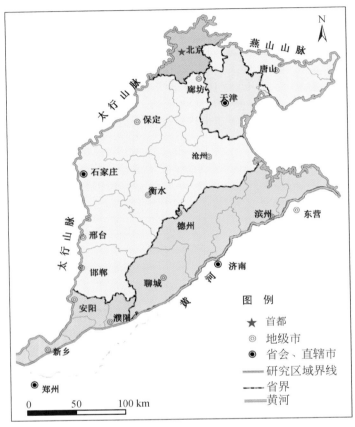

图7-26　海河平原区域图

7.3.2　流域农业生产的水足迹动态变化特征

7.3.2.1　区域水足迹的年际动态变化特征

1986～2010年，海河平原粮食作物消耗性水足迹整体呈平稳的变化趋势，最大值出现在1997年，其值约为 $2.67×10^{10}m^3$ ；最小值出现在2003年，其值约为 $1.68×10^{10}m^3$ ；25年平均值为 $2.09×10^{10}m^3$ 。1986～1997年为平缓的上升阶段，1998～2003年出现下降趋势，2004～2010年又呈平稳的回升趋势，从2006年开始到2010年基本平稳。而从消耗性水足迹占总水足迹的比例来看，总体呈下降趋势，从51.09%下降到40.54%。其中绿水足迹所占比例多年来比较平稳，中间稍有波动，平均比例约为33.86%；而蓝水足迹所占比例呈明显的下降趋势，从1986年的17.32%下降到2010年的7.08%，平均比例约为15.30%。

灰水足迹总体呈平稳的上升趋势，从 1986 年的 $1.79×10^{10}\,m^3$ 增加到 2010 年的 $3.08×10^{10}\,m^3$，最小值出现在 1990 年，为 $1.36×10^{10}\,m^3$，最大值出现在 2009 年为 $3.47×10^{10}\,m^3$，25 年平均值约为 $2.20×10^{10}\,m^3$。同时从灰水足迹占总水足迹的比例中也可以看出，灰水足迹所占比例也呈现出增加的趋势，从 48.91% 增长到 59.46%。

从总体关系上可以看出，灰水足迹大于绿水足迹大于蓝水足迹，这也说明海河平原的粮食生产主要还是靠天然降水支持，而施肥量的增加导致灰水足迹逐年上升（图 7-27）。

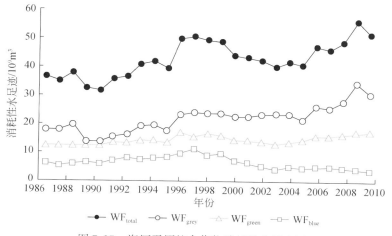

图 7-27　海河平原粮食作物消耗性水足迹图

注：WF_{total} 表示总水足迹；WF_{grey} 表示灰水足迹；WF_{green} 表示绿水足迹；WF_{blue} 表示蓝水足迹。下同

7.3.2.2　冬小麦和夏玉米产品水足迹的年际动态变化规律

冬小麦的单位产品水足迹多年变化如图 7-28 所示，多年平均值为 $1.04\,m^3/kg$。单位产品总水足迹多年来总体呈下降的趋势，中间波动较大，从 1986 年的 $1.06\,m^3/kg$ 增加到 1991 年的 $1.81\,m^3/kg$，达到最高值，之后基本呈逐年下降趋势，一直到 2010 年的 $0.72\,m^3/kg$。

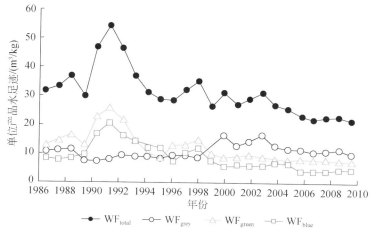

图 7-28　海河平原冬小麦的单位产品水足迹多年变化图

从图 7-28 中可以看出，冬小麦的单位产品水足迹中，蓝水、绿水和灰水足迹并没有明确的大小关系，自 1999 年以后灰水足迹所占比例一直大于绿水足迹、大于蓝水足迹。灰水足迹多年来较为稳定，因此 1989~1994 年总水足迹的主要波动原因是绿水足迹和蓝水足迹出现了波动。

夏玉米的单位产品水足迹多年变化如图 7-29 所示，多年平均值为 1.04m³/kg。单位产品总水足迹多年来总体呈下降的趋势，中间波动较大，从 1986 年的 1.06m³/kg 增加到 1991 年的 1.81m³/kg，达到最高值，之后基本呈逐年下降趋势，一直到 2010 年的 0.72m³/kg。从图 7-29 中可以看出，冬小麦的单位产品水足迹中，蓝水、绿水和灰水足迹并没有明确的大小关系，自 1999 年以后灰水足迹所占比例一直大于绿水足迹大于蓝水足迹。灰水足迹多年来较为稳定，因此 1989~1994 年总水足迹的主要波动原因是绿水足迹和蓝水足迹出现了波动。

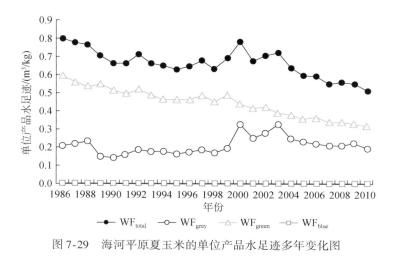

图 7-29　海河平原夏玉米的单位产品水足迹多年变化图

7.3.3　区域农业生产水足迹空间变化特征

7.3.3.1　区域冬小麦、夏玉米产品中蓝水足迹与绿水足迹的空间分布

冬小麦不同水文年型单位产品绿水足迹的空间分布如图 7-30 所示。从图中可以看出，蓝色区域代表 0 值区域，为城市地区，因为不生产粮食作物，故其水足迹值全部为 0。$P=25\%$、$P=50\%$ 和 $P=75\%$ 的水文年型，绿水足迹分布较为相似，大部分县的绿水足迹值都为 0.20~0.40m³/kg，高值部分出现在河北沧州附近的几个县和天津南部地区，其值为 0.40~0.60m³/kg。对于多年平均绿水足迹，其空间分布特征总体与其他水文年型类似，但是绿水足迹的值可能偏大 0.40~0.60m³/kg 的值明显增多。

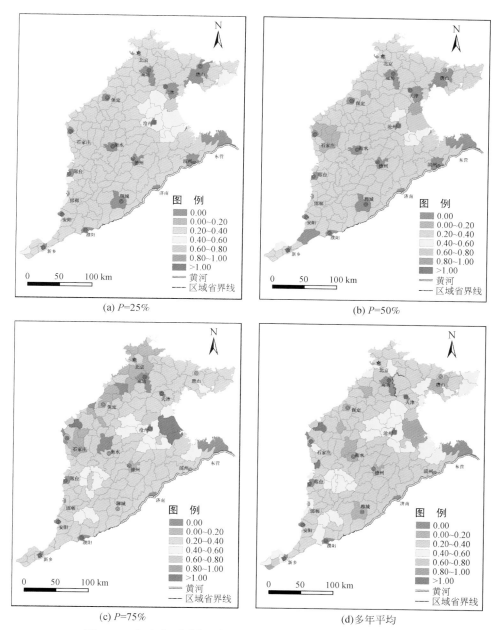

(a) P=25%

(b) P=50%

(c) P=75%

(d)多年平均

图 7-30 冬小麦不同水文年型单位产品绿水足迹的空间分布图

冬小麦的单位产品蓝水足迹空间分布如图 7-31 所示，可以看到随着水文年年型从 $P=$ 25% 、$P=50\%$，$P=75\%$ 的变化，蓝水足迹总体逐渐增大，即对于降水越多的年份，蓝水足迹越小，意味着粮食作物的生长可以靠天然降水来支撑，需要少量的地下水灌溉。$P=$ 25% 的水文年型，蓝水足迹大都集中在 $0 \sim 0.20\text{m}^3/\text{kg}$；$P=50\%$ 时，蓝水足迹值为 0.20 ~

0.40 m³/kg；$P=75\%$ 时，蓝水足迹值为 $0.40 \sim 0.60$ m³/kg。对于多年平均的情况，大部分地区的蓝水足迹为 $0.20 \sim 0.40$ m³/kg，高值区域出现在河北省西部地区和北部地区、北京的北部和天津北部。

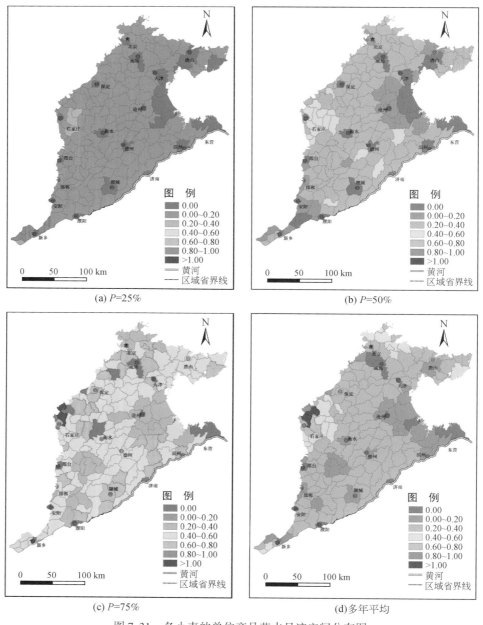

(a) $P=25\%$

(b) $P=50\%$

(c) $P=75\%$

(d) 多年平均

图 7-31　冬小麦的单位产品蓝水足迹空间分布图

夏玉米单位产品绿水足迹空间分布如图 7-32 所示，对 $P=25\%$ 和 $P=75\%$ 的水文年型，绿水足迹值主要集中在 0.40 ~ 0.80m³/kg，高值区域为 0.60 ~ 0.80m³/kg，主要分布在河北省中部地区。而 $P=50\%$ 和多年平均的情况下，绿水足迹分布较为均匀，主要集中在 0.40 ~ 0.60m³/kg。

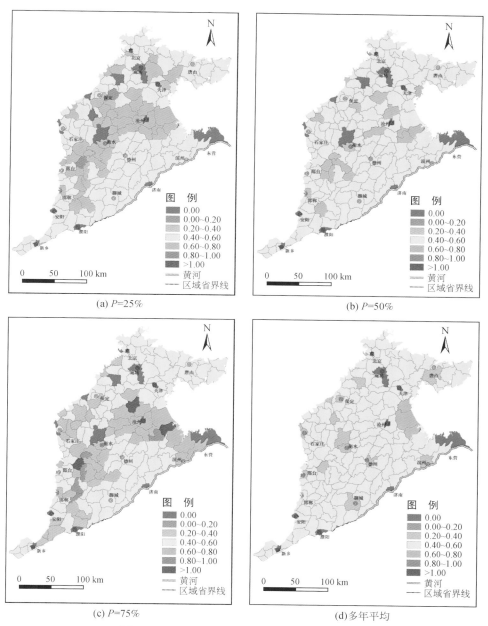

(a) $P=25\%$

(b) $P=50\%$

(c) $P=75\%$

(d) 多年平均

图 7-32　夏玉米单位产品绿水足迹空间分布图

夏玉米单位产品蓝水足迹空间分布如图 7-33 所示。从图中可以明显看出蓝色区域占大部分面积，即蓝水足迹为0。说明夏玉米生产过程中蓝水足迹很小，天然降水基本可以满足其生长需要，只有在水文年型为 $P = 75\%$ 时，也就是干旱年的时候，需要蓝水灌溉，高值地区出现在河南省、河北省西北部及山东省德州附近的几个县内。

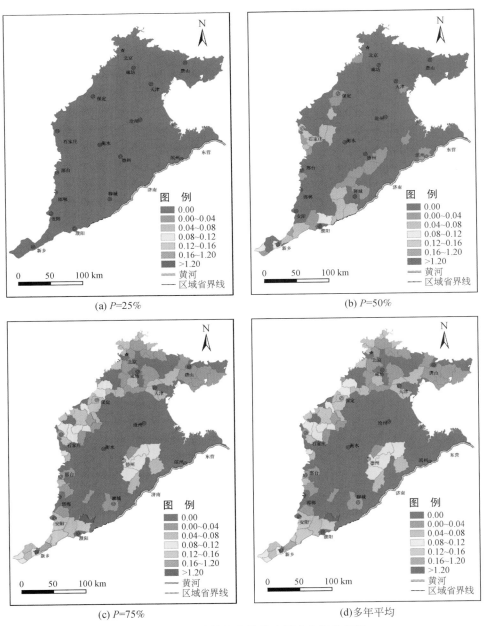

图 7-33　夏玉米单位产品蓝水足迹空间分布图

7.3.3.2　区域冬小麦、夏玉米产品中灰水足迹的空间分布

海河平原单位粮食作物灰水足迹空间分布如图 7-34 所示，可以看到大部分地区灰水足迹值为 0.30～0.60m³/kg，高值区域分布在海河平原的西北部，主要出现在沿海地区，其值为 0.60～1.50m³/kg。

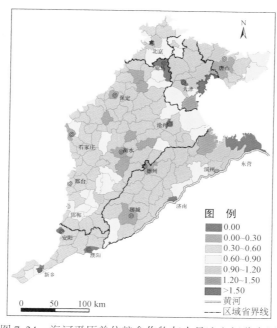

图 7-34　海河平原单位粮食作物灰水足迹空间分布图

7.3.4　地下蓝水合理调配模型及灌溉方案

1995 年 Falkenmark 等提出绿水和蓝水的概念，并指出蓝水是储存在河流、湖泊及含水层中的水，海河平原的蓝水主要是地下水。因此，如何通过合理调控灌溉，最大限度地利用绿水并提高地下蓝水灌溉生产效率是解决地下水超采问题的关键，评估海河平原地下蓝水灌溉分区比较优势，进而建立合理调控模式具有重要的意义。国内外曾有学者对缺水地区地下蓝水灌溉生产效率及对水分生产函数利用效率的评估可以指导生产实践中合理地调控地下水资源。然而，目前有关的水分生产函数均未分开蓝水和绿水两种水分来源，事实上对于海河平原粮食生产而言，关注地下蓝水灌溉生产效率对于合理解决粮食生产、地下水超采、生态环境退化之间的矛盾问题显得更为重要。

基于此，本节收集整理了海河平原农业气象、土壤有机质及地下水埋深等数据，综合考虑光合有效辐射、积温及土壤有机质空间分布，结合 SVM-GA 耦合分类方法确定各灌溉试验站点水分生产效率的代表性分区，提出了考虑有效降水量、水分生产效率、地下水埋

深的海河平原地下蓝水灌溉分区比较优势评估方法及空间变化特征，并通过情景分析探索不同水文年型和不同粮食补给率下地下蓝水合理调控模式。

7.3.4.1　蓝水调控模型

一个地区的降水量、光热资源、土壤有机质含量及灌溉使用地下蓝水埋深影响着这个地区适合种植冬小麦的程度，而光热资源和土壤有机质能够用水分生产函数体现。设有效降水量 η、水分生产效率 θ、地下水埋深 σ，用数学方法来表示海河 21 个市区的三种指标为一个 21×3 的二维矩阵：

$$\lambda = \begin{bmatrix} \lambda_1, & \lambda_2, & \cdots, & \lambda_{21} \end{bmatrix} = \begin{bmatrix} \eta_1 & \theta_1 & \sigma_1 \\ \eta_2 & \theta_2 & \sigma_2 \\ \vdots & \vdots & \vdots \\ \eta_{21} & \theta_{21} & \sigma_{21} \end{bmatrix}$$

根据模糊分类原理实现海河平原地下蓝水灌溉利用特征及水分利用优势评估。

本节提出水分生产效率由单位有效区间的最大生产能力作为评价指标，即为

$$\theta = \frac{f(\mathrm{ET}_{cmax})}{\mathrm{ET}_{cmax} - \mathrm{ET}_{cmin}}$$

式中，$f(x)$ 为水分生产函数；ET_{cmax} 为水分生产函数的极大值；ET_{cmin} 为灌溉水利用效率函数的极小值。

对地下蓝水埋深情况通过下式评价：

$$\rho_n = 1 - \frac{h_n - h_{min}}{h_{max} - h_{min}}$$

式中，h_n 为 n 地区的平均地下水埋深；h_{max} 为海河平原平均地下水埋深的最大值；h_{min} 为海河平原平均地下水埋深的最小值。

为了得到各地区冬小麦种植适宜能力排序，把海河平原 21 个市区各地有效降水量、水分生产效率、地下水埋深的标准化后数值设为点 λ_n 的三维坐标，而 λ_n 即为坐标系 (η, θ, ρ) 的一个点，其距离原点 O 的距离便是 λ_n 的数值，为

$$\lambda_n = \sqrt{\eta_n^2 + \theta_n^2 + \rho_n^2}$$

通过上式便可以得到海河平原地下蓝水灌溉的分区比较优势。

（1）海河平原地下蓝水和粮食安全情景分析

海河平原是我国的重要粮食产地，冬小麦的产量影响着我国的粮食安全，在保证冬小麦产量满足粮食需求的前提下，尽量节约地下蓝水资源对实现粮食安全协调发展与水资源合理利用尤为重要。在有限的水资源条件下，保证粮食安全需要合理分配灌溉水资源使得该地区地下蓝水资源利用率达到较高水平，建立如下数学目标函数式：

$$\min \chi = \sum_{n=1}^{21} x_n \times s_n$$

$$\text{s.t.} \quad A \leqslant \sum_{n=1}^{21} f_n(x_n) \times s_n$$

$$W_{nr2} \leqslant x_n \leqslant W_{nr1}, \quad n = 1, 2, \cdots, 21$$

式中，χ 为地下蓝水灌溉水总量；x_n 为 n 地区的地下蓝水灌溉水量；A 为海河平原冬小麦需求量；$f_n(x_n)$ 为 n 地区水分生产函数；s_n 为 n 地区的冬小麦种植面积；W_{nr1}、W_{nr2} 分别为 n 地区地下蓝水灌溉水量的上、下限。

对上式进行如下优化：通过灌溉利用率评估模型已经提出的海河平原分区地下蓝水灌溉比较优势分布图，将已经分区的灌溉地区按照灌溉利用率分为几个灌溉组，先安排利用率高的灌溉组在满足其最大的灌溉能力进行生产，若其最大能力不能满足粮食安全所需量，则继续安排利用率其次的灌溉组，直至满足粮食安全所需量，即可停止安排。

（2）水分生产效率代表性分区及参数阈值的确定方法

光、热、水、气和养分是作物生长发育的五大基本要素，它们具有同等重要性和不可替代性，各要素之间相互制约、相互联系，共同作用于作物的生长发育。本节通过海河平原的多年平均光合有效辐射量、多年平均积温及土壤有机质含量，利用支持向量机和遗传算法耦合分类方法（SVM-GA）确定了海河平原水分生产效率代表性分区。

支持向量机于 1995 年由 Vapnik 首先提出，该方法已经在模式识别和其他方面得到了成功的运用。线性分类适用于两类样本的分类，两类以上样本分类使用非线性分类，通过引入适当的核函数、惩罚项及松弛变量把最优化问题经过转化并改写为对偶问题，用 Lagrange 函数解得相应的分类函数：

$$f(x) = \mathrm{sgn} \left[\sum_{j=1}^{N} \alpha_j^* y_j K(x_j, x_i) + b^* \right]$$

式中，x_i 为第 i 个训练点；y_j 为对应的类别标号；$K(x, x)$ 为核函数；α^* 为优值向量；b^* 为最优偏置。

不同的核函数会导致 SVM 的推广性能有所不同，RBF 核具有参数少的优点，易于掌握，所以本书选取 RBF 核作为计算使用的核函数。基于此，本部分通过遗传算法寻找 RBF 核函数的参数最优解，并选用交叉检验寻找最佳 c 和 g，把具有最小 c 的一组 c 和 g 作为是最佳的 c 和 g。

海河平原冬小麦灌溉试验站共有 17 个，本部分按照搜集到的各个灌溉试验站点冬小麦水分生产函数回归系数，预先按照灌溉站点把其分为三类，其中第一类有实验站点 6 个，第二类有实验站点 8 个，第三类有实验站点 3 个。具体实施步骤如下：

1）搜集灌溉试验站背景资料（试验站地理位置、经度、纬度），冬小麦在全生育期的水分生产函数的回归系数 a、b、c，海河平原多年平均光合有效辐射栅格空间分布图，以及海河平原土壤有机质含量栅格分布图、冬小麦生育期内多年平均≥0℃积温栅格空间分布图。

2）在 ArcGIS 软件操作界面上，利用平均光合有效辐射空间栅格分布图，以及海河平原土壤有机质含量栅格分布图、冬小麦生育期内多年平均≥0℃积温栅格空间分布图，按照灌溉试验站的经纬度提取出各个灌溉试验站点和 21 个市区的多年平均光合有效辐射量、土壤有机质含量及多年平均积温。

3）按照冬小麦在全生育期的水分生产函数的回归系数 a、b、c 将水分生产函数归为三类,并将其多年平均光合有效辐射量、土壤有机质含量及多年平均积温作为训练样本,选择合理的核函数并且选用合适的分类器得到分类函数 $f(x)$,最后将 21 个市区的多年平均光合有效辐射量、土壤有机质含量及多年平均积温代入得到合理的分类结果。

7.3.4.2 结果与分析

(1) 海河平原农业气象要素及水分生产效率空间分布规律及代表性分区

将光合有效辐射、积温、土壤有机质等指标利用 ArcGIS 进行空间插值得到相应空间分布栅格图,并将海河 21 个市区的多年平均光合有效辐射量、土壤有机质含量及多年平均积温带入 SVM-GA 耦合分类方法确定了海河平原水分生产效率的代表性分区。海河平原水分生产效率分为三大类:第一类包括海河平原北部的北京、天津、唐山、秦皇岛、廊坊 5 个市区和东部的东营市,它们位于海河平原北部;第二类位于海河平原中部,包含邯郸、濮阳、聊城、德州、邢台、衡水等 11 个市区;第三类位于海河平原的南部,包含 4 个市区,它们地理位置位于海河平原的最南端。

(2) 海河平原地下蓝水灌溉生产比较优势特征及其分异规律

通过 ArcGIS 对有效降水数据进行空间插值得到海河平原冬小麦生育期内多年有效降水如图 7-35 所示,其总体上由南至北呈现逐渐减少的趋势。2005 年海河地下水埋深图如图 7-36 所示,通过得到的各个地区的有效降水量空间分布栅格图、地下蓝水埋深空间分布栅格图提取相应数据,结合水分生产函数,选择平移–标差变换法,利用欧氏距离构造模糊矩阵,选择一定的阈值对海河各地区地下蓝水灌溉相似度进行分类,并计算各地区的灌溉利用率,得到海河平原地下蓝水灌溉比较优势结果如图 7-37 所示。

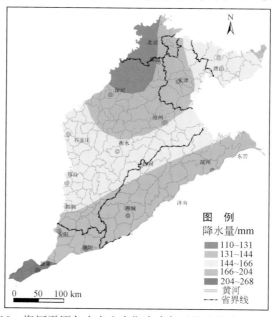

图 7-35　海河平原冬小麦生育期内多年平均有效降水空间分布

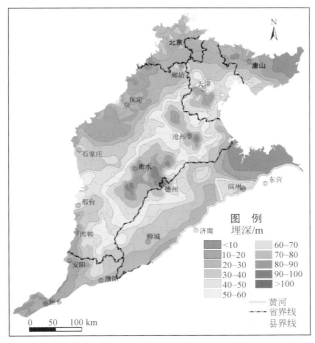

图 7-36　2005 年海河平原地下水埋深图

注：根据"海河平原地下水可持续发展利用图集"中的 2005 年深、浅地下水埋深图编辑处理而成

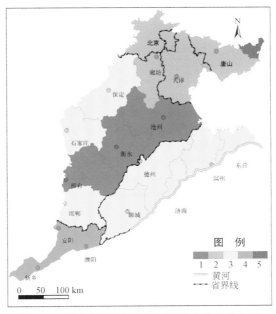

图 7-37　海河平原地下蓝水灌溉比较优势分区

（3）不同粮食储备条件下海河平原地下蓝水灌溉合理调控情景分析

本部分以 2005 年的海河平原冬小麦产量数据为冬小麦目标产量。假设对于 $P=25\%$ 水

文年型情况，粮食不需要粮食储备补给，因为该年型降水量较为丰富，生产同样的粮食地下蓝水开采较少。以下讨论中认为在 $P=25\%$ 水文年型情况下，海河平原灌溉分配水量为较优值。

图 7-38（a）所示为没有粮食补给的情况。当降水为 $P=25\%$ 年型时，地下蓝水开采灌溉量相对减少，灌溉利用率为 1、2 两组的地区抽取地下蓝水灌溉量明显减少，其他 3 组地区基本保持最大灌溉能力进行生产；当降水为 $P=50\%$ 年型时，地下蓝水开采相比 $P=25\%$ 有所增加，为年型 $P=25\%$ 的 1.15 倍，特别是灌溉利用率为 2 的地区，它们基本需要保持其最大灌溉能力进行生产才能满足粮食需求；当降水为 $P=75\%$ 年型时，地下水灌溉量明显增加，为年型 $P=25\%$ 的 1.29 倍，几乎海河所有地区都需要保持其最大灌溉能力进行生产才能满足粮食需求。

图 7-38（b）所示为有 5% 的粮食储备补给情况。当降水为 $P=50\%$ 年型时，地下水灌溉利用率较低的 1、2、3 类的地区地下水灌溉量都明显减少，补给后其用水量是 $P=25\%$ 的 0.98 倍，则认为此时粮食补给为该降水年型的最佳补给情况；当降水为 $P=75\%$ 年型时，只有灌溉利用率为 1、2 类的两个区域灌溉用水量有所减少，且减少到其灌溉量最少阈值，补给后其用水量是 $P=25\%$ 的 1.15 倍，则认为 5% 的粮食补给不能满足该降水年型的灌溉节水目标。

图 7-38（c）所示为有 10% 的粮食储备补给情况。当降水为 $P=75\%$ 年型时灌溉利用率为 1、2、3 类的地区地下蓝水灌溉用量都有明显减少，且利用率为 1、2、3 类的地区地下水灌溉量减少到灌溉量最小阈值，其用水量是 $P=25\%$ 的 0.92 倍，则认为该降水年型的粮食补给在 5%~10% 可以满足灌溉节水目标。

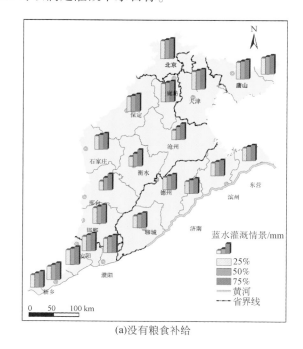

(a)没有粮食补给

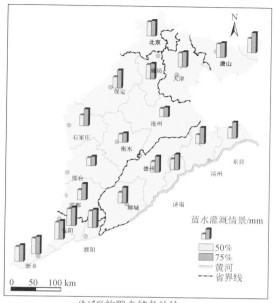

(b)5%的粮食储备补给

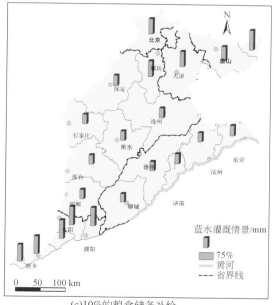

(c)10%的粮食储备补给

图 7-38 不同补给情况下的地下蓝水灌溉情景

（4）冬小麦的蓝水足迹与绿水足迹比值空间分布

冬小麦的蓝水足迹与绿水足迹比值空间分布如图 7-39 所示，可以看出蓝水足迹与绿水足迹比值较高的区域分布在海河平原西北部、中部、东南部及东北部，这些区域的值较高说明冬小麦种植生产过程中地下水灌溉用量所占的比例偏高，即与其他区域相比，可能同样生产单位产量的小麦，这些地区需要灌水更多。因此，应该合理选择冬小麦种植区域，最好在河南、山东北部与河北省东部地区种植冬小麦更加节水。

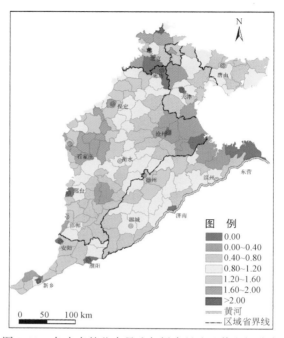

图 7-39　冬小麦的蓝水足迹与绿水足迹比值空间分布

7.4　面向海河流域地下水安全的综合调控管理策略

随着南水北调东中线工程通水并逐步达效，海河平原区的供水格局将发生改变，外调水量将成为平原区未来城市水资源配置的主要水源之一，区域地下水开采量将相应减少，有利于地下水位回升。

7.4.1　依法管理和保护策略

南水北调工程实施后，海河流域供水格局将发生显著改变，但实现地下水压采的目标、修复地下水系统将是一项极其复杂和艰巨的工作。地下水系统的适应性管理需要结合地下水功能保护的目标和水资源条件的新变化，及时跟进相关的管理措施，尤其是法制建设，否则，将出现外调水增加和地下水持续超采并存的局面。

7.4.1.1　修订实施《南水北调工程供用水管理条例（征求意见稿)》

南水北调是跨流域、跨省市的大型水资源配置工程，需要统筹协调各相关方面的利益关系，特别是需要统筹考虑调入水与当地水的统一使用，统筹生产、生活与生态用水。为加强南水北调供用水管理，合理配置水资源，充分发挥工程供水效益，提高水资源利用效率，促进海河流域经济社会可持续发展和改善生态环境，应尽快修订实施《南水北调工程供用水管理条例（征求意见稿）》。条例中明确了地下水超采区优先使用南水北调来水、当地地表水及其他水源，禁止或限制地下水开采，逐步实现地下水的采补平衡。

7.4.1.2 出台《海河流域地下水管理办法》

配合地下水资源管理条例，制订《海河流域地下水管理办法》，落实地下水总量控制制度。对于严重超采区、集中供水管网覆盖区、地质灾害易发区和重要生态保护区等区域，提出控制地下水开采的基本原则和要求，划定限采和禁采区，明确限采和禁采的对象及要求，结合替代水源工程建设等，明确控制地下水开采的控制指标和开采计量监控方法，促进海河流域地下水超采治理。

7.4.1.3 出台《南水北调受水区地下水压采管理办法》

为实现南水北调工程建成后管理的法制化，加强南水北调供用水管理，合理配置水资源，充分发挥工程供水效益，有效治理地下水超采，促进相关区域的经济社会可持续发展和改善生态环境，应尽快制定出台《南水北调受水区地下水压采管理办法》。管理办法要明确受水区各级地方人民政府在地下水压采工作中的责任主体地位，并对禁（限）采区划分、管理政策、压采实施方案、年度开采计划、压采目标及绩效考核、监测评估制度、奖惩办法等作出明确的规定，经国务院批准后执行。各省（直辖市）结合各自的实际情况，出台落实受水地下水压采管理办法的具体实施细则。

7.4.2 最严格的地下水管理和保护策略

7.4.2.1 严格实行地下水开采总量控制

地下水开发利用总量控制指标是指某个规划水平年（如 2020 年等），在综合考虑地下水资源可开采量及经济社会现实需求的基础上，结合水资源综合配置方案，规划确定的多年平均降水条件下年平均总开采量。

由于总量控制指标不仅考虑自然因素，也兼顾经济社会的合理需求，因此，可能存在总量控制超过红线的情况。这类地区也是地下水保护和管理的重点、热点地区，如海河流域平原区。具体年度的地下水开采指标是以总量控制指标为方向，考虑当年的地下水补给量、地表水水源条件、节水水平及潜力、水资源替代工程及节水工程运行建设情况等，来确定的当年度的地下水开采量。当年度的地下水开采指标由于受到降水枯丰的影响，其值应该在地下水开发利用总量控制指标上下一定范围内浮动。

根据国务院关于实施最严格水资源管理的意见，要明确海河流域内省（自治区、直辖市）、地（市）、县（区、市）分级、分区、分期的地下水开采总量控制指标，逐步削减地下水超采量，实现采补平衡。有田间的地区，要进一步将开采指标分解落实到井。

严格地下水取水许可证管理和建设项目水资源论证制度，对已经达到或超过地下水开采总量控制指标的地区，要暂停审批新增取用地下水项目；地下水严重超采区，要严格地下水取水许可证换发管理，有效期满后不再批准延续地下水取水许可证有效期，或根据地下水取水开采总量控制指标核减地下水许可开采量；对接近取水地下水开采总量控制指标的地区，要限制审批新增取用地下水量。地下水禁止开采区，严格禁止工业、农业和服务业新建、改建、扩建项目取用地下水，已建地下水取水工程应结合地表水等替代水源工程建设，按照总量控制要求，限期封填。限制开采区和有开采潜力区，新建、改建和扩建的建设项目要进行严格的水资源论证，禁止在限制开采区内兴建取用地下水的高耗水建设项目，避免在有开采潜力区出现新的超采区。限制开采区内的已建地下水取水工程应结合替代水源工程建设，依据压采目标限期逐步削减开采量。严格城镇公共供水管网覆盖范围内的地下水取水许可管理，逐步完成区内工矿企事业单位自备井的封填工作。

7.4.2.2　编制年度计划，落实地下水压采目标

为了贯彻《中华人民共和国水法》，落实《取水许可和水资源费征收管理条例》，统筹考虑用水情况，加强用水管理，将用水总量控制在用水计划之内。自 1993 年起我国对已建、新建、扩建工程都要求申请取水许可，只有获得取水许可申请证方可取水，并且各用水户要在年末编制下年度的用水计划。就目前我国各地方编制的年度用水计划来看，主要是针对非居民用水户的用水计划编制，城镇居民用水主要依据用水定额，无需编制年度用水计划。

城市中的各用水户，如厂矿企业、社会团体、科研院校等大额用水户必须编制年度用水计划，纳入计划用水管理，申请年度用水计划指标。目前，针对农业取水户的年度用水计划编制很少，这与农业取水分散、计量滞后、季节性开采、取水量不稳定等因素有关。

根据已有资料，目前年度用水计划编制主要考虑年度的实际用水、水平衡测试、用水定额和近 3 年的用水量等因素。其中，水平衡测试是确定单位用户用水计划、评估用户节水潜力等节水工作的科学依据。

在各地的年度计划用水管理中都明确了节约用水与超计划用水的奖惩办法。一般地，对于节约用水户会奖励增加下年度的用水指标（总量）；对于超计划用水的惩罚为加价收费或消减下年度的用水指标。加价收费制度在上海、杭州、南京等地已经实施。

未来落实总量控制目标，需要进一步完善目前的年度用水计划制度，在企业用水计划基础上，进行总用水的年度计划编制，在编制年度用水总量计划时，应考虑预测年度的地表水资源、地下水资源状况，以及其他水资源的利用可能，如外调水源、中水回用、雨水利用、海咸水淡化等利用程度。因此，应考虑当年度水源工程、污水处理回用设施、集雨设施等工程的建设运行情况，因为这些工程能否建成并投入运用，直接影响年度区域供水能力，也将影响年度计划开采量。水文丰枯变化对水资源的影响较大，枯水年份区域总的水资源量减少，地表水可利用量减少。在这种波动情况下，地下水与地表水的功能是相互弥补的关系，丰水年份，尽可能多利用一些地表水资源，减少地下水开采，补给和涵养地下水；枯水年份可以利用其动态储存水量，增加地下水开采，腾出含水层调蓄空间，满足

经济社会发展需求。因此，需要根据研究区的实际水文地质条件，确定枯水年份的最大可利用地下水量，该水量允许超过地下水可开采量，但是，其超过的水量（疏干部分含水层）应该在丰水年回补，这样才能实现地下水可持续利用。在确定丰枯变化对年度用水的影响时，应该研究降水补给量与地下水开采量之间的响应关系，制定适应性的年度计划合理指标。

7.4.2.3 严格开采管理，实行源头控制

应尽快核定并公布海河流域地下水禁、限采范围。地下水禁、限采区划分具体办法由省级政府制订并颁布实施，依法促进地下水压采工作。紧抓开采源头，对开采井实行"四个一制度"，即"一证一牌一表一卡"。"一证"为开采井凿井许可证；"一牌"为开采井标示牌；"一表"为开采计量表；"一卡"为开采井的资料卡，注明开采井的有关数据及附件资料。

加强凿井和封填井管理。凿井要实行行政许可。严格控制水量、层位，规范凿井管理，建立封填井的档案制度。对封存备用井，要加强日常维护，保证应急状态下能正常启用。

7.4.3 严格监控及公众参与策略

海河流域地下水处于不断变化的外部环境中，因此，有效保护地下水资源的关键是提高实时监控的水平和能力，包括对地下水水位动态的监测、地下水水质的监测、地下水开采井的计量、偷采行为的监督举报、排污行为的监督检查、监测网站建设与信息举报等。

7.4.3.1 完善地下水监测网络

应结合国家地下水监测工程建设，形成覆盖全受水区的地下水动态监测网络，形成国家网、省市网相结合的地下水动态信息收集系统，客观掌握地下水动态，支撑地下水压采管理工作。为了提高变化环境下地下水适应性管理能力，必须加强监测井建设，提高监测井密度，增加地下水自动监测井数，实行地下水监测数据的全部公开共享，实现水质、水量、水位、地面高程监测的同步。

7.4.3.2 严格地下水压采工作监督考核制度

各省（自治区、直辖市）应结合相关法规和政策，严格地下水开采的监督管理及考核。水利部应实行年度抽样考查和阶段全面考核制度，通过巡查、抽样调查、信访、考察、座谈等途径，加强各省（自治区、直辖市）压采工作的督导。各省、市、县级行政区应对本辖区的主要用水户实施严格监管，提高地下水压采的行政管理效能。

应定期开展地下水压采评估及信息发布工作。对已关停的开采井进行定期检查，严肃查处擅自启用已关停的开采井行为，定期发布地下水压采工作简报，通过地下水压采工作进展情况，接收社会及公众监督。建立受水区地下水压采工作考核指标体系，将压采任务

的完成情况纳入各级地方人民政府的考核指标。

7.4.3.3 强化地面监控，积极鼓励社会公众的参与

考虑到地下水的空间差异性及局地化特点，地下水的监测不能全部依靠地下水监测井。例如，利用地下水井进行排污、非法设立垃圾场和废物处置场等行为的影响往往集中在局部数平方公里的地段，区域性的地下水监测井难以监测到局部的污染行为。在这种情况下，严格进行地面的排污行为监控就十分必要。

（1）社会举报与现场调查

鼓励全社会参与到地下水污染监控工作中，通过群众举报，及时发现排污行为并现场调查取证，根据情况，制订处理方案。

（2）水平衡测试

为防止企业偷排，应定期进行企业的用水平衡测试，对企业的取水、用水、耗水、排水进行平衡计算，分析识别可能的偷排问题。

（3）全面排查、定点监测

应根据区域地下水保护的要求，对全区地面潜在污染源进行详细普查和调查，包括排污井、渗坑和渗沟、垃圾及废物处理场、输（储）油管（罐）及加油站、污水灌溉区、污染的地表水沿岸等。在全面排查的基础上，建设专门的定点监测井，定期监测具体污染源对地下水的影响。

应建立鼓励社会监督的激励机制，并对地下水污染的受害者进行法律援助和宣传培训等，提高居民依法保护自身合法权益的自觉性。

7.4.4 产业调整与耗水控制策略

海河流域地下水的首要问题是超采问题，其次是污染问题。地下水超采引发的地面沉降、海水入侵、资源枯竭等问题已经严重制约流域的健康发展，而地下水超采是全流域水资源短缺的外部表征，是水资源超载的重要表现。要压缩地下水超采量，必须总体上实现水资源的可持续利用，而实现水资源的可持续利用，必须减少水资源的河道外消耗，即实施耗水控制战略，从根本上减少水资源的消耗量，维持生态环境用水和地下水水位的合理水平。

7.4.4.1 蒸散发量控制

根据世界银行 GEF（global environment fund）项目的成果，蒸散发量（ET）控制是解决海河流域水资源不可持续问题的重要和根本途径。通过减少 ET，可控制对水资源的过度消耗，保护和修复生态环境，维持一定的入海水量，保证渤海的海洋环境和生态系统。

确定海河流域不同单元的 ET 控制目标需要从两个方面着手。首先是 ET 削减的可能性，即现状实际 ET 和目标 ET 之间的差距；其次是通过调整作物结构和工程及管理方面的节水措施减少 ET 总量。海河流域开展节水工作和 ET 控制是实现水资源可持续的根本

措施，节水的关键是控制 ET。

海河流域的农业种植区主要分布在平原区和山间盆地，是用水大户，节水潜力最大，是节水的重点。对于可控土地利用产生的 ET，也就是灌溉农业和灌溉林业产生的 ET，可在不降低其产出的基础上，研究通过各种措施进行有效的调控，包括节水措施、调整种植结构等方式。对于雨养农业也可以通过农业措施减少作物生长季节的蒸腾蒸发量。

城市 ET 主要为工业生产产品消耗、城市河湖绿地消耗、居民生活消耗和降水等直接产生。随着工业化水平的提高，工业产品的 ET 消耗量将会降低。随着城市化进程的加快和人民生活水平的提高，居民生活消耗的水量和城市河湖绿地消耗的水量势必增加。因此，降低城市 ET 的潜力主要为降低降水直接产生的 ET。这需要和城市市政建设相结合，将一些不透水地面改造成透水地面。例如，在人行道上铺设透水方砖，以下回填砂石砾料布设渗沟、渗井等，增加入渗量，降低蒸发量。

总体上说，农业种植管理是 ET 总量控制的重点，从水资源数量的可持续性角度来看，今后的措施主要集中在农业节水方面。考虑到农业用水占海河流域总用水量的 70%，农业节水的成败决定了水资源可持续利用的前景。

7.4.4.2 调整经济布局，优化产业结构

减少耗水必须转变经济发展方式，严格控制高耗水项目建设，调整农业种植结构，鼓励发展旱作节水农业，减少高耗水作物的种植比例，建设节水型社会。

小麦是海河平原的主要农作物，也是耗水较多的作物。小麦的播种、发芽和生长期与降水不同步，难以充分利用雨水，只能通过灌溉解决。因此，海河平原应逐步减少小麦的种植面积，提高夏玉米的播种面积，重视大棚作物生产，在减少水资源消耗的同时，提高农民收入。

7.4.4.3 建立有利于节水的价格机制

根据《取水许可和水资源费征收管理条例》，扩大地下水水资源费征收范围，依法对超过农业生产用水限额部分的取水量开征水资源费，加大征收力度。

提高地下水水资源费征收标准。合理确定受水区内当地地表水、地下水、南水北调水等各种水源的比价关系，合理确定地下水水资源费征收标准，使城市公共供水管网覆盖范围内利用自备井取用地下水的费用高于利用城市管网供水的水价，供水企业取用地下水的费用高于取用地表水的供水水价，超采区的地下水水资源费高于未超采区。通过经济政策来引导用水户优先使用南水北调水、当地地表水、再生水等水源。

实施超计划超定额累进加价制度，通过价格杠杆，约束地下水超采行为。

7.4.4.4 建立财政激励和补偿机制

制定激励性政策，形成地下水压采和节水的良性机制，形成多节多补、先节先补、不节惩罚的制度。建议国家制定适当的财政补贴政策，安排一定的中央财政资金，用于受水区地下水压采和节水工程建设资金补助。在农村地区，建议国家实行"以奖代补"等激励

性财政政策，对已完成节水计划的给予一定的奖励；加大已有涉农资金的投入力度，采取积极有效的补偿政策。要注意弥补因地下水压采和节水工作给农民带来的经济损失，如产业结构调整带来的经济损失应给予一定的补偿，减轻农民负担，支持农村地区的地下水压采和节水工作。

第8章 结论及对策建议

8.1 主要结论

海河流域地处半湿润、半干旱区,是中国人口密集、城市化水平较高的区域之一,也是中国重要的工业基地、高新技术产业基地和粮食生产基地之一。流域内水资源极度短缺,是中国水资源供需矛盾最为突出,水环境恶化、水生态退化最为严重的流域之一。针对海河流域突出的生态环境问题,本书揭示了 2000~2010 年海河流域生态系统类型、格局及其变化、生态系统服务功能及其变化、地表径流变化特征、地表水环境及农田氮素平衡变化特征、地下水演变特征及调控策略,获得如下主要结论。

1) 海河流域生态系统变化剧烈。2010 年海河流域生态系统主要包括农田、森林、草地和城镇,分别约占海河流域总面积的 45%、29%、13% 和 10%。2000~2010 年,流域城镇面积持续扩张,增加面积约占海河流域总面积的 2%,流域下游增加尤为剧烈。农田面积逐渐减少,减少面积约占海河流域减少总面积的 2% 左右。森林面积有所增加。

2) 海河流域生态系统服务功能空间异质性大,服务能力总体提高。海河流域生态系统产品提供功能主要集中在流域东南方向海拔小于 300m 的平原地带,该地带占据海河流域总面积的 41.3%,却提供了整个流域 85.9% 的产品。海河流域生态系统调节功能(水质净化、土壤保持、固碳功能)主要分布在流域西北方向海拔大于 300m 的丘陵和山区地带,该区域单位面积水质净化、土壤保持和固碳功能分别是平原地区的 1.6 倍、13.9 倍和 11.1 倍。人口密度、经济发展、农业技术和农业生产是影响海河流域生态系统服务功能(产品提供、水质净化、土壤保持和固碳功能)的重要因素。

3) 海河流域地表径流和输沙量显著减小。1953~2010 年,173 个水文站中,54 个水文站点(占统计水文站点的 73.98%)的年径流量呈现显著下降趋势。海河流域 6 个子流域上游降水呈减小趋势,但仅漳河上游达到显著水平,均未发生突变。气温升高显著,且在 20 世纪 80 年代末、90 年代初发生突变。1990~2010 年,参加分析的 21 条河流,断流天数显著上升的河流共 11 个,占 52%。三北防护林建设等重大生态建设工程实施、降水减少、气温升高和水资源开发利用等因素共同导致海河流域地表径流显著减少。1990~2010 年,海河流域参与评估的 30 个泥沙站点中有 25 个站点的输沙量显著下降。

4) 海河流域水环境污染严重,农田生态系统氮素盈余增加。2010 年海河流域Ⅳ类、Ⅴ类和劣Ⅴ类水体所占比例达 41.9%。海河流域 2002~2010 年水资源三级区尺度上水环境质量变化不大。滦河山区Ⅰ类、Ⅱ类、Ⅲ类水体显著增加,水质明显好转;漳卫河山区Ⅳ类、Ⅴ类和劣Ⅴ类水体显著增加,水质变差;北清河下游平原及大清河淀西平原劣Ⅴ类水体显著增加，水质有恶化趋势。其他区域水质没有显著变化。2000~2010年，海河流域氮素盈余强度不断增加，主要分布在中部、东部和南部地区，对地下水、地表水环境污染构成威胁。流域耕地面积比例、1000m岸边带自然植被覆盖度、工业氨氮排放量、农村人口密度、第二产业总产值密度是导致水环境质量区域差异的主要因素。

5）地下水位下降明显、地下水环境污染。1984~2012年，海河流域平原浅层地下水水位下降明显，平均降深达12m左右，最大降幅可达60m；海河流域平原区（含盆地）地下水污染面积达114 348km²，占平原区（含盆地）面积的76.45%，主要污染指标为氨氮、矿化度、总硬度、硝酸盐氮、高锰酸盐指数、亚硝酸盐氮、铁、锰等；降水量减少及农业灌溉、工业和城市化发展等因素是地下水位持续降低的主要驱动因素。

8.2 主要对策建议

针对海河流域人类活动剧烈、水资源短缺、水环境污染严重等一系列突出问题，迫切需要采取有效措施，促进海河流域科学管理，提升生态系统服务功能，支撑海河流域经济社会可持续发展。结合上述研究结果，提出如下管理建议。

1）合理规划，有序推进城镇化进程。流域内有首都北京、直辖市天津，以及石家庄、唐山等20余座大中城市，且近年来城镇化进程加快。上述研究表明，快速城镇化进程不仅导致水环境污染压力加大，而且加剧了水资源短缺程度，进而导致生态系统退化严重。为了缓解水资源短缺问题、改善海河流域生态环境，建议以资源环境承载力为基础，积极参与"多规融合"，实行生态保护红线、资源开发利用底线、环境质量基线等环境空间管控制度，有序推进城镇化进程，确保流域经济社会可持续发展。

2）稳步推进生态清洁小流域建设工程。逐步实施"细胞工程"，以小流域为单元，划分"生态修复、生态治理、生态保护"三道防线，以"三道防线"为主线，紧紧围绕水少、水脏两大主题，坚持山、水、田、林、路统一规划，工程措施、生物措施、农业技术措施有机结合，治理与开发结合，拦蓄灌排节综合治理的新理念，加强岸边带自然生态系统的保护与恢复，推进流域内水土资源的有效保护、合理配置和高效利用，稳步推进生态清洁小流域这一治理模式。

3）建设生态屏障，保障海河流域生态安全。海河流域内北有燕山东西横贯，西有呈东北-西南走向的军都山、太行山，三山形成一弧形屏障，环抱着海河平原。生态屏障区在涵养水源、防风固沙、土壤保持等方面发挥巨大作用，为海河流域平原区经济社会可持续发展提供了重要支撑。增强该区域生态系统服务功能，削减土壤侵蚀、水资源短缺、水环境污染、沙尘暴等生态环境问题，保障海河流域生态安全，迫切需要不断恢复生态屏障区自然植被。

4）因地制宜的实施生态保护与生态建设工程。上述研究结果表明，海河流域实施了三北防护林建设工程、京津风沙源治理工程、退耕还林工程、天然林保护工程等一系列生态保护与建设工程，在生态问题控制中发挥了巨大作用。与此同时，由于气温升高、降水减少、不合理的植被恢复措施等，部分区域出现了植被退化、地表径流显著减少等问题，建议在充分认识生态系统服务权衡与协同关系的基础上，综合气候、地形、树种、恢复模式、管理措施及区域生态系统服务功能变化等多方面因素，因地制宜的实施生态保护与生态建设工程，确保生态系统服务功能综合效益的最大化。

5）推进农业节水、节肥措施，控制水环境污染。海河流域是我国主要粮食生产基地之一，农业节水、节肥是水资源可持续利用和水环境保护的关键措施之一。调整和完善水资源总量和分区控制管理机制，确定区域地下水允许开采量和削减量；推广农业节水措施，促进水资源高效利用，缓解水资源供需矛盾；推广缓释肥、有机肥和复合肥，减小农田生态系统氮素盈余强度，减少农业面源污染。此外，控制好已有污染的同时，采取监测等手段，预防新的或更大污染区域的发生，从源头控制和达标排放污染物。注重水污染的风险管理与应急机制建设，特别是对有污染风险的重点企业，综合科技、经济、行政及法律手段，科学治理污染。

6）实施补水工程，重建河流纵向生态廊道。针对水量不足、水质恶化及河流天然形态遭到破坏、河流生态系统健康受损等问题，综合考虑河流水质与生境状况，构建水量调整技术、水质净化技术和生境改善技术等海河流域修复技术，以及直接修复、补水修复等河流生态修复模式。重建河流纵向生态廊道，确保海河流域平原河流生态健康。

参 考 文 献

白晓飞，陈焕伟，彭晋福.2006，生态系统服务价值空间变化研究——以伊金霍洛旗为例.中国土地科学，20（6）：16-30.

白杨，欧阳志云，郑华，等.2011.海河流域森林生态系统服务功能评估.生态学报，31（7）：2029-2039.

陈茂山.2005.海河流域水环境变迁与水资源承载力的历史研究.中国水利水电科学研究院博士学位论文.

崔炳玉，崔红英.2007.气候变化和人类活动对于滹沱河区水资源变化的影响.山西水利科技，1：64-66.

邓红兵，王青春，王庆礼.2001.河岸植被缓冲带与河岸带管理.应用生态学报，12（6）：951-954.

丁爱中，赵银军，郝弟，等.2013.永定河流域径流变化特征及影响因素分析.南水北调与水利科技，（1）：17-22.

杜思思.2011.海河平原地下水与地面沉降模型模拟研究，北京：中国地质大学（北京）硕士学位论文.

段春青，张世宝，邱林，等.2008.基于遗传程序设计的作物干旱程度评估模型.节水灌溉，1：41-43.

樊静，杨永辉，张万军.2008.冶河流域径流减少的驱动因素分析.华北农学报，22（B10）：175-179.

方瑜，欧阳志云，肖燚，等.2011.海河流域草地生态系统服务功能及其价值评估.自然资源学报，26（10）：1694-1706.

符淙斌，王强.1992.气候突变的定义和检测方法.大气科学，16（4）：482-493.

付晓花，等.2013.滦河流域径流变化及其驱动力分析.南水北调与水利科技，11（5）：6-10.

高吉喜，Driss E，Guillermo F M，等.2010.生态系统减轻水环境磷素非点源污染服务及价值——以雅砻江二滩水库为例.生态学报，30（7）：1734-1743.

高江波，周巧富，常青，等.2009.基于GIS和土壤侵蚀方程的农业生态系统土壤保持价值评估——以京津冀地区为例.北京大学学报（自然科学版），45（1）：151-157.

高旺盛，陈源泉，董孝斌.2003.黄土高原生态系统服务功能的重要性与恢复对策探讨.水土保持学报，17（2）：59-61.

郭高轩.2012.北京市平原区地下水分层质量评价.中国地质，39（2）：518-523.

郭军庭，张志强，王盛萍，等.2014.应用SWAT模型研究潮河流域土地利用和气候变化对径流的影响.生态学报，34（6）：1559-1567.

国家林业局.2008.三北防护林体系建设30年（1978～2008）发展报告.

郝芳华，陈利群，刘昌明，等.2004.土地利用变化对产流和产沙的影响分析.水土保持学报，18（3）：5-8.

侯培强，王效科，郑飞翔，等.2009.我国城市面源污染特征的研究现状.给水排水，35：188-193.

环境保护部，中国科学院.2008.全国生态功能区划.

江波，欧阳志云，苗鸿，等.2011.海河流域湿地生态系统服务功能价值评价.生态学报，31（8）：2236-2244.

江青龙，谢永生，张应龙，等.2011.京津水源区小流域土壤侵蚀及其空间分异.水土保持通报，31（1）：149-255.

康绍忠，杨金忠，裴源生，等.2013.海河流域农田水循环过程与农业高效用水机制.北京：科学出版社.

李怀恩，邓娜，杨寅群，等.2010.植被过滤带对地表径流中污染物的净化效果.农业工程学报，

26（7）：81-86.

李军玲，邹春辉.2010. 基于 GIS 的河南省土壤侵蚀定量评估研究. 土壤通报，41（5）：1161-1164.

李世娟，李建民.2001. 氮肥损失研究进展. 农业环境保护，20（5）：377-379.

李顺龙.2005. 森林碳汇经济问题研究. 东北林业大学博士学位论文.

李屹峰.2013. 土地利用变化对生态系统服务功能的影响——以密云水库流域为例. 生态学报，33（3）：726-736.

蔺学东，等.2007. 拉萨河流域近 50 年来径流变化趋势分析. 地理科学进展，26（3）：58-67.

凌峰，张博，齐建怀，等.2011. 海河流域水土流失微地貌测量与分析. 测绘与空间地理信息，34（1）：37-40.

刘德民，罗先武，许洪元.2011. 海河流域水资源利用与管理探析. 中国农村水利水电，01：4-8

刘茂峰，高彦春，甘国靖.2011. 白洋淀流域年径流变化趋势及气象影响因子分析. 资源科学，33（8）：1438-1445.

刘拓，李忠平.2010. 京津风沙源治理工程十年建设成效分析. 北京：中国林业出版社.

欧阳志云，王如松，赵景柱.1999. 态系统服务功能及其生态经济价值评价. 应用生态学报，10（5）：635-640.

欧阳志云，赵同谦，赵景柱，等.2004. 海南岛生态系统生态调节功能及其生态经济价值研究. 应用生态学报，15（8）：1395-1402.

任宪韶，等.2008. 海河流域水利手册. 北京：中国水利水电出版社.

阮红群，周兴，吴壮金.2011. 广西贵港市土地生态系统服务功能重要性评价及其空间分布. 安徽农业科学，39（5）：3045-3047.

孙彭立，王慧君.1995. 氮素化肥的环境污染. 环境污染与防治，17（1）：38-41.

涂向阳.2004. 海河流域滨海地区海水入侵防治对策研究. 天津：天津大学硕士学位论文.

汪林，董增川，唐克旺，等.2013. 变化环境下海河流域地下水响应及调控模式研究. 北京：科学出版社.

王刚，严登华，黄站峰，等.2011. 滦河流域径流的长期演变规律及其驱动因子. 干旱区研究，28（6）：998-1004.

王佳丽，黄贤金，陆汝成，等.2010. 区域生态系统服务对土地利用变化的脆弱性评估——以江苏省环太湖地区碳储量为例. 自然资源学报，25（4）：556-563.

王利娜.2012. 气候变化背景下海河流域作物受旱风险评估. 邯郸：河北工程大学硕士学位论文.

王晓燕，高焕文，李洪文，等.2000. 保护性耕作对农田地表径流与土壤水蚀影响的试验研究. 农业工程学报，16（3）：66-69.

王晓燕，王晓峰，汪清平，等.2004. 北京密云水库小流域非点源污染负荷估算. 地理科学，24（2）：227-231.

温海广，周劲风，李明，等.2011. 流溪河水库流域非点源溶解态氮磷污染负荷估算. 环境科学研究，24（4）：387-394.

吴玲玲，陆健健，童春富，等.2003. 长江口湿地生态系统服务功能价值的评估. 长江流域资源与环境，12（5）：411-416.

吴楠，苏德毕力格，高吉喜，等.2011. 基于格局和过程的流域生态系统减轻入库泥沙服务及价值——以雅砻江二滩水库为例. 中国环境科学，31（10）：1751-1760.

肖寒，欧阳志云，赵景柱，等.2000. 森林生态系统服务功能及其生态经济价值评估初探——以海南岛尖峰岭热带森林为例. 应用生态学报，11（4）：481-484.

徐聪，李建东，郭伟，等.2011. 辽河三角洲湿地保护区生态系统服务功能价值空间分布研究. 沈阳农业大学学报（社会科学版），13（3）：353-355.

许旭，李晓兵，韩念龙.2011.基于多源遥感数据的生态系统保育土壤价值评估——以河北省北部四地市为例.国土资源遥感，（3）：123-129.

杨月欣，王光亚，潘兴昌.2009.中国食物成分表第一册.第二版.北京：北京大学医学出版社.

姚治君，管彦平，高迎春.2003.潮白河径流分布规律及人类活动对径流的影响分析.地理科学进展，22（6）：599-606.

叶浩，濮励杰.2010.苏州市土地利用变化对生态系统固碳能力影响研究.中国土地科学，24（3）：60-64.

张光辉，费宇红，刘克岩.2004.海河平原地下水演变与对策.北京：科学出版社.

张光辉，费宇宏，王金哲，等.2012.华北灌溉农业与地下水适应性研究.北京：科学出版社.

张建云，章四龙，王金星，等.2007.近50年来中国六大流域年际径流变化趋势研究.水科学进展，18（2）：230-234.

张金堂，乔光建.2009.气候变化对海河流域降水量影响机理分析.南水北调与水利科技，7（3）：77-80.

张科利，彭文英，杨红丽.2007.中国土壤可蚀性值及其估算.土壤学报，44（1）：7-13.

张良，原彪.2004.洋河水资源特性分析.河北水利水电技术，（4）：6-8.

张韶季.2006.海河流域地下水多年水质变化分析.海河水利，6：7-8.

张水龙，冯平.2003.海河流域地下水资源变化及对生态环境的影响.水利水电技术，34（9）：47-49.

张迎珍.2010.城市非点源污染治理技术探讨.水科学与工程技术，（2）：48-50.

张裕厚.2003.桑干河河道特征及水文分析.山西水利科技，1：36-38.

张志强，徐中民，王建，等.2001.黑河流域生态系统服务的价值.冰川冻土，23（4）：360-366.

张宗祜，沈照理，薛禹群，等.2000.华北平原地下水环境演化.北京：地质出版社.

章文波，付金生.2003.不同类型雨量资料估算降雨侵蚀力.资源科学，25（1）：35-41.

赵高峰，毛战坡，周洋.2013.海河流域水环境安全问题与对策.北京：科学出版社.

赵景柱，欧阳志云，贾良清，等.2004.中国草地生态系统服务功能间接价值评价.生态学报，24（6）：1101-1110.

赵同谦，欧阳志云，郑华，等.2004.中国森林生态系统服务功能及其价值评价.19（4）：480-491.

赵阳，余新晓，郑江坤，等.2012.气候和土地利用变化对潮白河流域径流变化的定量影响.农业工程学报，28（22）：252-260.

郑华，李屹峰，欧阳志云，等.2013.生态系统服务功能管理研究进展.生态学报，33（3）：702-710.

郑江坤.2011.潮白河流域生态水文过程对人类活动/气候变化的动态响应.北京：北京林业大学博士学位论文.

郑一，王学军.2002.非点源污染研究的进展与展望.水科学进展，13（1）：105-110.

中国21世纪议程管理中心可持续发展战略研究组.2007.生态补偿：国际经验与中国实践.北京：社会科学文献出版社.

周亚萍，安树青.2001.生态质量与生态系统服务功能.生态科学，20（1）：85-90.

Agrawal A，Chhatre A，Hardin R. 2008. Changing governance of the world's forests. Science，320（5882）：1460-1462.

Ahearn D S，Sheibley R W，Dahlgren R A，et al. 2005. Land use and land cover influence on water quality in the last free-flowing river draining the western Sierra Nevada，California. Journal of Hydrology，313（3）：234-247.

Ahn S, Lee C H, Ryu K S. 2008. Designing payments for environmental services on Genetic Reserve Forest in Korea. Journal of Korean Forestry Society, 97 (3): 305-315.

Allen R G, Pereira L S, Raes D, et al. 1998a. Crop evapotranspiration- Guidelines for computing crop water requirements- FAO Irrigation and drainage: Chapter 6-ETc-Single crop coefficient (Kc). Food and Agriculture Organization of the United Nations.

Allen R G, Pereira L S, Raes D, et al. 1998b. Crop evapotranspiration- Guidelines for computing crop water requirements- FAO Irrigation and drainage: Chapter 11- ETc during non- growing periods. Food and Agriculture Organization of the United Nations.

Amiri B J, Nakane K. 2009. Modeling the linkage between river water quality and landscape metrics in the Chugoku District of Japan. Water Resources Management, 23 (5): 931-956.

Andreassian V. 2004. Waters and forests: from historical controversy to scientific debate. Journal of Hydrology, 291 (1-2): 1-27.

Baker P D, Humpage A R. 1994. Toxicity associated with commonly occurring cyanobacteria in surface waters of the Murray- Darling Basin, Australia. Marine and Freshwater Research, 45: 773-786.

Balvanera P, Uriarte M, Almeida-Leñero L, et al. 2012. Ecosystem services research in Latin America: The state of the art. Ecosystem Services, 2: 56-70.

Bao Z, et al. 2012a. Sensitivity of hydrological variables to climate change in the Haihe River basin, China. Hydrological Processes, 26 (15): 2294-2306.

Bao Z, et al. 2012b. Attribution for decreasing streamflow of the Haihe River basin, northern China: Climate variability or human activities. Journal of Hydrology, 460: 117-129.

Barano T, Bhagabati N, Conte M, et al. 2010. Integrating Ecosystem Services into Spatial Planning in Sumatra. Indonesia. T. TEEBcase.

Bennett E M, Balvanera P. 2007. The future of production systems in a globalized world. Front Ecol. Environ., 5: 191-198.

Bennett E M, Peterson G D, Gordon L J. 2009. Understanding relationships among multiple ecosystem services. Ecol Lett, 12: 1394-1404.

Bosch J M, Hewlett J D. 1982. A review of catchment experiments to determine the effect of vegetation changes on water yield and evapo- transpiration. Journal of Hydrology, 55 (1-4): 3-23.

Boyd J, Banzhaf S. 2007. What are ecosystem services? The need for standardized environmental accounting units. Ecological Economics, 62 (2-3): 616-626.

Buck O, Niyogi D K, Townsend C R. 2004. Scale- dependence of land use effects on water quality of streams in agricultural catchments. Environmental Pollution, 130 (2): 287-299.

Burkhard B, Kroll F, Müller F, et al. 2009. Landscapes' Capacities to Provide Ecosystem Services—a Concept for Land-Cover Based Assessments. Landsc. Online, (15): 1-22.

Burkhard B, Kroll F, Nedkov S, et al. 2012. Mapping ecosystem service supply, demand and budgets. Ecological Indicators, 21: 17-29.

Caccia V G, Boyer J N. 2005. Spatial patterning of water quality in Biscayne Bay, Florida as a function of land use and water management. Marine Pollution Bulletin, 50 (11): 1416-1429.

Canadell J, Jackson R B, Ehleringer J R, et al. 1996. Maximum rooting depth of vegetation types at the global scale. Oecologia, 108: 583-595.

Cao S. 2008. Why large-scale afforestation efforts in China have failed to solve the desertification problem.

Environmental Science & Technology, 42（6）：1826-1831.

Cao S. 2011. Impact of China's Large-Scale Ecological Restoration Program on the environment and society in arid and semiarid areas of China：achievements, problems, synthesis, and applications. Critical Reviews in Environmental Science and Technology, 41（4）：317-335.

Cao S, Chen L, Xu C, et al. 2007. Impact of three soil types on afforestation in China's Loess Plateau：Growth and survival of six tree species and their effects on soil properties. Landscape and Urban Planning, 83（2-3）：208-217.

Carpenter S R, Bennett E M, Peterson G D. 2006. Scenarios for ecosystem services：an Overview. Ecology and Society, 11（1）：1-29.

Carroll S, Liu A, Dawes L, et al. 2013. Role of land use and seasonal factors in water quality degradations. Water Resources Management, 27：3422-3440.

CCW（Countryside Council for Wales）. 2010. Sustaining Ecosystem Services for Human Wellbeing；Mapping EcosystemServices. CCW Report, Environment Systems Ltd, Aberystwyth.

Chattopadhyay S, Rani L A, Sangeetha P. 2005. Water quality variations as linked to landuse pattern：A case study in Chalakudy river basin, Kerala. Current Science, 89（12）：2163-2189.

Chivian E. 2001. Environment and health：7. Species loss and ecosystem disruption—the implications for human health. CMAJ, 164（1）：66-69.

Collins K E, Doscher C, Rennie H G, et al. 2013. The effectiveness of riparian "restoration" on water quality-A case study of Lowland Streams in Canterbury, New Zealand. Restoration Ecology, 21（1）：40-48.

Cong Z, Zhao J, Yang D, et al. 2010. Understanding the hydrological trends of river basins in China. Journal of Hydrology, 388（3-4）：350-356.

Costanza R, d'Arge R, de Groot R. 1997. The value of the world's ecosystems and natural capital. Nature, 387：253-260.

Costanza R, Wilson M, Troy A. 2006. The value of new Jersey's ecosystem services and natural capital. Nature, 387：253-260.

Daily G C. 1997. Nature's Service：Social Dependence on Natural Ecosystems. Washington DC：Island Press.

De Groot R S, Wilson M A, Bouman R M J. 2002. A typology for the classification, description and valuation of ecosystem services, goods and services. Ecological Economics, 41：393-408.

De Souza A L T, Fonseca D G, Liborio R A, et al. 2013. Influence of riparian vegetation and forest structure on the water quality of rural low-order streams in SE Brazil. Forest Ecology and Management, 298：12-18.

Ding S, Zhang Y, Liu B, et al. 2013. Effects of riparian land use on water quality and fish communities in the headwater stream of the Taizi River in China. Frontiers of Environmental Science & Engineering, 7（5）：699-708.

Dumanski J. 2004. Carbon sequestration, soil conservation, and the Kyoto Protocol：summary of implications. Climatic Change, 65：255-261.

Díaz S, Fargione J, Chapin FS III, et al. 2006. Biodiversity Loss Threatens Human Well-Being. PLoS Biol, 4（8）：1300-1305.

Egoh B, Reyers B, Rouget M, et al. 2008. Mapping ecosystem services for planning and management. Agriculture, Ecosystems & Environment, 127：135-140.

Ehrlich P R, Ehrlich A H. 1981. Extinction：The Causes and Consequences of the Disappearance of Species. New York：Random House.

Farley K A，Jobbagy E G，Jackson R B. 2005. Effects of afforestation on water yield：a global synthesis with implications for policy. Global Change Biology，11（10）：1565-1576.

Feng X M，et al. 2012. Regional effects of vegetation restoration on water yield across the Loess Plateau，China. Hydrology and Earth System Sciences，16（8）：2617-2628.

Fernandes J d F，de Souza A L T，Tanaka M O. 2014. Can the structure of a riparian forest remnant influence stream water quality? a tropical case study. Hydrobiologia，724（1）：175-185.

Fisher B，Turner R K，Morling P. 2009. Defining and classifying ecosystem services for decision making. Ecological Economics，68（3）：643-653.

Foley J A，Asner G P，Costa M H，et al. 2007. Amazonia revealed：forest degradation and loss of ecosystem goods and services in the Amazon Basin. Frontiers in Ecology，5（1）：25-32.

Frost P C，Larson J H，Johnston C A，et al. 2006. Landscape predictors of stream dissolved organic matter concentration and physicochemistry in a Lake Superior river watershed. Aquatic Sciences，68（1）：40-51.

Galbraith L M，Burns C W. 2007. Linking land-use，water body type and water quality in southern New Zealand. Landscape Ecology，22（2）：231-241.

Gao P，et al. 2010. Trend and change-point analyses of streamflow and sediment discharge in the Yellow River during 1950-2005. Hydrological Sciences Journal-Journal Des Sciences Hydrologiques，55（2）：275-285.

Gold W，et al. 2006. Collaborative ecological restoration. Science，312（5782）：1880-1881.

Gomez-Baggethun E，Groot R de，Lomas P L，et al. 2010. The history of ecosystem services in economic theory and practice：from early notions to markets and payment schemes. Ecological Economics，69（6）：1209-1218.

Greenwood A J B，Benyon R G，Lane P N J. 2011. A method for assessing the hydrological impact of afforestation using regional mean annual data and empirical rainfall-runoff curves. Journal of Hydrology，411（1-2）：49-65.

Guo Q，Ma K，Zhang Y. 2009. Impact of land use pattern on lake water quality in urban region. Acta Ecologica Sinica，29（2）：776-787.

Heal G. 2000. Valuing ecosystem services. Ecosystems，3：24-30.

Heather T，Taylor R，Anne G，et al. 2011. InVEST 2.2.0 User's Guide：Integrated Valuation of Ecosystem Services and Tradeoffs.

Helsel D R，Frans L M. 2006. Regional Kendall test for trend. Environmental Science & Technology，40（13）：4066-4073.

Herron N，Davis R，Jones R. 2002. The effects of large-scale afforestation and climate change on water allocation in the Macquarie River catchment，NSW，Australia. Journal of Environmental Management，65（4）：369-381.

Howard T O，Eugene P O. 2000. The energetic basis for valuation of ecosystem services. Ecosystems，3（1）：21-23.

Howarth R B，Farber S. 2002. Accounting for the value of ecosystem services. Ecological Economics，41（3）：421-429.

Hu H. 2013. Study on Land Use Change and Impact on River Water Quality in the Context of Urbanization. Nanjing：Nanjing Normal University.

Huang J，Zhan J，Yan H，et al. 2013. Evaluation of the impacts of land use on water quality：a case study in The Chaohu Lake Basin. Scientific World Journal.

Iroume A，Palacios H. 2013. Afforestation and changes in forest composition affect runoff in large river basins with pluvial regime and Mediterranean climate, Chile. Journal of Hydrology, 505: 113-125.

Jackson R B, Banner J L, Jobbagy E G, et al. 2002. Ecosystem carbon loss with woody plant invasion of grasslands. Nature, 418 (6898): 623-626.

Jackson R B, et al. 2005. Trading water for carbon with biological carbon sequestration. Science, 310: 1944-1947.

Johnson K A, Polasky S, Nelson E, et al. 2012. Uncertainty in ecosystem services valuation and implications for assessing land use tradeoffs: an agricultural case study in the Minnesota River Basin. Ecological Economics, 79: 71-79.

Johnson L, Gage S. 1997. Landscape approaches to the analysis of aquatic ecosystems. Freshwater Biology, 37 (1): 113-132.

Jones K B, Neale A C, Nash M S, et al. 2001. Predicting nutrient and sediment loadings to streams from landscape metrics: a multiple watershed study from the United States Mid-Atlantic Region. Landscape Ecology, 16 (4): 301-312.

Ju X T, Liu X J, Zhang F S, et al. 2004. Nitrogen fertilization, soil nitrate accumulation, and policy recommendations in several agricultural regions of China. Ambio, 33: 300-305.

Kang J H, Lee S W, Cho K H, et al. 2010. Linking land-use type and stream water quality using spatial data of fecal indicator bacteria and heavy metals in the Yeongsan river basin. Water Research, 44 (14): 4143-4157.

Kareiva P, Tallis H, Ricketts T H, et al. 2011. Natural Capital: Theory and Practice of Mapping Ecosystem Services. Oxford: Oxford University Press, 1-392.

Kerr J. 2002. Watershed development, environmental services, and poverty alleviation in India. World Development, 30 (8): 1387-1400.

Kiely G, Albertson J, Parlange M. 1998. Recent trends in diurnal variation of precipitation at Valentia on the west coast of Ireland. Journal of Hydrology, 207 (3): 270-279.

Lajoie F, Assani A A, Roy A G, et al. 2007. Impacts of dams on monthly flow characteristics. The influence of watershed size and seasons. Journal of Hydrology, 334 (3-4): 423-439.

Lee S W, Hwang S J, Lee S B, et al. 2009. Landscape ecological approach to the relationships of land use patterns in watersheds to water quality characteristics. Landscape and Urban Planning, 92 (2): 80-89.

Lepš J, Šmilauer P. 2003. Multivariate Analysis of Ecological Data Using CANOCO. Cambridge: Cambridge University Press.

Lesch W, Scott D F. 1997. The response in water yield to thinning of Pinus radiata, Pinus patula and Eucalyptus grandis plantations. Forest Ecology and Management Science, 99: 295-307.

Li S Y, Gu S, Tan X, et al. 2009. Water quality in the upper Han River basin, China: The impacts of land use/land cover in riparian buffer zone. Journal of Hazardous Materials, 165 (1-3): 317-324.

Li Z, Li X, Xu Z. 2010. Impacts of water conservancy and soil conservation measures on annual runoff in the Chaohe River Basin during 1961-2005. Journal of Geographical Sciences, 20 (6): 947-960.

Liu G, Wang Z, Wang X. 2004. Analysis of dried soil layer of different vegetation types in Wuqi County. Research of Soil and Water Conservation, 11 (1): 126-129.

Liu Z, Wang Y, Li Z, et al. 2013. Impervious surface impact on water quality in the process of rapid urbanization in Shenzhen, China. Environmental Earth Sciences, 68 (8): 2365-2373.

Ma H, Yang D, Tan S, et al. 2010. Impact of climate variability and human activity on streamflow decrease in the Miyun Reservoir catchment. Journal of Hydrology, 389 (3-4): 317-324.

Maes J, Paracchini M, Zulian G. 2011. European Assessment of the Provision of Ecosystem Services-Towards an Atlas of Ecosystem Services. JRC Scientific and Technical Reports (EUR collection) JRC63505. Publications Office of the European Union, 1-82.

Magilligan F J, Nislow K H. 2005. Changes in hydrologic regime by dams. Geomorphology, 71 (1-2): 61-78.

Malakoff D. 1998. Death by suffocation in the Gulf of Mexico. Science, 281: 190-192.

Mathur H, Ram B, Joshie P, et al. 1976. Effect of clear-felling and reforestation on runoff and peak rates in small watersheds. Indian Forester, 102 (4): 219-226.

Mehaffey M, Nash M, Wade T, et al. 2005. Linking land cover and water quality in New York City's water supply watersheds. Environmental Monitoring and Assessment, 107 (1-3): 29-44.

Millennium Ecosystem Assessment (MA). 2005. Ecosystems and human well-being: the assessment series (four volumes and summary). Washington: Island Press.

Ming J I N, Jingjie Y U. 2008. The impact of ecological protection and afforestation on streamflow in Heihe River Basin. Progress in Geography, 27 (3): 47-54.

Moreno-Mateos D, Mander Ü, Comín F A, et al. 2008. Relationships between landscape pattern, wetland characteristics, and water quality in agricultural catchments. Journal of Environmental Quality, 37 (6): 2170-2180.

Morse C C, Huryn A D, Cronan C. 2003. Impervious surface area as a predictor of the effects of urbanization on stream insect communities in Maine, USA. Environmental Monitoring and Assessment, 89 (1): 95-127.

Mu X, Xu X, Wang W, et al. 2003. Impact of artificial forestry on soil moisture of the deep soil layer on Loess Plateau. Acta Pedologica Sinica, 40: 210-217.

Naidoo R, Balmford A, Costanza R, et al. 2008. Global mapping of ecosystem services and conservation priorities. Proceedings of the National Academy of Sciences of the United States of America, 105 (28): 9495-9500.

Ortolani V. 2013. and use and its effects on water quality using the BASINS model. Environmental Earth Sciences, 1-5.

Oudin L, Andreassian V, Lerat J, et al. 2008. Has land cover a significant impact on mean annual streamflow? An international assessment using 1508 catchments. Journal of Hydrology, 357 (3-4): 303-316.

Paul J F, Comeleo R L, Copeland J. 2002. andscape metrics and estuarine sediment contamination in the mid-Atlantic and southern New England regions. Journal of Environmental Quality, 31 (3): 836-845.

Pettitt A N. 1980. A simple cumlative sum type statistic for the change-point problem with zero-one observations. Biometrika, 67 (1): 79-84.

Potschin M, Haines-Young R H. 2011. Ecosystem services: exploring a geographical perspective. Progress in Physical Geography, 35 (5): 575-594.

Power A G. 2010. Ecosystem services and agriculture: tradeoffs and synergies. Proc Roy Soc Lond B, (365): 2959-2971.

Pretty J N, Noble A D, Bossio D et al. 2006. esource-conserving agriculture increases yields in developing countries. Environ Sci Technol, 40: 1114-1119.

Putuhena W M, Cordery I. 2000. Some hydrological effects of changing forest cover from eucalypts to Pinus radiata. Agricultural and Forest Meteorology, 100 (1): 59-72.

Raffaelli D. 2004. How extinction patterns affect ecosystems. Science, 306 (5699): 1141-1142.

Ragosta G, Evensen C, Atwill E, et al. 2010. ausal connections between water quality and land use in a rural tropical island watershed. EcoHealth, 7 (1): 105-113.

Randhir T O，Ekness P. 2013. Water quality change and habitat potential in riparian ecosystems. Ecohydrology & Hydrobiology，13（3）：192-200.

Ranganathan J，Hanson C. Tomorrow's Approach：Food production and ecosystem conservation in a changing climate. http：//www. worldresourcesreport. org/responses/tomorrows- approach- food- production- and- ecosystem- conservation- changing- climate-0.

Raymond C M，Bryan B A，MacDonald D H，et al. 2009. Mapping community values for natural capital and ecosystem services. Ecological Economics，68：1301-1315.

Rodríguez J P，Agard J R B. 2005. nteractions among ecosystem services. Ecosystems and Human Well- Being：Scenarios：Findings of the Scenarios Working Group，2：431.

Rodríguez J P，Beard T D，Bennett E M，et al. 2006. Rade-offs across space，time，and ecosystem services. Ecology and Society，11（1）：28.

SahinV，Hall M J. 1996. The effects of afforestation and deforestation on water yields. Journal of Hydrology，178（1-4）：293-309.

Sankaran M，et al. 2005. Determinants of woody cover in African savannas. Nature，438（7069）：846-849.

Satapathy K，Dutta K. 2007. Effect of Afforestation on Baseflow under Different Farming Systems in Hills. India：Forest Hydrology Capital Publisher.

Sharda V，Samraj P，Samra J，et al. 1988. Hydrological behaviour of first generation coppiced bluegum plantations in the Nilgiri subwatersheds. Journal of Hydrology，211：50-60.

Sherrouse B C，Clement J M，Semmens D J. 2011. GIS application for assessing，mapping，and quantifying the social values of ecosystem services. Applied Geography，31（2）：748-760.

Stednick J D. 1996. Monitoring the effects of timber harvest on annual water yield. Journal of Hydrology，176（1-4）：79-95.

SubbaR B，Ramola B，Sharda V. 1985. Hydrologic response of forested mountain watershed to thinning：a case study. Indian Forester，111：418-430.

Sun B，Shen R P，Bouwman A F. 2008. Surface N balances in agricultural crop production systems in China for the period 1980-2015. Pedosphere，18（3）：304-315.

Sun G，et al. 2006. Potential water yield reduction due to forestation across China. Journal of Hydrology，328（3-4）：548-558.

Sun G，et al. 2011. A general predictive model for estimating monthly ecosystem evapotranspiration. Ecohydrology，4（2）：245-255.

Sun R，Wang Z，Chen L，et al. 2013. Assessment of surface water quality at large watershed scale：land- use，anthropogenic，and administrative impacts. Journal of the American Water Resources Association，49（4）：741-752.

Sutton A J，Fisher T R，Gustafson A B. 2010. Effects of restored stream buffers on water quality in non- tidal streams in the Choptank River Basin. Water Air and Soil Pollution，208（1-4）：101-118.

Swetnam R D，Marshall A R，Burgess N D. 2010. Valuing ecosystem services in the Eastern Arc Mountains of Tanzania. Bulletin of the British Ecological Society，41（1）：7-10.

Tallis H，Kareiva P，Marvier M，et al. 2008. An ecosystem services framework to support both practical conservation and economic development. Proceedings of the National Academy of Sciences of the United States of America，105（28）：9457-9464.

Teixeira Z，Teixeira H，Marques J C. 2014. Systematic processes of land use/land cover change to identify relevant driving forces：implications on water quality. Science of the Total Environment，470：1320-1335.

Tong S T Y，Chen W. 2002. Modeling the relationship between land use and surface water quality. J Environ Manage，66：377-393.

Tran C P，Bode R W，Smith A J，et al. 2010. Land-use proximity as a basis for assessing stream water quality in New York State（USA）. Ecological Indicators，10（3）：727-733.

Trimble S W，Weirich F H，Hoag B L. 1987. Reforestation and the reduction of water yield on the southern piedmont since circa 1940. Water Resources Research，23（3）：425-437.

Tsatsaros J H，Brodie J E，Bohnet I C，et al. 2013. Water quality degradation of coastal waterways in the Wet Tropics，Australia. Water Air and Soil Pollution，224（3）：

Turner R K，Adger W N，Brouwer R. 1998. Ecosystem services value，research needs，and policy relevance：a commentary. Ecological Economics，25（1）：61-65.

Uriarte M，Yackulic C B，Lim Y，et al. 2011. Influence of land use on water quality in a tropical landscape：a multi-scale analysis. Landscape Ecology，26（8）：1151-1164.

van Dijk A I J M，Keenan R J. 2007. Planted forests and water in perspective. Forest Ecology and Management，251（1-2）：1-9.

Venkatesh B，Lakshman N，Purandara B K. 2014. Hydrological impacts of afforestation-a review of research in India. Journal of Forestry Research，25（1）：37-42.

Wallace K J. 2007. Classification of ecosystem services：problems and solutions. Biological Conservation，139（3-4）：235-246.

Wan R，Cai S，Li H，et al. 2014. Inferring land use and land cover impact on stream water quality using a Bayesian hierarchical modeling approach in the Xitiaoxi River Watershed，China. Journal of Environmental Management，133：1-11.

Wang D，Hejazi M. 2011. Quantifying the relative contribution of the climate and direct human impacts on mean annual streamflow in the contiguous United States. Water Resources Research，47.

Wang G，Liu Q，Zhou S. 2003. Research advance of dried soil layer on Loess Plateau. J Soil Water Conserv，17：156-169.

Wang G，Xia J，Chen J. 2009. Quantification of effects of climate variations and human activities on runoff by a monthly water balance model：A case study of the Chaobai River basin in northern China. Water Resources Research，45.

Wang J，Ma K，Zhang Y，et al. 2012. Impacts of land use and socioeconomic activity on river water quality. Acta Scientiae Circumstantiae，32（1）：57-65.

Wang L，et al. 2010. The assessment of surface water resources for the semi-arid Yongding River Basin from 1956 to 2000 and the impact of land use change. Hydrological Processes，24（9）：1123-1132.

Wang L，Lyons J，Kanehl P，et al. 2001. Impacts of urbanization on stream habitat and fish across multiple spatial scales. Environmental Management，28（2）：255-266.

Wang S，Fu B J，He C S，et al. 2011. A comparative analysis of forest cover and catchment water yield relationships in northern China. Forest Ecology and Management，262（7）：1189-1198.

Wang W，et al. 2013. Quantitative assessment of the impact of climate variability and human activities on runoff changes：a case study in four catchments of the Haihe River basin，China. Hydrological Processes，27（8）：1158-1174.

Webb A A，Kathuria A. 2012. Response of streamflow to afforestation and thinning at Red Hill，Murray Darling

Basin，Australia. Journal of Hydrology，412：133-140.

Wiggins S，Marfo K，Anchirinah V. 2004. Protecting the forest or the people? Environmental policies and livelihoods in the forest margins of southern Ghana. World Development，32（11）：1939-1955.

Wilcox B P. 2002. Shrub control and streamflow on rangelands：A process based viewpoint. Journal of Range Management，55（4）：318-326.

Wilson M A，Troy A. 2003. Accounting for the Economic Value of Ecosystem Services in Massachusetts//Breunig K. Losing Ground：At What Cost. Massachusetts Audubon Society，Boston，19-22.

Xiao H，Ji W. 2007. Relating landscape characteristics to non- point source pollution in mine waste- located watersheds using geospatial techniques. Journal of Environmental Management，82（1）：111-119.

Xu X，Yang D，Yang H，et al. 2014. Attribution analysis based on the Budyko hypothesis for detecting the dominant cause of runoff decline in Haihe basin. Journal of Hydrology，510：530-540.

Xu X，Yang H，Yang D，et al，2013. Assessing the impacts of climate variability and human activities on annual runoff in the Luan River basin. China. Hydrology Research，44（5）：940-952.

Yang L，Wei W，Chen L，et al. 2012. Response of deep soil moisture to land use and afforestation in the semi-arid Loess Plateau，China. Journal of Hydrology，475：111-122.

Yang Y，Tian F. 2009. Abrupt change of runoff and its major driving factors in Haihe River Catchment，China. Journal of Hydrology，374（3-4）：373-383.

Yue J，Wang Y，Li G，et al. 2008. Relationships between landscape pattern and water quality at western reservoir area in Shenzhen City. Chinese Journal of Applied Ecology，19（1）：203-207.

Yue J，Wang Y，Li Z，et al. 2006. Spatial-temporal trends of water quality and its influence by land use：A case study of the main rivers in Shenzhen. Advances in Water Science，17（3）：359-364.

Zampella R A，Procopio N A，Lathrop R G，et al. 2007. Relationship of land- use/land- cover patterns and surface-water quality in The Mullica River Basin. JAWRA Journal of the American Water Resources Association，43（3）：594-604.

Zeng S，Xia J，Du H. 2014. Separating the effects of climate change and human activities on runoff over different time scales in the Zhang River basin. Stochastic Environmental Research and Risk Assessment，28（2）：401-413.

Zhang L，Dawes W R，Walker G R. 2001. Response of mean annual evapotranspiration to vegetation changes at catchment scale. Water Resources Research，37（3）：701-708.

Zhang L，et al. 2004. A rational function approach for estimating mean annual evapotranspiration. Water Resources Research，40（2）：89-97.

Zhang L，Song Y. 2003. Efficiency of the Three- North Forest Shelterbelt Program. Acta Scientiarum Naturalium Universitatis Pekinensis，39（4）：594-600.

Zhang S，Lu X X. 2009. Hydrological responses to precipitation variation and diverse human activities in a mountainous tributary of the lower Xijiang，China. Catena，77（2）：130-142.

Zhang X，Zhang L，Zhao J，et al. 2008. Responses of streamflow to changes in climate and land use/cover in the Loess Plateau，China. Water Resources Research，44（7）：2183-2188.

Zhao F，Zhang L，Xu Z，et al. 2010. Evaluation of methods for estimating the effects of vegetation change and climate variability on streamflow. Water Resources Research，46：W03505.

Zhao J，Li Y. 2005. Effects of soil-drying layer on Afforestation in the Loess Plateau of Shaanxi. Journal of Desert Research，25（3）：370-373.

Zhao J，Yang K，Tai J，et al. 2011. Review of the relationship between regional landscape pattern and surface water quality. Acta Ecologica Sinica，31（11）：3180-3189.

Zhao P，Xia B，Qin J，et al. 2012. Multivariate correlation analysis between landscape pattern and water quality. Acta Ecologica Sinica，32（8）：2331-2341.

Zheng H，Robinson B E，Liang Y C，et al. 2013. Benefits，costs，and livelihood implications of a regional payment for ecosystem service program. Proceedings of the National Academy of Sciences，110（41）：16681-16686.

Zhou G，et al. 2015. Global pattern for the effect of climate and land cover on water yield. Nature Communications，6：5918.

Zhou W Z，Liu G H，Pan J J，et al. 2005. Distribution of available soil water capacity in China. Journal of Geographical Sciences，15（1）：3-12.

Zuo D，Xu Z，Yang H，et al. 2012. Spatiotemporal variations and abrupt changes of potential evapotranspiration and its sensitivity to key meteorological variables in the Wei River basin，China. Hydrological Processes，26（8）：1149-1160.

索　引

A

岸边带	22

C

参考蒸散量	47
产品提供	45
产水量	46
城市化水平	224

D

氮利用效率	182
氮平衡	183
氮素保持效率系数	48
氮素负荷系数	48
氮盈余强度	182
地表水资源量	8
地面沉降	13
地下水超采	201
地下水开采	198
地下水埋深	198
地下水资源量	8
第 I 含水层组	196
第 II 含水层组	196
第 III 含水层组	196
第 IV 含水层组	196

G

给水度	197
根系深度	48
固碳	52
固碳速率	52
管理因子	50
灌溉渗漏补给系数	197

H

海水入侵	217
河道干涸	11
河流断流	217
灰水足迹	227

J

降水入渗补给系数	197
降雨侵蚀力	50
京津风沙源治理工程	14

L

蓝水	233
蓝水足迹	227
绿水	233
绿水足迹	227

P

坡长因子	50

Q

潜水蒸发系数	197
潜在蒸散发	156
浅层地下水	202

S

三北防护林工程	14
深层地下水	209
渗透系数	197
生态保护红线	248
生态系统	16
生态系统服务功能	39
生态系统服务功能价值量评估	41

生态系统服务功能空间制图　42
生态系统服务功能权衡　43
生态系统服务功能物质量评估　41
湿地退化　11
实际蒸散量　46
释水（储水）系数　197
水环境污染　9
水量平衡方程　157
水土流失　12
水文地质单元　196
水质净化　49
水资源短缺　8
水资源总量　8
水足迹　226

T

土壤保持　50
土壤保持效率系数　48
土壤厚度　47
土壤可蚀性因子　50
土壤侵蚀　12

Y

越流系数　197

Z

植被覆盖度　19
植被覆盖因子　50
植物滤除系数　50
植物蒸散系数　47

其他

Hargreaves 方法　48
InVEST 模型　44
LAI　155
Mann-Kendall（M-K）检验法　86
NDVI　155
Penman-Monteith 方法　48
Pettitt 突变点检验　87
Regional-Kendall（R-K）检验　87
Zhang 系数　47